Johann Jakob Scheuchzer (1672–1733)

Porträt von Johann Jakob Scheuchzer, 1734 gemalt von Hans Ulrich Heidegger, ZBZ, Graphische Sammlung und Fotoarchiv, Inv. 39.

Urs B. Leu

Johann Jakob Scheuchzer (1672–1733)

Pionier der Alpen- und Klimaforschung

CHRONOS

Autor und Verlag bedanken sich für Beiträge an die Druckkosten bei:

Stadt Zürich
Kultur

ZB Zentralbibliothek Zürich

Informationen zum Verlagsprogramm:
www.chronos-verlag.ch

Umschlagbild: Johann Jakob Scheuchzer, porträtiert von Johann Melchior Füssli (1708), Zentralbibliothek Zürich.

ISBN 978-3-0340-1690-2

Inhalt

I

Vorwort

Am 2. August 2022 jährt sich der Geburtstag des Zürcher Naturforschers und Mediziners Johann Jakob Scheuchzer zum 350. Mal. Obschon körperlich von kleiner Statur,[1] gilt er als einer der grossen Söhne Zürichs, denn sein geistiges Erbe hat in vielerlei Hinsicht Wissenschaftsgeschichte geschrieben. Zu Recht hat man ihm im Kreis 6 eine Strasse gewidmet.

Es ist erstaunlich, dass bis heute keine vollständige Biografie für den Buchhandel über ihn erschienen ist. Der Historiker Rudolf Steiger[2] widmete 1927 seine Doktorarbeit der ersten Hälfte von Scheuchzers Leben, und der Medizinhistoriker Hans Fischer legte 1972 anlässlich des 300. Geburtstags eine biografische Würdigung in Form eines Neujahrsblatts vor, das für die Mitglieder der Naturforschenden Gesellschaft bestimmt war. Danach blieb es über zwei Jahrzehnte mehr oder weniger still um den Zürcher Universalgelehrten, bis von 1997 bis 2003 die Dissertationen von Claudia Rütsche, Irmgard Müsch, Robert Felfe und Michael Kempe erschienen, die sich Scheuchzer als Verwalter der Zürcher Kunstkammer, als Diluvialist und als Physikotheologen widmeten. 2010 legte Simona Boscani Leoni den Sammelband *Wissenschaft – Berge – Ideologien* vor, der verschiedene Beiträge über Scheuchzer enthielt, dem 2012 ein weiterer mit dem Titel *Natura sacra* des Schreibenden folgte. Seit damals nahm die partielle Edition der umfangreichen und wichtigen Korrespondenz mit rund 6000 Briefen etwas Fahrt auf, wobei insbesondere die Briefwechsel mit Baslern und Bündnern bearbeitet wurden. Zwischenzeitlich erschienen verschiedene Fachartikel über den Zürcher Polyhistor und die Dissertation von Dunja Bulinsky, doch niemand wagte sich an das Gesamtwerk des geistigen Giganten heran, der etwa 170 gedruckte und 200 handschriftliche Werke hinterlassen hat. Noch immer fehlte es an einer Einführung in das Leben und Werk Scheuchzers. Da sein 350. Geburtstag nahte und die Zentralbibliothek Zürich (ZBZ) seinen Nachlass und alle gedruckten Werke besitzt, empfand es der Schreibende als seine Pflicht, sich dieses Desiderats anzunehmen, auch

1 Johann Friedrich Uffenbach aus Frankfurt traf Scheuchzer im November 1714 in Zürich und beschrieb ihn mit den Worten: «Er selbsten ist ein man von guter conduite und nicht gar alt, aber klein und mager von statur.» Transkription der *Reise durch die Schweiz* von Johann Friedrich von Uffenbach, Universitätsbibliothek Göttingen, Cod. Ms. Uffenb. 29, Bd. 1, 5, S. 515.

2 Vgl. Balmer (1978).

wenn möglicherweise berufenere Köpfe dafür unter uns weilen. Es war natürlich auch mir nicht möglich, das gesamte Textkorpus zu lesen. Erschwerend kommt dazu, dass nur sehr wenige Dokumente in gut lesbarer Schrift und in leicht zugänglichen Ausgaben vorliegen, weshalb im Folgenden ausführlich aus den Originalquellen zitiert wird. Die lateinischen Texte wurden übersetzt, ausser es handelte es sich um kurze Wendungen oder Titel, deren Inhalte sich aus dem Kontext erschliessen. Die Lebensdaten wurden jeweils bei der Erstnennung einer Person ergänzt, sofern sie eruierbar waren.

Geburtstage und Jubiläen sind Gelegenheiten, um solche wichtigen Persönlichkeiten in Erinnerung zu rufen. Es handelt sich dabei nicht einfach um Antiquitäten- und Historienliebhaberei, sondern es geht um die Förderung des Verständnisses, wie die Dinge geworden und gewachsen sind, die wir heute als selbstverständlich betrachten. Wie wollen wir die heutige amerikanische, chinesische oder russische Politik verstehen, wenn wir deren Vorgeschichte nicht kennen? Wie sollen uns die permanenten Unruhen im Nahen Osten verständlich werden, wenn wir nicht wissen, was sich dort seit 1948 ereignet hat? Ebenso verhält es sich in der Kultur- und Wissenschaftsgeschichte. Wie wollen wir zum Beispiel, um in der Zeit Scheuchzers zu bleiben, die scharfe antichristliche Kritik der Aufklärung nachvollziehen ohne Kenntnis der vorherigen Unterdrückung der Naturwissenschaften durch die Kirchen? Wie können wir den durch die Aufklärung geprägten Gottesbegriff verstehen, der bis in die Gegenwart hineinwirkt, wenn wir ihn nicht auf dem Hintergrund dieser Prozesse sehen?

Es geht auch bei der Betrachtung Scheuchzers darum, Ausschnitte aus der Wissenschaftsgeschichte nahezubringen, die klar werden lassen, warum wir heute dort stehen, wo wir sind. Abgesehen davon führt die Beschäftigung mit der eigenen Geschichte zu einer historischen Identitätsbildung, die gerade im Rahmen der Globalisierung wichtiger ist denn je. Warum sind wir so, wie wir sind? Warum denken wir so? Wie verhält es sich mit anderen Gesellschaften, die keine Renaissance und keine Aufklärung durchgemacht haben?

Die nachfolgende Einführung in Leben und Werk eines der prominenten Zürcher Universalgelehrten will aber nicht in einen geschichtsphilosophischen Essay ausufern, sondern eine Person in einer Zeit vorstellen, die bis in unsere Gegenwart nachwirkt und an der exemplarisch wissenschaftsgeschichtliche Prozesse evident werden, oder, wie es der Zürcher Germanist und Scheuchzer-Kenner Paul Michel formuliert hat: «Der Zürcher Polyhistor Johann Jakob Scheuchzer hat auf keinem der vielen Gebiete, auf denen er beschlagen war, etwas postuliert, entdeckt oder erfunden, was die Wissenschaft vorangetrieben hätte. An seinem Werk lässt sich indessen gut zeigen, wie alte Denkmodelle allmählich von neueren überschichtet und mit Hilfskonstruktionen vorübergehend harmonisiert werden, und dass Weltbilder nicht in einem Gänsemarsch aufeinander folgen.»[3] Scheuchzer hat wie ein Fackelträger das Licht der deutschen, englischen und niederländischen Naturwissenschaften der Frühaufklärung in die Limmatstadt getragen und hier Ideen und Methoden eingeführt, die ohne ihn möglicherweise noch jahrelang hätten auf sich warten lassen. Zürich hätte ohne sein Vorspuren wohl kein so kulturell und wissenschaftlich reiches 18. Jahrhundert der Aufklärung erlebt, wie das der Fall war.

Das vorliegende Werk hätte ohne die finanzielle Unterstützung der Stadt Zürich und der Zentralbibliothek Zürich (ZBZ) nicht erscheinen können, wofür ich den entsprechenden Verantwortlichen dankbar bin. Meine Vorgesetzten Direktor Dr. Christian Oesterheld, Vizedirektor Christoph Meyer RA und Chefbibliothekar Dr. Stefan Wiederkehr haben das Gedeihen der Publikation und die Vorbereitung der Scheuchzer-Jubiläumsausstellung in der ZBZ mit dem Titel *Wind und Wetter. Das Klima in Zürich seit der Steinzeit* mit grossem Wohlwollen begleitet. Dank gebührt auch meinen lieben Kollegen Prof. Dr. Lukas Keller und Dr. Dennis Hansen vom Zoologischen Museum der Universität Zürich für alle anregenden Gespräche und Hilfestellungen. Prof. Dr. Paul Michel (Universität Zürich) bin ich zu grossem Dank verpflichtet, weil er als Kenner der Materie das Manuskript kritisch durchgearbeitet und zahlreiche sachdienliche Hinweise gegeben hat. Prof. Dr. Christian Pfister (Universität Bern) danke ich für die aufmerksame Lektüre des Kapitels über Scheuchzers meteorologische Arbeiten. Bekanntlich kein Buch ohne Verleger, weshalb ich Hans-Rudolf Wiedmer dankbar bin, dass er den Titel ohne Zögern in das Programm des Chronos-Verlags aufnahm, wo Walter Bossard ihn dankenswerterweise sorgfältig lektorierte.

Zürich, im April 2022

3 Michel (2001), S. 169.

Abb. 1: Ansicht von Zürich mit Verteidigungsbauten (um 1738) von Johann Caspar Ulinger (1710–1768), ZBZ, Graphische Sammlung und Fotoarchiv, Inv. 448.

2

Zürich um 1700

Im Jahr 1670 zählte die Stadt Zürich etwa 11900 Einwohner, während in Winterthur rund 2400 und auf der Landschaft 105600 Menschen lebten. Für die ganze Eidgenossenschaft werden für das Jahr 1700 rund 1,2 Millionen Einwohner veranschlagt. Die Bevölkerung nahm im Kanton Zürich langsam zu, wobei in den 1690er-Jahren infolge von Hungersnot und Dysenterie ein Rückgang zu verzeichnen war.[1] Die genannten Zahlen lassen sich natürlich nicht an europäischen Massstäben messen, wo beispielsweise die drei grössten Städte London, Paris und Amsterdam bereits ums Jahr 1650 450000, 400000 und 175000 Einwohner zählten.[2] Im Unterschied zum Ausland waren in der damaligen Eidgenossenschaft im Rahmen des Dreissigjährigen Kriegs (1618–1648) und der nachfolgenden militärischen Auseinandersetzungen nur relativ wenige Opfer zu beklagen.[3] Zum Schutz der Einwohner vor militärischen Angriffen, insbesondere vor Artilleriegeschossen, wurde in Zürich bis 1677 die rund 1,8 Millionen Pfund teure Schanzenanlage fertiggestellt. Sie prägte das Stadtbild für fast zwei Jahrhunderte (Abb. 1).[4] Wenige Jahre vor Scheuchzers Geburt urteilte der englische Theologe und Naturforscher John Ray (1627–1705) am 11. August 1663 anlässlich seines Besuchs der Limmatstadt über das Bauwerk: «This city is as well fortified as the situation of it will permit, besides the wall, being encompassed round with good earthworks and trenches after the modern fashion.»[5] Er hätte damals sicher nie gedacht, dass sich in wenigen Jahren ein Universalgelehrter namens Scheuchzer in der Stadt finden lassen würde, der seine Bücher verschlang.[6]

Die französischen Eroberungskriege 1667/68 gegen Spanien und dessen Niederlande, 1672–1678 gegen Holland und 1688–1697 gegen die Kurpfalz verursachten wieder Jahre der Unsicherheit und der Angst. Letztgenannte Auseinandersetzung schnitt Zürich von den lebensnotwendigen Getreideimporten

1 Letsch (2017), S. 121, 130, 136.
2 Limberger (2008), S. 42.
3 Das 17. Jahrhundert war mit Ausnahme des 20. das kriegerischste Jahrhundert. Vgl. Parker (2013), S. 26–36.
4 Sigg (1996), S. 354 f.
5 Ray (1673), S. 102.
6 Vgl. beispielsweise den Briefwechsel Scheuchzers mit John Woodward in London oder mit Theodor III Zwinger in Basel, wo die Beschaffung der Werke von Ray wiederholt ein Thema ist.

aus dem Deutschen Reich ab, sodass die Obrigkeit sich 1689 gezwungen sah, der Bevölkerung verbilligtes Getreide zum Kauf anzubieten. Ende desselben Jahrs bewirkte der niederländische Gesandte Pieter Valkenier (1641–1712), der in Zürich residierte, dass die Getreidesperre aufgehoben wurde, doch stellten sich 1691/92 trotzdem Hungersnot und Teuerung ein.[7] Kein Wunder, hatten in dieser wirtschaftlich angespannten Zeit die Drucker kein Interesse, riskante Investitionen zu tätigen oder Bücher zu drucken, von denen sie nicht sicher sein konnten, dass sie sich gut verkaufen liessen, weshalb sie auch beim Druck von Scheuchzers Werken zurückhaltend waren, worüber der Gelehrte sich in verschiedenen Briefen beklagte.[8]

Theologisch und kirchlich wurde die Zeit Scheuchzers durch die drei konservativen Kirchenvorsteher Anton Klingler (Amtszeit: 1688–1713), Peter Zeller (1713–1718) und Johann Ludwig Nüscheler (1718–1737) geprägt, von denen Klingler wohl der bekannteste ist und dessen Name in der einschlägigen Historiografie als Synonym für Engstirnigkeit und Rückständigkeit gilt (Abb. 2). Geradezu legendär ist das vom stellenlosen Theologen Bernhart Wirz von 1701 bis 1705 mehrmals inszenierte Auftreten eines Poltergeists im Haus des Antistes. Die Angelegenheit endete mit seiner tragischen Verurteilung zum Tod.[9] Auch im Briefwechsel Scheuchzers findet sich eine Notiz über die Gespenster bei Klingler, doch geht daraus nicht hervor, ob der Schreiber den Erzählungen der Leute Glauben schenkte.[10] In Klinglers Amtszeit fallen zudem die letzten Zürcher Hexenprozesse, die 1701 sieben Frauen und einen Mann das Leben kosteten,[11] obschon seit den 1690er-Jahren Folter und Todesstrafe im Fall von Zauberei in den Zürcher Disputationen zum Teil kritisch reflektiert wurden.[12] Während Klinglers Nachfolger Peter Zeller wenig von sich reden machte, ging auch Antistes Nüscheler als Pedant in die Zürcher Kirchengeschichte ein.[13] Neben diesen Vertretern der Orthodoxie, die die aufkeimenden Ideen der Frühaufklärung und des Kopernikanismus zu ersticken suchten, schwelten immer noch die konfessionellen Auseinandersetzungen, die

7 Sigg (1996), S. 288 f., 347–349.

8 Siehe unten, S. 90.

9 Wirz wurde nicht nur wegen dieses Schabernacks, sondern auch wegen weiterer Vergehen zum Tod verurteilt. Vgl. Corrodi (1937).

10 «Bei uns ist viel von einer Art Gespenst die Rede, welches im Haus unseres Antistes eigenartig herumspukt. Es schlägt die Magd und andere Hausbewohner, verrückt Steine, Holz, Bücher, Papiere und andere Dinge mit ungeheurem Lärm und Gepolter von ihrem Ort, zieht sich schnell in verschlossene Räume zurück, damit es nie gesehen werden kann.» Portmann (1964), S. 115, Übersetzung des Autors.

11 Meili (1980); Sigg (2012), S. 14.

12 Leu (2012), S. 111–122.

13 Dejung und Wuhrmann (1953), S. 453.

Abb. 2: Antistes Anton Klingler (nach 1688) von Hans Georg Rubli und Johann Caspar Morff, ZBZ, Graphische Sammlung und Fotoarchiv, Klinger, Anton I, 2.

auch vor Waffengängen nicht haltmachten, wie die Villmerger Kriege von 1656 und 1712 beweisen. Im Letzteren diente Scheuchzer als Militärarzt.

Was die Mentalität der Zürcher um 1700 angeht, so finden sich dazu interessante Zeilen im Reisebericht des Frankfurter Patriziers Johann Friedrich von Uffenbach (1687–1769), der anlässlich seines Besuchs in der Limmatstadt im November 1714 notierte: «Was die statt anlangt, so ist selbige ganz von steinernen und theils schönen häußern, aber sehr engen und dunkelen gaßen, und ziehmlich bergigt, gleich wie aus denen auf der anderen seit folgenden rißen und kupferstichen zu sehen ist. Die leute alhier sind ziehmlich schweizerisch und massiv, auch ungemein bauerisch, stolz auf ihren vorzug des cantons, weil der ihr der erste ist und den rang vor den übrigen hat. Die lebensart alhier ist sehr abgeschmackt, retirée und wunderlich, auch ziehmlich kleinstättisch und heist ein jeder Herr haubtman oder leutnant, welche titel sie sich den alle ein ander ja nicht vergeßen, und recht damit soldaten spielen, wie wohl sie in der that über ihre bauern, so alle in compagnien und regimenter eingetheilt sind, würcklich officier sind, da bey einem jeden regiment 8 burger haupt leut und zwey hergegen von den bauern selbst sind. Ihr edelleute sind alle auch engagirt und in summa jederman, gleichwie sie den bey der inscription des burgerlichen standes alsobalt schwöhren bey der fahne, vor ihr freyheit leib, ehr, gut und blut aufzuopfern. Die Herren des kleinen rahts sind von dießen militair chargen befreyet, und der älteste burgermeister ist felt marschall, daher er sich auch alle zeit mit den felt zeichen und general stab abmahlen läßet. [...] Sonsten ist dießes der theuerste ort in allen stücken und lebensmitteln in der ganzen Schweiz, und alle leute sehr unbedächtlich in dem überbiethen, daher man sich wohl fürzusehen hat.»[14]

Dieses von Uffenbach geschilderte gesunde Selbstbewusstsein der Zürcher und das damit verbundene Repräsentationsbedürfnis der Stadtrepublik war Anlass für den Neubau des Rathauses, der 1698 eingeweiht wurde (Abb. 3).[15] Scheuchzer hielt das Gebäude für keinen grossen Wurf, weshalb er Uffenbach von einem Besuch abriet, wie dieser in seinem Reisebericht festhielt: «Allein er [Scheuchzer] versicherte mich selbst, daß inwendig gar nichts als große und niedrige stuben wären, darin schlechte meubel seyen; auswendig ist es sonsten ein schönes, prächtiges und neuers gebäude, so aber seine gewaltige fehler hat, weil erstlich alle stockwerck vor ein solchen pallast viel zu niedrig und die fenster insonderheit sehr klein sind, und den, daß alle ziehrathen mal a propos meistentheils daran gebracht worden. Das Portal und die marmorne seulen sind schön, der rest aber nach der architectur nichts besonderes und nach keinem meister goût, gleichwie denn auch Herr D. Scheuchzer selbst sagte, daß sie keinen baumeister anders als ohnerfahrene zimmermeister und den verschiedene Herren des rahts, so auch keinen breiten verstand davon gehabt, dazu gebraucht hätten.»[16]

Der von Uffenbach geschilderte provinzielle und etwas rückständige Charakter Zürichs soll nicht darüber hinwegtäuschen, dass es durchaus Kreise gab, in denen die neuen Ideen von Descartes, Grotius, Kopernikus oder Thomasius diskutiert wurden. Insbesondere jüngere Bürger versammelten sich in gelehrten Gesellschaften, die sehr unorthodoxe Themen aufgriffen. Auch der junge Scheuchzer gesellte sich zu ihnen und wurde zu einem der führenden Köpfe, wovon weiter unten die Rede sein wird. Zürich war bei weitem nicht

14 Transkription der *Reise durch die Schweiz* von Johann Friedrich von Uffenbach, Universitätsbibliothek Göttingen, Cod. Ms. Uffenb. 29, Bd. 1, 5, S. 555 f.

15 Maissen (2008), S. 335.

16 Transkription der *Reise durch die Schweiz* von Johann Friedrich von Uffenbach, Universitätsbibliothek Göttingen, Cod. Ms. Uffenb. 29, Bd. 1, 5, S. 550.

Abb. 3: Das Zürcher Rathaus (1711) von Joseph Lindinner, ZBZ, Graphische Sammlung und Fotoarchiv, Zürich D2, Grossmünster-Qu., Rathaus I, 17.

die einzige Stadt, die sich mit der anbrechenden Aufklärung schwertat.[17] In der Limmatstadt machten sich auch im religiösen Bereich neue Strömungen breit. Nachdem die Täufer fast ausgerottet worden waren,[18] drangen verschiedene pietistische Gedanken in die eine oder andere Stube.[19] Scheuchzer lebte somit in einer Zeit des Umbruchs und war selbst ein Anhänger der frühaufgeklärten Naturwissenschaften und der empirischen Methode, sah aber im Unterschied zu verschiedenen Zeitgenossen[20] keinen Widerspruch zwischen dem Glauben an die Bibel als Wort Gottes und der Akzeptanz moderner Forschungsresultate.

17 Vgl. etwa zu Paris Wyder (1998), S. 106 f. Was die Eidgenossenschaft angeht, so ist bemerkenswert, dass eine der letzten Hexen in Europa 1782 in Glarus verbrannt wurde, ein Jahr nach dem Erscheinen von Kants *Kritik der reinen Vernunft*. Vgl. Kittsteiner (2010), S. 172.

18 Leu (2017), S. 203–245.

19 Scheidegger (2012), S. 3–30.

20 Mulsow (2018).

3
Jugendzeit

Johann Jakob Scheuchzer wurde am 2. August 1672 als Sohn des gleichnamigen Mediziners geboren, der ab 1679 als Stadtarzt wirkte. Ein Jahr zuvor erblickte seine Schwester Anna Barbara das Licht der Welt, 1676 folgte die Schwester Anna Magdalena und 1684 sowie 1686 die Brüder Johannes und Hans Kaspar. Insbesondere für Johannes fühlte sich der ältere Bruder lebenslänglich mitverantwortlich.[1] Die ersten Jahre verbrachte der spätere Polyhistor[2] im heute noch vorhandenen Haus an der Kirchgasse 22, das im 13. Jahrhundert bereits einem anderen Universalgelehrten als Wohnhaus diente, nämlich niemand Geringerem als Konrad von Mure (um 1210–1281). Danach zog die Familie an den Neumarkt 2, wo Scheuchzer bis 1697 zu Hause war.

Erstaunlicherweise besuchte er bereits im Alter von drei Jahren die Deutsche Schule am Wolfbach (heute Neumarkt, Nr. 3), in die sonst Kinder ab fünf oder sechs Jahren aufgenommen wurden.[3] Scheuchzer kommentiert dazu in einer mittlerweile verschollenen Autobiografie: «Noch war ich nicht ganz drei Jahre alt, und schon wurde ich mit meinem lieben Schwesterlein in die Deutsche Schule geschickt. Entweder wollte man mich damit frühzeitig an den Schulstaub gewöhnen, oder es geschah, damit ich meinen Eltern das Leben ruhiger machte und auch, damit ich den Gefahren der Gasse entzogen würde.»[4]

Diese Grundschule gliederte sich in drei Klassen (untere, mittlere und obere), welche je nach Fleiss und Begabung des Schülers in kürzerer oder längerer Frist durchlaufen wurden. Im Winter hatten die Kinder täglich von 8 bis 10 Uhr und von 12 bis 15 Uhr, im Sommer eine Stunde länger, nämlich am Morgen von 7 bis 10 Uhr, die Schulbank zu drücken.[5] In der ersten Klasse lernten sie lesen und schreiben und wurden mit dem Inhalt des Kleinen Katechismus und verschiedenen Gebeten vertraut gemacht. In der zweiten wurde das Lesen und Schreiben vertieft, wobei bereits theologische Texte betrachtet

1 Vgl. Bulinsky (2020), S. 73–92.
2 Zum Begriff des Polyhistors beziehungsweise *polymath* (englisch) vgl. Burke (2020).
3 Ordnungen der tütschen schůl wie sÿ von unßeren gnedigen herren, anno 1586, angenommen und bestettiget worden, S. 3 (StAZH, E II 484). Leider konnte ich keine jüngere Ordnung der Deutschen Schule finden.
4 Steiger (1927), S. 12. Ich habe den Text vergeblich im Archiv der Deutschen Akademie der Naturforscher Leopoldina suchen lassen, wo ihn Steiger in den 1920er-Jahren noch einsehen konnte. Vermutlich handelt es sich um einen Kriegsverlust.
5 StAZH, E II 484, S. 3.

wurden. Die dritte Klasse sah eine Einführung in die Arithmetik und in den Kalender vor sowie das Schreiben von Rechnungen und erste Schritte in der Buchhaltung.[6] Scheuchzer erinnerte sich später: «Speziell in der deutschen Sprache machte ich solche Fortschritte, dass ich fast wie ein Mirakel bestaunt wurde.»[7]

1679, im Alter von sieben Jahren, bezog er die Lateinschule am Grossmünster, die fünf Klassen vorsah, die ebenfalls nicht im Jahresturnus, sondern nach Beherrschung des Stoffs in unterschiedlichen Zeiträumen durchlaufen wurden. So heisst es in der Schulordnung etwa zur vierten Klasse: «Auß dieser claß soll kein knab vor 2, oder auffs wenigst anderhalb jahren gelaßen werden.» Und für die fünfte wird sogar vermerkt: «Und soll auß diser claß vor zweÿen jahren keiner, der ad S[anctum] Ministerium adspirirt, er wäre dann ein außbund, in Collegium Humanitatis promoviert werden.»[8] Scheuchzer durchlief die Lateinschule in sechs Jahren, was darauf schliessen lässt, dass er den Stoff problemlos meisterte. Zu den Lehrern der 24 bis 38 Schüler umfassenden Klassen des jungen Scheuchzer gehörte Johannes Fäsi (1625–1705), sein Grossvater mütterlicherseits.[9]

Der Schwerpunkt des Stoffs lag eindeutig auf Deutsch, Latein und Anfänge des Griechischen. Seit der dritten Klasse sollten die Schüler sich daran gewöhnen, Lateinisch zu sprechen.[10] Die älteren der fünften Klasse begannen zudem mit dem Hebräischunterricht.[11] An Lehrbüchern werden verschiedene Cicero-Texte aufgezählt sowie Werke der antiken Autoren Cato, Julius Cäsar und Vergil, die einschlägigen Titel von Corderius und Vogelmann sowie das sogenannte *Viridarium*. Die *Colloquia* des französischen Pädagogen Mathurin Cordier (um 1479–1564) vermittelten nach dem Vorbild des humanistischen Lehrergesprächs Schritt für Schritt korrektes und elegantes Latein und waren bis ins 19. Jahrhundert in Gebrauch. Die *Elegantiarium latini sermonis praeceptiones aliquot* von Georg Vogelmann gehen ebenfalls ins 16. Jahrhundert zurück, waren sehr verbreitet und wurden sogar ins Isländische übersetzt. Mit dem *Viridarium* ist das *Viridarium selectissimis paroemiarum et sententiarum Latino-germanicarum flosculis amoenissimum* des Württemberger Philologen Johann Georg Seybold (um 1620–1690) gemeint, in welchem lateinische Sprichwörter erklärt werden.

6 Ebd., S. 5–7.
7 Steiger (1927), S. 13.
8 StAZH, E II 467, fol. 95 r, 96 r.
9 Vgl. StAZH, E II 467, fol. 63 v; E II 468, fol. 61 v. Die Inhalte des *Curriculums* von 1680 zeigt Tabelle 1 im Anhang.
10 Ebd., fol. 96 v.
11 Ebd., fol. 93 v.

Ein Blick auf die Stundentafeln verrät zudem, dass Musik und Arithmetik in den nachmittäglichen Randstunden angeboten wurden, in denen nicht mehr mit der höchsten Konzentrationsfähigkeit der Schüler gerechnet werden konnte. Während der Gesang der Auflockerung diente, kann das von der Mathematik sicher nicht gesagt werden, die in der dritten, vierten und fünften Klasse je eine Stunde lang unterrichtet wurde. Offenbar legte man dem Fach kein grosses Gewicht bei. Inhaltlich beschränkte sich der Stoff auf die Vermittlung der vier Grundrechenarten.[12]

Mit dreizehn Jahren schliesslich bezog der junge Scheuchzer das Collegium Humanitatis, das im Gebäude des Fraumünsterstifts untergebracht war. Er notierte dazu in seiner verlorenen Autobiografie: «Das Jahr 1685 befreite mich endlich von der Zuchtrute der Präceptoren, und ich begann das Collegium Humanitatis zu besuchen, wo ich den Unterricht einiger trefflicher Männer genoss: Rudolf Hofmeister der Ältere unterwies mich in Logik, Jakob Lavater in der Katechetik, Heinrich Hottinger in den Anfangsgründen des Hebräischen, und bei Heinrich Fries erweiterte ich meine Kenntnisse in der lateinischen und griechischen Sprache.»[13]

Die von Scheuchzer erwähnte Zuchtrute ist wörtlich zu verstehen. Sie wurde in den oberen Schulen nach der Lateinschule durch Geldbussen abgelöst. Das Collegium Humanitatis, das normalerweise Schülern ab etwa dem sechzehnten Altersjahr offenstand, wurde infolge der Schulreform von 1601, die das Niveau der Zürcher Schulen heben sollte, zwischen Lateinschule und Hohe Schule (Collegium publicum) eingeschoben.[14] Der Unterricht verteilte sich auf vier Fachlehrer, im Fall Scheuchzers auf Hofmeister, Lavater, Hottinger und Fries. Obschon Scheuchzer seinen Übertritt ins Collegium Humanitatis als Befreiungsschlag erlebte, scheint er zum ersten Mal den Leistungserwartungen nicht genügt zu haben, was ziemlich sicher damit zusammenhing, dass er drei Jahre jünger war als seine Kommilitonen. Die Schulakten vermerken zum Jahr 1686: «Jac. Scheuchzeri halben ward erkent, daß seinem herren vater angezeiget, [...] daß er das alte lob, welches er vor dißem in den scholii gehabt, nicht behalte, mit sinen profectibus seÿ man nicht gänzlich oder durchaus zůfriden, seÿ deßweg der promotion, so er adspirier ad s[anctum] ministerium, nicht fähig. Und weil pater und avus in ihrer resolution, ob sie ihn zů den studiis widmen wollind oder nicht, varirind, hat man ihm die promotion weder abgeschlagen noch zůgesagt.»[15] Die Schulleitung hatte sich demnach mit dem Vater und dem Grossvater ins Benehmen gesetzt, die man in dieser

12 Ebd., fol. 99v/100r.
13 Aus Scheuchzers Autobiografie, wiedergegeben bei Steiger (1927), S. 15.
14 Vgl. Nabholz (1938), S. 32.
15 StAZH, E II 468, fol. 136v.

Angelegenheit nicht übergehen wollte. Wie die Gespräche im Einzelnen verlaufen sind, ist nicht überliefert, doch finden wir den jungen Scheuchzer mit dreizehn anderen Studenten ab Frühling 1687 am Collegium Carolinum oder Collegium publicum,[16] der obersten Zürcher Bildungseinrichtung, die sich seit ihrer Gründung 1525 auf die Ausbildung des theologischen Nachwuchses konzentrierte (Abb. 4).

Zu Scheuchzers Lehrern am Collegium Carolinum gehörten Johann Heinrich Heidegger (Altes Testament), Johann Kaspar Wolf (Neues Testament), Johann Heinrich Schweizer (Griechisch), Johann Rudolf Ott (Ethik) und Johannes Lavater (Metaphysik und Logik).[17] Scheuchzer schreibt in seiner *Kupfer-Bibel* über vierzig Jahre später über Heidegger (1633–1698): «Ein Zürcherischer in der reformierten Kirchen hochberühmter Theologus, welcher, mein geehrtester Herr Tauf-Pate weit grösseren Lobes würdig, als meine Schuldigkeit demselben beizulegen vermögend ist.»[18] Heidegger gehörte zu den führenden Köpfen der reformierten Kirche, den sogar Berufungen nach Leiden und Groningen erreichten, die er ausschlug. Er setzte sich für die theologische Einheit unter den Reformierten ein, war Anhänger der Föderaltheologie und wirkte an der Formula consensus von 1675 mit, die sich von neuen theologischen Ideen aus Frankreich (Saumur) distanzierte.[19] Ihn als konservativen Theologen im Sinn eines Antistes Klingler zu bezeichnen, würde ihm in keiner Weise gerecht. Vielmehr kann er geradezu als Vermittler der Frühaufklärung bezeichnet werden, zumal er 1667 als Erster die staatstheoretischen Gedanken des Niederländers Hugo Grotius (1583–1645) im Zürcher Hochschulleben thematisierte.[20] Ausserdem ist es sicher kein Zufall, dass seine Schüler sowie diejenigen des Universalgelehrten Johann Heinrich Hottinger (1620–1667) zum Kern einer Gruppe von Studenten gehörten, die am 12. April 1679 die erste frühaufklärerische Sozietät in Zürich gründeten, das sogenannte Collegium Insulanum.[21]

Während Wolf (1638–1710) gewisse Anliegen Heideggers teilte, wie etwa die innerprotestantische Versöhnung,[22] sonst aber wohl eher einer gemässigten Richtung angehörte, begegnen wir in Schweizer (1646–1705) einem ausgesprochenen Gegner Wolfs. Letzterer plädierte etwa dafür, die kirchlichen Kompetenzen in Fragen der Sitten- und Kirchenzucht auszubauen, wohingegen sich

16 Ebd., fol. 162 v.
17 Vgl. Scheuchzers Autobiografie in Scheuchzer (1731–1735), Teil 1, fol. (k)$_1$ v.
18 Scheuchzer (1731–1735), Teil 1, fol. (f)$_1$ v.
19 Blaufuss (2012).
20 Leu (2012), S. 112 f.
21 Maissen (2008), S. 366.
22 Blaufuss (2012), S. 53.

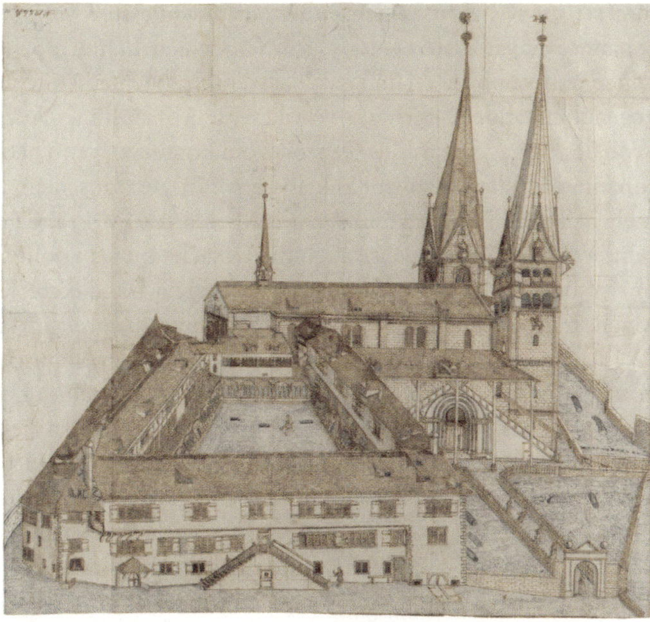

Abb. 4: Grossmünster und Gebäude des Chorherrenstifts, wo das Carolinum untergebracht war (um 1710), von Gerold Escher vom Luchs, ZBZ, Graphische Sammlung und Fotoarchiv, ZEI 5.35.

Schweizer dafür einsetzte, dass diese, ganz im Sinn von Grotius, vom Staat wahrgenommen werden. Der daraufhin entbrannte Streit musste 1695 unter Einberufung des Geheimen Rats geschlichtet werden.[23] Schweizer zeigte sich auch dem Cartesianismus gegenüber aufgeschlossen und publizierte 1685 sein *Compendium physicae aristotelico-cartesianae*. Auch der jüngere Kollege Ott (1642–1716) war gegenüber den Neuerern offen, hielt er doch selber am 9. September 1679 im Collegium Insulanum in Anlehnung an Grotius einen Vortrag zum Thema *De imperio summi magistratus circa sacra* (Von der Befehlsgewalt des Staates in Bezug auf religiöse Dinge). Einleitend wehrt er sich gegen den Irrtum der altkirchlichen Donatisten, dass die Obrigkeit in Glaubensfragen nichts zu sagen habe. Darauf legt er Ursprung und Ursachen der staatlichen Gewalt in kirchlichen Dingen dar und weist darauf hin, dass die oberste Zivilgewalt das Wohl des Volkes schützen solle, dass dies aber nicht gehe, wenn

23 Leu (2012), S. 130–144.

man sie aus Religionsangelegenheiten ausschliesse.[24] Vermutlich gehörte auch Johannes Lavater (1624–1695) zu denjenigen Lehrern Scheuchzers, die den neuen philosophischen und naturwissenschaftlichen Ansichten aufgeschlossen gegenüberstanden, jedenfalls wurde seine Abhandlung *De ubiquitate spiritum* (Von der Allgegenwart des Geistes) vom konservativen Theologen und Zensor Johannes Müller (1629–1684) kritisiert.[25] Insgesamt scheint Scheuchzer durch mehrheitlich progressive und frühaufgeklärte Lehrkräfte geprägt worden zu sein, worin möglicherweise auch die Ursache für sein politisches Engagement in der Bürgerbewegung von 1713 zu suchen ist, die die Konzentration der Macht in den Händen der alten Geschlechter zu sprengen suchte.[26]

Darüber hinaus sah das Curriculum des Carolinums auch im Bereich von Naturwissenschaften und Mathematik einzelne Lektionen vor, die aber in keiner Weise als Vorbereitung für ein universitäres Medizinstudium genügen konnten. Beim bereits betagten Mediziner und Chirurgen Johann Heinrich Lavater (1611–1691) hörte Scheuchzer wöchentlich drei Lektionen Physik flankiert von einer naturwissenschaftlichen Disputation, die alle zwei Wochen stattfand, doch war Lavater nicht mehr auf der Höhe der Forschung. Das änderte sich leider auch nicht, als Johannes von Muralt (1645–1733) die Physikvorlesungen übernahm.[27] Er richtete zwar verdienstvollerweise 1685 das anatomische Kabinett in Zürich ein, in dem nicht nur Säugetiere, sondern auch Menschen seziert wurden,[28] doch zeugt sein *Physicae compendium pro Scholae Carolinae* keineswegs von einem modernen naturwissenschaftlichen Unterricht, der etwa von den Arbeiten Isaac Newtons oder anderer grosser Denker Kenntnis genommen hätte. Man traut seinen Augen nicht, wenn man bei von Muralt etwa die Sätze liest: «Sonne, Mond und Sterne sind auch wegen der Zukunft betreffender Dinge am Himmel fixiert worden; aus dem Aufgang und Untergang der Sterne, aus der Dunkelheit und Verborgenheit unter der Sonne, können die Menschen die zukünftigen Dinge voraussagen.»[29] Über die Menschen, die auf der Südhalbkugel leben, die sogenannten Antipoden, weiss er zu berichten, dass sie trotzdem nicht von der Erde fielen, obschon sie auf der Gegenseite der Kugel lebten.[30] Und auch der Glaube an Drachen ist

24 Leu (2012), S. 115 f.

25 Johann Heinrich Heidegger: Grundtliche und wahrhafte histori ettlicher unglückseliger streitigkeiten … zwüschen einigen kirchen- und schuldieneren, ZBZ: Ms G 327, fol. 89 r.

26 Ulrich (1996), S. 374–381.

27 Vgl. Peyer (1946), S. 57–59.

28 Nabholz (1938), S. 64.

29 Von Muralt (1694), S. 27 (Übersetzung des Autors). Solche Sätze sind umso erstaunlicher, als Conrad Gessner bereits eineinhalb Jahrhunderte vorher die Astrologie als abergläubisch und unwissenschaftlich kritisierte. Vgl. Leu (2019).

30 «Antipodes in nobis contraria terrae parte dantur, quia globus est terra, et undique suos

immer noch präsent: «Der Drache ist eine ungeheure und fliegende Schlange, sehr stark, schrecklich, mit einem kräftigen Schwanz.»[31]

Ähnlich stiefmütterlich wurde die Mathematik behandelt, die von Johannes Herrliberger (1630–1711) unterrichtet wurde. Er lehrte wöchentlich drei Stunden, und zwar eine im Collegium Humanitatis und zwei im Collegium publicum jeweils in deutscher Sprache.[32] Leider fehlte es unter den von Theologen geprägten Ausbildungsstätten und auch unter den vornehmlich auf das Studium der Theologie bedachten Studenten am Interesse für mathematisch-naturwissenschaftliche Themen, weshalb in den Schulakten von 1684 zu lesen ist, dass Herrliberger seine Sache zwar gut mache, aber dass das Fach auf geringes Interesse stosse: «Nachgehaltener nachfrag beÿ den herren professores beider collegiorum ward einhällig erkennt, daß ein gutes zeugnuß seines fleißes und wolverhaltens in dieser mathematischen profession könne und solle gegeben werden: ohnangesehen, daß seine auditores so vast abgenommen, daß er öfters keine lection halten können, da es zwaren nicht an des herrn docentis fleiß, dexteritát und geschicklichkeit, sondern vilmehr an der studiosorum lust und anmuthung ermanglet.»[33]

Es erstaunt nicht, dass der junge Scheuchzer, der sich wie sein Vater zu Medizin und Naturwissenschaften hingezogen fühlte, dem Collegium Carolinum bereits im Herbst 1688 den Rücken zukehrte und sich nach anderen Lehrern umsah. Der Verlust seines am 2. März des gleichen Jahres verstorbenen Vaters wog nun besonders schwer, war er es doch, der ihn in die Grundlagen von Medizin und Naturwissenschaften eingeführt hatte.[34] Am Tag nach der Beerdigung wandte sich die Witwe mit einem Bittschreiben an die Obrigkeit und äusserte sich über die Förderung des jungen Scheuchzer durch ihren verstorbenen Gatten dahingehend, «dass Er mit seinem eltesten Sohn, so 16jährig, von großer Hoffnung, und bereits schon ein Jahr im Collegio Carolino gestudiert, auch in der Medicin zu underrichten einen guten Anfang gemacht, aber leider durch solchen frühzeitigen hinscheid diese treuwe institution verschwunden. Und weilen der liebe Gott in denselben ein schönes talent und großen lust gelegt, so sind wir entschlossen, solchen darin fortfahren zu lassen. Bittend deswegen E[uer] G[nädigen] u[nd] W[ohledlen Herren] in aller unterthenigkeit, obiges alles wol zu beherzigen, damit diser Knab das kostbare

habet incolas. Homines illi tamen in coelum non cadunt, quia ubicunque homines terram incolunt, supra terram sunt, nec a terra pendent, sed eam permunt et terunt, sicuti et nos, quia ad centrum vergimus omnes, qua tandem dissipatis vectoribus spirituosis et sulphureis, sepelimur.» Von Muralt (1694), S. 36.

31 Von Muralt (1694), S. 128.

32 StAZH, E II 468, fol. 59 r.

33 Ebd., fol. 92 r.

34 Steiger (1927), S. 21.

Studium köne continuieren, uff das Er in kurtzen dem lieben Vatterland damit auch treuwe dienst leisten könne.»[35] Der Rat beschloss, dass die Witwe das Gehalt des Ehemannes bis Weihnachten 1689 erhalten solle. Als Nachfolger des Stadtarztes Scheuchzer wurde Johannes von Muralt gewählt, dessen Collegia anatomica der junge Scheuchzer nicht besuchte, da zwischen von Muralt und Scheuchzers Vater seit der Bewerbung um die Stelle des Stadtarztes 1679 gewisse Ressentiments bestanden.[36] Auch mit dem Waisenhausarzt und Verwalter des öffentlichen Naturalienkabinetts in der Stadtbibliothek Johann Jakob Wagner (1641–1695) wurde Scheuchzer nie warm, wohl ebenfalls wegen eines alten Zwistes mit seinem Vater.[37]

Scheuchzers wichtigste Lehrer für die kommenden drei Jahre waren Johannes Herrliberger, dessen Mathematikvorlesungen er weiterhin besuchte, der praktizierende Mediziner Heinrich Lavater (1648–1719), der ihn in Botanik und Anatomie ausbildete, und der Arzt Salomon Hottinger (1649–1713), der ab 1691 als Physikprofessor am Collegium publicum wirkte. Als vierten Lehrer nennt er sich selber mit den Worten: «Denen [Lehrern] ich mich selbsten beyzufügen habe, gestalten ich meiner meisten Studien ἀυτοδίδακτος, indem ich durch eigen Nachsinnen dieselbe tractiret.»[38]

Hottinger muss bei Scheuchzer einen bleibenden Eindruck hinterlassen haben, bezeichnete er ihn doch noch Jahrzehnte später als «Mann, der auf vielfache Weise wegen seiner Frömmigkeit, Gelehrsamkeit und Erfahrung, auch von mir, als seinem Discipul, hoch geehrt zu werden verdient».[39] Sein Einfluss auf den jungen Polyhistor war möglicherweise grösser als bis anhin angenommen worden ist. Vergleicht man verschiedene seiner Publikationen mit gewissen späteren Arbeiten Scheuchzers, so lässt sich unschwer eine gemeinsame physikotheologische Grundlage feststellen. Beide betrachteten das geschriebene Buch der Bibel und das geschaffene Buch der Natur als zwei Offenbarungsquellen des lebendigen Gottes. So schrieb etwa Hottinger in seiner Schrift *Specimen physiologiae sacrae* von 1704: «Wir sehen viele Beispiele, aus welchen das Buch der Natur besser aus dem Buch der Hl. Schrift erklärt werden kann.»[40] Die Bibel dient demnach dem besseren Verständnis der Natur. Scheuchzer kehrte diesen Satz dann im Rahmen seiner Forschungen

35 Zitiert nach Steiger (1927), S. 22, Original in StAZH, H II 5 (5. 3. 1688).
36 Vgl. Steiger (1927), S. 10, 28.
37 Ebd., S. 102.
38 Scheuchzer (1731–1735), Teil 1, fol. (k)$_1$ v.
39 Ebd., fol. (f)$_2$ v.
40 Hottinger (1704), fol. C$_2$ r, Übersetzung des Autors.

und Publikationen gewissermassen um: Die Naturwissenschaften dienen einem besseren Verständnis der Bibel.[41]

Zwei Jahre später legte Hottinger in seiner *Physica generalis et specialis iuxta historiam creationis* von 1706 dar, dass die Natur auch auf Gottes Wesen schliessen lasse: «Der Theologe, am meisten der praktische Theologe, zeigt, dass in der ganzen Schöpfungsgeschichte unverkennbare Spuren von Gottes Güte, Weisheit und Macht zu sehen sind.»[42] Hottinger und Scheuchzer können über weite Strecken als physikotheologische Gesinnungsgenossen bezeichnet werden, die dann aber bei der Beurteilung des kopernikanischen heliozentrischen Systems getrennte Wege gingen. 1703 äusserte sich Hottinger in seiner Dissertation *Positiones philosophicae miscellaneae* negativ über Kopernikus.[43] Am 28. Januar 1711 griff er ihn in seiner Dissertation über den Psalm 19 abermals an.[44] In den Schulakten wird dazu vermerkt, dass sich der bekannte Zürcher Mediziner und Universalgelehrte Johann Jakob Scheuchzer über diese negativen Äusserungen geärgert habe, zumal Kopernikus mittlerweile weithin anerkannt sei.[45] Auch Gottfried Wilhelm Leibniz (1646–1716), der mit Scheuchzer im Briefwechsel stand, konnte in seinem Schreiben vom 28. März 1711 an den Zürcher Kollegen nicht verstehen, dass Hottinger das kopernikanische System ablehnte, wo es doch nun allgemein anerkannt sei. Es stehe auch nicht im Widerspruch zur Heiligen Schrift, denn auch die Schreiber der Bibel seien Kopernikaner gewesen. Wenn man in der Umgangssprache davon spreche oder in der Bibel lese, dass die Sonne auf- oder untergehe, so beziehe sich das auf die optische Erscheinung und nicht auf die astronomische Bewegung. Abschliessend bemerkt der norddeutsche Gelehrte, dass er es nicht ausschliesse, dass es auch auf anderen Planeten eine Art animalischen Lebens gebe.[46] Ein Gedanke, den bereits der niederländische Astronom Christiaan Huygens (1629–1695) in seinem 1698 posthum erschienenen Werk mit dem Titel *Cosmotheoros* formuliert hatte.[47] Auch der Basler Mathematiker Johann I Bernoulli (1667–1748) zog gemäss einem Brief an Scheuchzer vom 29. April

41 Vgl. dazu beispielsweise Scheuchzer (1701), Scheuchzer (1721) und Scheuchzer (1731–1735).

42 Hottinger (1706), S. 4. Übersetzung des Autors.

43 Hottinger (1703), fol. D_1v–D_2v.

44 Hottinger (1711), S. 14–16.

45 Actorum scholasticorum tomus XVII, StAZH, E II 474, fol. 207r: «Bei diserem anlaß hat her D[octor] m[edicinae] Professor Scheuchzer bedeutet, wie er mit verdruß die sonderlich in § 20 wider die sogenannte Copernicaner ent[.?.] gar ernsthaffte invective wahrgenommen […].»

46 Leibniz an Scheuchzer, 28. 3. 1711, in: Horner (1844), S. 12.

47 Dick (1982), S. 130; Aldersey-Williams (2021), S. 393–400.

1716 in Betracht, dass lebendige Wesen auf anderen Himmelskörpern vorkämen (Abb. 5).[48]

Noch spielten die Auseinandersetzungen um Kopernikus im Leben Scheuchzers keine Rolle. Die Zeit war nun gekommen, das Medizinstudium an einer Universität in Angriff zu nehmen. Im Sommer 1691 bat Scheuchzer seinen Paten Heidegger und seinen naturwissenschaftlichen Mentor Hottinger, die Hochschulreife sowie das Gesuch um ein Stipendium gegenüber dem Rat zu unterstützen.[49] Am 1. Oktober wandte sich schliesslich Scheuchzer selber an den Rat mit den Worten:

«Gnädiger Herr Burger-Meister, Hochgeachtete, Wohledle etc. Die Artzneykunst ist wegen ihrer dem Menschlichen Leib so heilsammen Nutzbarkeit zu allen Zeiten, und bey allen Völckeren so hochgehalten worden, daß auch die weisen Griechen ihre Erfinderen der Artzney für Götter gehalten, ihnen Tempel und Altar erbauwet, und Göttliche ehr bewiesen habend. Die Heilige Schrifft gebietet selbs den Artzet zu ehren, und preiset die Artzneykunst als eine Tochter des Himmels, eine Würckung der Himmlischen güetigkeit und ein Geschenk des Allerhöchsten. Dies Gnädige Herren und Vätter, ist weder euweren Gottseligen Regiments-Vorfahren, noch euweren Gnaden und Weisheiten verborgen gewesen; derwegen hiesiger Loblicher Stand iederzeit in Uebung gehabt, das herrliche Kleinod der Artzney treuwlich zu verwahren, die Liebhaber und Professoren derselben mit Ehren und Gutthätigkeit nachzupflanzen, und auch die zu diser Facultät lust habende Jugend mit Obrigkeitlichen Stipendiis viaticis, und underhaltung an der frömbde gnädig anzusehen. Mein in Gott selig ruhender geliebter Vatter, als ein Liebhaber der Artzney, hat von Ewren Gnaden und Weisheiten auch hohe Gnaden-Zeichen und darunter die Stattartzney Stell als einen antritt zu mehrem glück und beförderung empfangen. Es hat aber dem unerforschlichen Rath Gottes gefallen, daß eben dise Stell zu seiner frühzeitigen, und uns seinen nachgelassenen und noch unerzogenen Kinderen höchst trauwrigen und schädlichen heimsuchung gereichen müssen, gestalten er im Mertzen 1688 von der besuchung der Kranken angesteckt und in seinem beruf mit einer tödtlichen Krankheit angegriffen worden. Nach eines so liben Vatters schmertzlichem Todesfahl hat mein lieber Herr Großvatter allen fleiß, mittel und kräft angewendet, daß ich in den studiis eiferig fortgebracht, und in sonderheit zu dem studio Medico erzogen wurde, damit ich also meinem Lieben Vatter Seligen nachkommen, und mich seiner Bücheren, Instrumenten, Schrifften, und anderen hilfsmitteln bedienen mögte. Worinnen dann der Liebe Gott, der den Artzet erschaffen, seinen gnadenfließenden Segen so weit ge-

48 Fueter (1941), S. 44.
49 Steiger (1927), S. 25 f.

Abb. 5: Johann I Bernoulli, ZBZ, Graphische Sammlung und Fotoarchiv, Bernoulli, Joh. I, I.2

geben, daß ich, laut beyliegender Zeugnussen, meinem Studienlauf in hiesigen Schulen bis an die peregrination auf Hohe Schulen an der frömbde gebracht.

Weilen nun, gnädige Herren und Vätter, hierzu mehrere mittel erforderet werdend, als in meinem vermögen sind, zu dem, wie schon gemeldet, mein Lieber Vatter Selig in dem Blust seiner Beförderungen dahin gestorben, und die Frucht seiner Arbeit und hoffnung nit erleben noch einsamlen mögen, auch Ewre Gnaden und Wohltaten oftmahl, sowol als dero Regiments-Vorfahren, gegen dero getreuwen und gehorsamen Verburgeten, welche ihre studia an der frömbde fortsetzen wollen, ihre hohe Oberkeitliche freygebigkeit, und güetigkeit erzeiget und bezeuget, so langt hiermit an Ewre Gnaden und Wohltaten mein unterthäniges bitten, sie wollend mir auf vorhabende Reis und vorgenommene fortsetzung meiner studien an frömbden Academien Ihre Liebreiche Gnadenhand dergestalten eröffnen, daß die darzugehörige Zeit desto leichter aushalten und überstehen möge. Wie ich auf Erlangung diser vätterlichen Gnad mit kräftiger Gnadenhilf des wahren himmlischen Arztes entschlossen bin, solche kösten als einen schönen Saamen in so guten Grund zu legen, daß mit der Zeit, Ewre Gnaden und Wohltaten, samt dero hochloblicher Statt und Burgerschaft verhoffentlich, und wann mir Gott seine Gnad und Segen darzu gibet, Liebreiche frücht darvon mit freuwden einsamlen werdend. Wormit Ewre Gnaden und Wohltaten, ich dem Allmächtigen Schutz des Allerhöchsten, und meine Wenigkeit deroselben hohen Gnaden und miltreicher güetigkeit empfehle.»[50]

Scheuchzers Gesuch wurde vom Rat am 24. Oktober 1691 positiv beantwortet und der junge Mann mit einem Stipendium von 200 Gulden bedacht, das in halbjährlichen Tranchen von 50 Gulden ausbezahlt wurde.[51]

50 Zitiert nach Steiger (1927), S. 26 f., Original in StAZH, A 92_3.

51 StAZH, B II 635, S. 87 f.

4
Studium in Altdorf und Utrecht

Als Studienort fiel die Wahl auf die noch junge, 1622 gegründete Universität Altdorf bei Nürnberg, die bis 1809 existierte (Abb. 6).[1] Ausschlaggebend dafür waren vermutlich die politische Stabilität der Region, die persönliche Bekanntschaft von Scheuchzers Paten Johann Heinrich Heidegger mit dem Altdorfer Orientalisten Johann Christoph Wagenseil (1633–1705), der ein Auge auf den Sprössling werfen konnte, sowie der gute Ruf der Universität für das Studium der Naturwissenschaften. Nürnberg verfügte über eine lange Tradition an ausgezeichneten Astronomen und Geografen,[2] wie exemplarisch aus einem Brief von Maria Clara Eimmart (1676–1707) hervorgeht, der Tochter des berühmten Nürnberger Astronomen Georg Christoph Eimmart (1638–1705), den sie wenige Jahre später, am 23. Januar 1697, an Scheuchzer richtete: «Daß das edle studium Matheseos vor deßen alhier in Nürnberg überaus muß beliebt gewesen sein, kan man nicht allein abnehmen aus der großen menge Sonnen-Uhren, welche an den meisten Häusern überall angemahlt zu finden, sondern auch aus der noch größeren menge allerhand kleinen instrumentorum, varii generis, bevorab der Astrolabiorum, dern mir so viel zu gesicht und zu handen gekommen, daß ich fast zweifele, ob in gantz Teutschland rings umb mit einander so vil zu finden, als allein hier in Nürnberg. Und es kan auch fast nicht anders seyn, weil alle Zeit viel vortreffliche Männer in diesem Studio allhier florirt haben, deren Nahmen und ihre Ruhmwürdigste Werke zum guten theil in praefatione Planisphaerii Bartschii zu finden, wie auch sonst über diß noch viel andere biß auf jetzige unsere Zeiten, dann ohne Regiomontanos, Schoneros, Werneros, weiß man auch von Georg Hartmann, Franz Ritter, Levin Hulsii, Jacob und Sebald Heyden, Andreas Goldmayers, Philipp Eggenbrecht etc. ihren Schriften und schönen mathematischen kunstwerken zu rühmen, deren letzterer mir noch von Angesicht als ein venerandus senex kennlich gewesen, welcher auch Joannis Keppleri, trium Imperatorum Mathematici, special guter Freund war, und ex illius praescripto Tabulam Orbis Terrarum meridiano Uraniburgico accommodatam adornirt hat, dessen posteri und nepotes allhier annoch in gutem wohlstand befindlich. Und von gegenwärtigen Zeiten zu reden, wie kann der Ruhm verschwiegen seyn, deß

1 Vgl. Baier (1728), Recktenwald (1966), Brennecke (2011), Marti (2014).
2 Vgl. Wolfschmidt (2010).

in toto orbe literario berühmtesten Herrn Professoris Altdorfii Noricorum Joannis Christophori Sturmii, welcher sich schon lange Zeit hero so wohl in Philosophia naturalis als Rebus Mathematicis best meritirt gemacht und den preiß seiner Praedecessorum, Abdias Treu, Daniel Swenters, Joannis Praetorii weit voraus überkommen hat. Wann man sich weiter allhier unter den Virtuosen will umsehen, werden deren nicht wenig seyn, welche das Studium Mathematicum nicht allein gründlich verstehen, sondern auch noch von Tag zu Tag weit läuffiger excoliren, worunter vornehmlich zu nennen Joannis Philippus Wurzelbaur, welcher wegen seiner vortrefflichen cognition in rebus Astronomicis unlängst von Kayserl[icher] Majest[ät] geadelt worden, und einen Tractatum Astronomico-Geographicum propediem zu ediren willens ist. Von meiner Wenigkeit und geringem beginnen in consimili studio wird nicht nötig seyn, etwas zu gedenken, weil es nicht darnach beschaffen, daß einiges Ruhms würdig wäre.»[3]

Im Frühling 1692 war es schliesslich so weit, dass der damals knapp Zwanzigjährige in diese Metropole der Astronomie und Kartografie aufbrach. Er erinnerte sich fast vierzig Jahre später: «Den 9. April 1692 begab ich mich in die Fremde unter Begleitung Jacobi Crameri, nachmaligen Linguarum Orientalium und Theologiae Professoris zu Herborn, und Jacobi Reutlingeri, jetzo Capituli Thuricensis Canonici.»[4] Seine beiden Begleiter trugen nicht nur den gleichen Vornamen wie Scheuchzer, sondern waren auch fast gleich alt wie er. Johann Jakob Cramer (1673–1702) wirkte später als Prorektor der reformierten Hohen Schule in Herborn und Johann Jakob Reutlinger (1671–1746) stand nachher viele Jahre im Dienst der Zürcher Lateinschulen. Reutlinger und Scheuchzer nahmen sogenannte *libri amicorum* (Freundschaftsalben) mit auf ihre Reise, in denen sie Grussworte und Unterschriften von Lehrern, berühmten Persönlichkeiten und Kollegen sammelten. Beide Büchlein geben interessante Hinweise auf ihre jeweiligen Aufenthaltsorte und ihr damaliges Netzwerk.[5] Im März/April 1692 besorgten sich Reutlinger und Scheuchzer einige Stammbucheinträge von wichtigen Persönlichkeiten, die in Zürich lebten, um sie dann im Ausland als Beweis ihrer guten Reputation präsentieren zu können. So finden sich aus dieser Zeit in beiden Stammbüchern etwa Glückwünsche von Antistes Anton Klingler, vom Mediziner Johannes von Muralt, von den Professoren Johann Kaspar Wolf und Johann Heinrich Schweizer, vom Waisenhausarzt Johann Jakob Wagner oder von Pieter Valkenier (1641–1712), der von 1690 bis 1704 als holländischer Gesandter in Zürich weilte und mit dem Scheuchzer

3 ZBZ, Ms H 297, S. 67–69.

4 Scheuchzer (1731–1735), Teil 1, fol. k_1 v.

5 Reutlinger (ZBZ, Ms D 207: b) und Scheuchzer (ZBZ: Ms Z II 649). Letzteres war verschollen und konnte 1937 von der ZBZ erworben werden.

Abb. 6: Altdorf bei Nürnberg, in: Martin Zeiller: Topographia Franconiae, Frankfurt am Main 1648, Tafel nach S. 12, ZBZ, Abteilung Alte Drucke und Rara, Rl 64.

später einen intensiven Briefwechsel mit 112 erhaltenen Schreiben unterhielt.[6] Der ebenfalls mit Wagenseil befreundete Holländer schrieb beiden Studenten den gleichen Vers aus der spätmittelalterlichen Exempelsammlung der *Gesta Romanorum* ins Freundschaftsalbum: «Quidquid agis, prudenter agas, ac respice finem» (Was auch immer du tust, tue es klug und bedenke das Ende).

Am 20. April erreichten die drei Altdorf und wurden sogleich von Wagenseil als Kostgänger aufgenommen, wobei Kramer und Scheuchzer gemeinsam ein Zimmer in einem nahe gelegenen Bürgerhaus mieteten.[7] Wenige Tage nach ihrer Ankunft äusserte sich Scheuchzer in einem Brief an Salomon Hottinger positiv über das Lehrangebot des berühmten Mathematikers Johann Christoph Sturm (1635–1703) sowie über den reichen botanischen Garten, das Theatrum anatomicum und das neue chemische Laboratorium.[8] Der Garten wurde primär für Anbau und Demonstration von Heilpflanzen benutzt, beherbergte aber darüber hinaus Hunderte von weiteren Gewächsen, darunter auch vielen exotischen. 1656 wurde ein Hibernaculum errichtet, das der Überwinterung frostempfindlicher Pflanzen diente.[9] Während das anatomische Theater bereits 1650 im Ostflügel des Universitätsgebäudes eingerichtet wurde, datiert das chemische Laboratorium erst von 1682. Es wurde auf Betreiben von Moritz Hoffmann (1622–1698) für dessen Sohn Johann Moritz Hoffmann (1653–1727), den ersten Chemieprofessor in Altdorf, hinter den Universitätsgebäuden errichtet.[10] Auch die Sternwarte, die 1657 auf einem Turm der nördlichen Stadtmauer eingerichtet wurde und ein drehbares Dach hatte, muss dem Zürcher Eindruck gemacht haben.[11]

Cramer und Reutlinger verliessen Altdorf nach wenigen Monaten wieder, wohingegen Scheuchzer bis im Juli 1693 blieb. Er besuchte Veranstaltungen bei den Professoren Pancratius Bruno (Medizin), Moritz Hoffmann (Botanik), Johann Moritz Hoffmann (Chemie) sowie Johann Christoph Sturm (Mathematik, Physik)[12] und genoss den Umgang mit dem gelehrten Wagenseil und seinem Sohn Gabriel, der ihn in seinen Briefen gar als «Bruder» ansprach.[13] Ausserdem lernte er Fechten und Tanzen, wie aus einem Brief an die Schwester hervorgeht, die Ersteres nicht befürwortete: «Meine Jgfr. Schwester improbirt das fechten und sehe lieber das dantzen, weilen sie mich lieber sieht mit dem

6 Steiger (1933), S. 71.
7 Steiger (1927), S. 30.
8 ZBZ, Ms H 345, S. 277 f.
9 Recknagel (1998), S. 69–75.
10 Ebd., S. 81.
11 Wolfschmidt (2010), S. 89.
12 Scheuchzer bezeichnet diese vier als seine Altdorfer Lehrer. Vgl. Scheuchzer (1731–1735), Teil 1, fol. k_1v.
13 «Monsieur mon trés affectionné Frère», vgl. ZBZ, Ms H 297, S. 433–446.

frauwenzimmer höflich umbgehen und selbige courtoisiren als bey gegebenem anlaß meinen leib defendiren, obschon ihro unverborgen, daß zu beiden, wie wohl untüchtig, zu disem doch tüchtiger wer als zu ienem. Jedoch wann ihr die unkosten wölt wagen, so rat ich die füß darzuleihen und dise galante zu Zürich verbottene übung[14] auch zu lehren.»[15]

Einem Brief vom 14. Januar 1693 an den Grossvater mütterlicherseits, Johannes Fäsi, ist zu entnehmen, dass er mit dem anatomischen Unterricht und der Einführung in die medizinische Praxis nicht zufrieden war (Abb. 7).[16] Offenbar vermochten ihn auch die Lehrveranstaltungen des mittlerweile 63 Jahre alten Medizinprofessors Pancratius Bruno nicht zu begeistern,[17] weshalb er sich mehr an Johann Moritz Hoffmann (Chemie) und an Johann Christoph Sturm (Mathematik, Physik) orientierte. Es erstaunt daher nicht, dass die erste Publikation Scheuchzers eine sogenannte Zirkulardisputation zu einem chemischen Thema darstellt. Sie trägt den Titel *De extractis*, umfasst nur vier Quartseiten und behandelt die Gewinnung von Extrakten aus pflanzlichen, tierischen und mineralischen Stoffen (Abb. 8).[18]

Derartige Disputationen, denen in der Regel eine schriftliche Dissertation zugrunde lag, dienten nicht dem Erwerb eines akademischen Grades, sondern gehörten zum universitären Lehrbetrieb.[19] Der Vorteil der Zirkulardisputationen lag darin, dass dem vorsitzenden Professor (*praeses*) kein Entgelt bezahlt werden musste. Die Abhaltung von mindestens vier Wochenstunden Unterricht und von Zirkulardisputationen gehörten zu seinen Pflichten. Scheuchzers Studienkollege Johann Jakob Baier erklärt das Wesen dieser Disputationen mit den Worten: «Als ein besonderer Vortheil aber für die studirende Jugend / ist hier zu rühmen der löbliche / und auf wenig andern Universitäten eingeführte Gebrauch der Circular-Disputationen / indem von iedweden Professore alle Viertel-Jahr eine gehalten werden muß / daferne es nicht an Respondenten fehlet / oder andere wichtige Ursachen solches verhindern. Daß demnach die Studiosi aller Facultäten sich im Disputiren / ohne einige / weder pro Praesidio und Censura, oder sonst aufzuwenden-habende Unkosten (ausser wann die Disputation zu drucken beliebet wird) satsamlich üben können; nicht minder als im perori ren / dergleichen ebenfalls in Circulo, gratis, wenigstens ein paar mahl im Jahr zu geschehen pfleget. Hiernechst stehet es auch iedermann frey / extra ordinem Circularem, so wohl declamando als disputando, seiner

14 Tanzen war in Zürich damals verboten, vgl. Ziegler (1978), S. 65–67.
15 Ms H 345, S. 52, zitiert nach Steiger (1933), S. 51.
16 ZBZ, Ms H 345, S. 46.
17 Vgl. zu Bruno: Baier (1728), S. 116–128.
18 Scheuchzer (1693).
19 Vgl. Marti (2011).

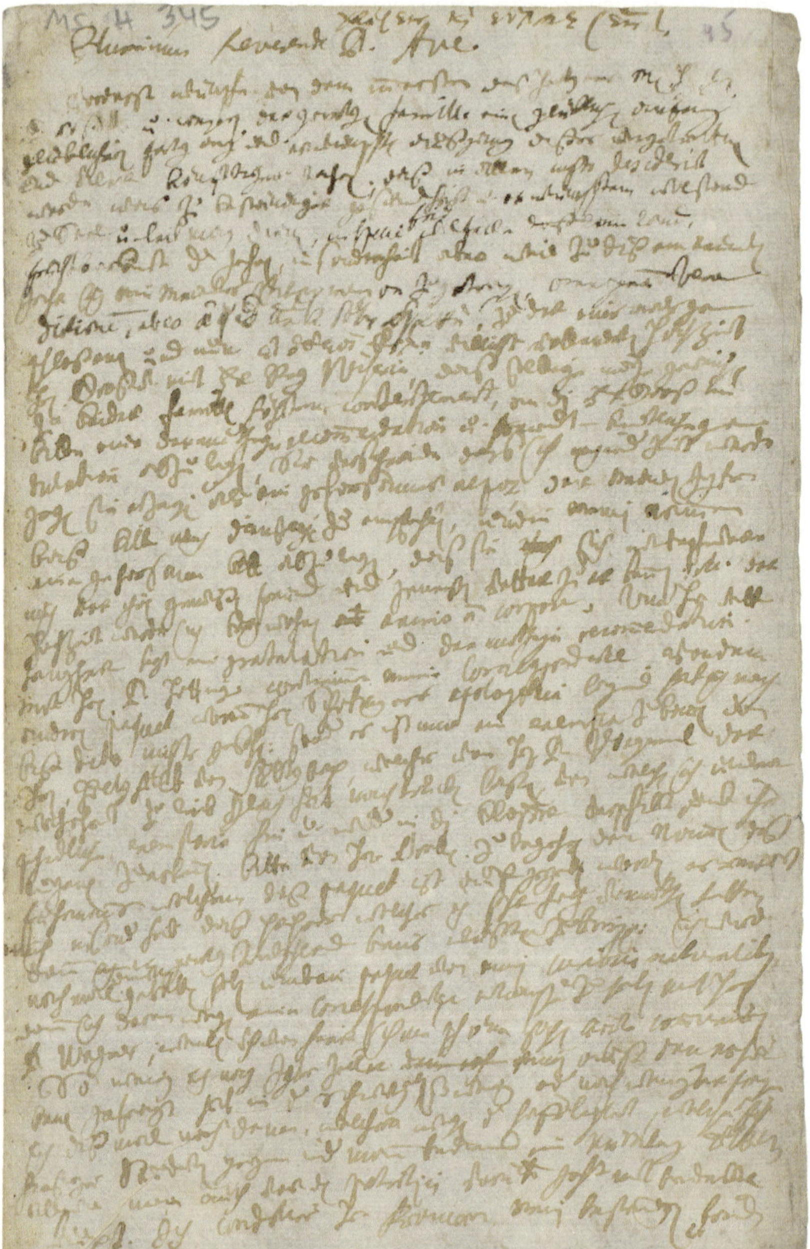

Abb. 7: Brief von Scheuchzer an Grossvater Fäsi vom 14. Januar 1693, ZBZ, Handschriftenabteilung, Ms H 345, S. 46.

Abb. 8: Titelblatt von Scheuchzers Erstpublikation von 1693, ZBZ, Abteilung Alte Drucke und Rara, 6.111_{14}.

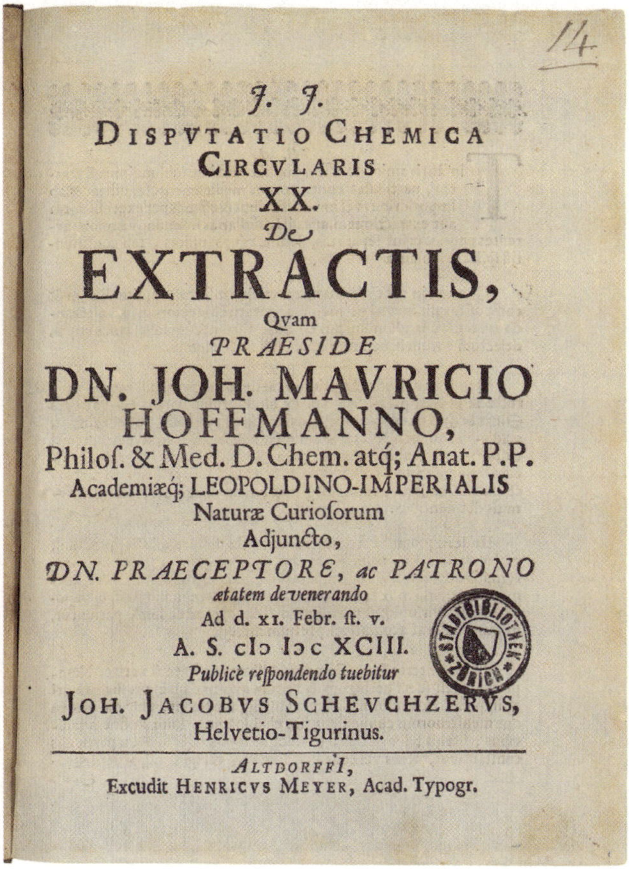

14

J. J.
DISPVTATIO CHEMICA
CIRCVLARIS
XX.
De
EXTRACTIS,
Qvam
PRAESIDE
DN. JOH. MAVRICIO
HOFFMANNO,
Philos. & Med. D. Chem. atq; Anat. P.P.
Academiæq; LEOPOLDINO-IMPERIALIS
Naturæ Curiosorum
Adjuncto,
DN. PRAECEPTORE, ac PATRONO
ætatem devenerando
Ad d. XI. Febr. st. v.
A. S. cIↃ IↃc XCIII.
Publicè respondendo tuebitur
JOH. JACOBVS SCHEVCHZERVS,
Helvetio-Tigurinus.

ALTDORFFI,
Excudit HENRICVS MEYER, Acad. Typogr.

Geschicklichkeit offentliche Proben abzulegen / und sich zu dem Ende einen Praesidem aus denen Professoribus zu erwählen.»[20]

Den bleibendsten Eindruck auf den jungen Zürcher hinterliess der weithin bekannte Mathematikprofessor Johann Christoph Sturm, der von 1664 bis zu seiner Berufung nach Altdorf 1669 als Pfarrer im schwäbischen Deiningen wirkte (Abb. 9). Er sprengte als erster Professor der Academia Norica den bis dahin üblichen schularistotelischen Rahmen: «Methodisch gelang dies durch die programmatische Kritik an der Autorität des Aristoteles (aber auch Cartesius') als Interpreten der Natur und durch das explizite Votum für die

20 Baier (1714), S. 83.

Abb. 9: Johann Christoph Sturm, Ölgemälde von Heiman Dullaert, Royal Society London, RS.9684.

philosophische Eklektik.»[21] Scheuchzer übernahm nicht nur den Eklektizismus Sturms, sondern wurde von dem brillanten Kopf vielfältig beeindruckt und beeinflusst. Der Altdorfer Mathematiker gehörte nicht nur zu den Pionieren der Infinitesimalrechnung,[22] sondern stellte sich auch eindeutig auf die Seite des kopernikanischen Weltsystems, während von seinem Vorgänger Abdias Trew dasjenige von Tycho Brahe favorisiert wurde, das besagte, dass die Erde im Zentrum der Welt ruhe, die Planeten sich aber um die Sonne und mit dieser um die Erde bewegten. Das Neujahrsblatt der Stadtbibliothek Zürich mit dem Titel

21 Sparn (2011), S. 148.
22 Recknagel (1998), S. 144–146.

Abb. 10: *Neujahrsblatt der Bürgerbibliothek auf das Jahr 1707*, ZBZ, Graphische Sammlung und Fotoarchiv, AZZ 17: 66.

Astronomia von 1707, das sehr wahrscheinlich unter Scheuchzers Beteiligung entstanden ist, veranschaulicht die Situation. Vor dem Hintergrund der Nürnberger Sternwarte sitzen Kopernikus, Brahe und Ptolemäus und diskutieren ihre Weltbilder. Ptolemäus sitzt etwas abseits, durch einen Mauervorsprung getrennt von den anderen (Abb. 10).[23]

Ebenfalls im Unterschied zu seinem Vorgänger lehnte Sturm die Astrologie völlig ab. Eine Haltung, die auch Scheuchzer teilte und die er, möglicherweise von Sturm beeinflusst, mit nach Zürich nahm, denn er hielt in seinem *Enchiridion mathematicum* von 1714 fest: «Wir weisen Astrologie und Chiromantie

23 Müsch (2000), S. 49 f., 271.

gewissermassen als Schandflecken der Mathematik aus den Grenzen dieser sehr edlen Wissenschaft zurück.»[24] Am aufsehenerregendsten dürfte Sturms 1672 eingeführtes Collegium experimentale gewesen sein. In diesen bis 1715 in Altdorf privat abgehaltenen Lehrveranstaltungen konnten die Studenten die vorgeführten Experimente mit eigenen Augen betrachten, die die Naturkundigen sonst nur in England, Frankreich und Italien vorgeführt bekamen. Das Titelblatt der zweibändigen Ausgabe des gleichnamigen Werks von 1685/86 gibt eine knappe Zusammenfassung des Lehrinhalts: «Experimentelles oder wissbegieriges Kollegium, in dem die wichtigsten Entdeckungen dieser Zeit und physikalisch-mathematische Experimente, insbesondere die Phänomene und Wirkungen der Taucherglocke, der Camera obscura, der Torricelli-Röhren oder des Barometers, der pneumatischen Pumpen, der Thermometer, der Hygroskope, der Teleskope, der Mikroskope usw., die teils von anderen schon erklärt, teils jenen neu hinzugefügt worden sind, während des letzten Quadrimesters des Jahres 1672 zwanzig Zuhörern, die zum Teil aus erlauchten und adeligen Familie stammen, vor Augen geführt oder auf ihre natürlichen Ursachen zurückgeführt worden sind».[25]

Jeder, der das Titelblatt las, verstand, dass hier ein ganz anderer Lehrstoff dargeboten wurde, als Johannes von Muralt in Zürich zum Besten gab.[26] Kein Wunder, stiessen derartige Experimentalkollegien international auf Gleichgesinnte und Nachahmer. Auch Scheuchzer bot später in der Limmatstadt und Theodor III Zwinger (1658–1724) in Basel ein Collegium experimentale physicum an, wie aus einem Brief des Zürchers an Zwinger von 27. Februar 1702 hervorgeht: «Ich selbst führe nächste Woche mit Gottes Hilfe mein *Collegium Experimentale Physicum* zu Ende, welches, ich gestehe es, für die Hörer von viel grösserem Nutzen wäre, wenn ich die Experimente in geordneter Reihenfolge nach einem System einteilen würde, was bei einer anderen Gelegenheit wird geschehen können, wenn ich ihrer [Zwingers] Methode folge.»[27]

Auch der von Scheuchzer 1699 publizierte *Einladungsbrief zur Erforschung natürlicher Wunderen, so sich im Schweitzerland befinden* in deutscher

24 «Astrologiam judiciariam et chiromantiam tanquam opprobria Matheseos ex pomoeriis nobilissimae huius scientiae relicimus.» Scheuchzer (1714), S. 40, Übersetzung des Autors.

25 Übersetzung des Autors. Das Titelblatt lautet wörtlich: «Collegium experimentale sive curiosum, in quo primaria huius seculi inventa et experimenta physico-mathematica, speciatim campanae urinatoriae, camerae obscurae, tubi Torricellini, seu baroscopi, antliae pneumaticae, thermometrorum, hygroscopiorum, telescopiorum, microscopiorum etc. phaenomena et effecta partim ab aliis iam pridem exhibita, partim noviter istis superaddita, per ultimum quadrimestre anni M.DC.LXXII. viginti naturae scrutatoribus, ex parte illustri nobilique prosapia oriundis, et spectanda oculis subiectis, et ad causas suas naturales demonstrativa methodo reduxit.»

26 Vgl. zu Leben und Werk von Sturm: Gaab (2004).

27 Portmann (1964), S. 232, Übersetzung von Portmann.

und lateinischer Sprache geht möglicherweise auf Sturm als Vorbild zurück.[28] Scheuchzer bezweckte damit, die darin formulierten Fragen von einer möglichst grossen Anzahl von Einwohnern der verschiedenen Kantone über die Schweizer Geografie und Naturkunde beantwortet zu erhalten, um diese Daten als Grundlage für eine Beschreibung der Schweiz zu nutzen. Auch diese Idee, ein geografisch weit gestreutes Publikum zur Beantwortung naturwissenschaftlicher Fragestellungen heranzuziehen, hat er möglicherweise in Altdorf kennengelernt. 1682 veröffentlichte Sturm sein achtseitiges *Einladungsschreiben*,[29] mit dem er ein weltweites Beobachternetz mobilisieren wollte, um die sogenannte magnetische Missweisung zu untersuchen.[30] Auch Scheuchzers Antrittsvorlesung vom 26. November 1710 mit dem Titel *De matheseos usu in theologia* (Über den Nutzen der Mathematik in der Theologie) weist nach Altdorf, wo Johannes Christian Schulenberg aus Bremen 1694 bei Sturm die Dissertation *Mathesis eiusque indolem theologiae applicandam* (Die Mathematik und deren anwendbarer Nutzen in der Theologie) verteidigte.

Scheuchzers Wertschätzung für Sturm kommt exemplarisch in einem Brief vom 22. Mai 1698 zum Ausdruck, den er an seinen «Praeceptor et fautor» (Lehrer und Gönner) richtete und dessen erste Zeilen lauten: «Mein Geist wurde in betreff der Physik und Mathematik ganz nach Ihrem Sinn geformt; Ihrem Unterricht und Ihren Anregungen schulde ich alles, was ich an Ruf, Reichtum und innerer Befriedigung noch erlangen kann.»[31] Was lag näher, als dass er auch die mechanistische Erklärung zur Entstehung von Ammoniten von seinem grossen Vorbild übernahm, von der weiter unten die Rede sein wird, und dass er bei ihm schliesslich auch eine Disputation absolvierte. Die der mündlichen Prüfung zugrunde liegende Dissertation mit dem Titel *De presbytis et myopibus* handelt von den physikalischen Ursachen für Kurz- und Weitsichtigkeit und wurde nicht von Scheuchzer, sondern von Sturm selbst verfasst, was gewisse Vorteile hatte, wie Scheuchzer in einem Brief an seinen Grossvater erklärte: «Die Disputation welche noch im Sinn hette, solle progressionis specimen sein, ich aber verhoffte mehr ehr einzulegen als defensor als aber als exarator, weilen was dieser mann [Sturm] macht, wie wir sagen, hand und fuß hat und überaus aestimiert wird. Wann der respondens [Prüfling] der Autor ist, sihet die disputation niemand an, selbige zu lesen, wann sie aber der

28 Vgl. unten, S. 96.

29 Sturm (1682).

30 Gaab (2004), S. 68 f. An fast keinem Ort der Erde zeigt eine frei aufgehängte Kompassnadel exakt in die Nord-Süd-Richtung, sondern die Nordspitze weicht in der Regel um einen kleinen Winkel nach Osten oder Westen ab. Während die Existenz dieser Missweisung bekannt war, war weniger bekannt, dass sich dieser Winkel im Lauf der Zeit langsam ändert.

31 ZBZ, Ms H 345, S. 223, Übersetzung nach Steiger (1927), S. 136.

Praeses [prüfender Professor] gemacht hat, wird sie von iedermann mit großer begird aufgekauft und an frömbde örter geschickt.»[32]

Sturm erklärt einleitend die Begriffe *presbyta* und *myops*, darauf «folgt als erstes Kapitel eine Aufzählung von 13 Erscheinungen, die auf normale, weitsichtige oder kurzsichtige Augen zurückzuführen sind. In den folgenden Kapiteln werden diese Erscheinungen dann auf ihre physikalischen und anatomischen Ursachen zurückgeführt. Dabei wird insbesondere die antike Vorstellung abgelehnt, das Sehen komme durch einen vom Auge ausgehenden Sehgeist (‹spiritus vivus›) zustande. Im vierten Kapitel vergleicht Sturm das Auge mit einer Camera obscura, in deren Öffnung eine konvexe Linse angebracht ist; er argumentiert mit der Konstruktion von Strahlengängen und verweist auf entsprechende Experimente.»[33]

Ausser den genannten Studien beschäftige sich Scheuchzer mit Botanik und Paläontologie. Er durchstreifte die Umgebung Altdorfs, um zu botanisieren, wie er seinen Zürcher Kollegen Isaak Bataillard, den Arzt der französischen Refugianten, wissen liess, mit dem er in der Heimat verschiedene botanische Exkursionen durchgeführt hatte.[34] Ausserdem interessierte er sich als einer der wenigen Steinliebhaber für die zahlreichen Fossilien, die der bayerische Boden barg, und denen er gerne nachspürte.[35] Sein Kollege, der Mediziner und Fossiliensammler Baier, beschrieb die Gegend als reich an Flora und Versteinerungen: «An allerley raren und zur Artzney diensamen Kräutern ist diese Landschafft so reich / daß Sie hierinnen / mithin an Bequemlichkeit zum Studio Botanico, schwerlich einem District in Teutschland / wo irgend eine Academie ist / etwas nachgeben wird. Sollte jemand daran zweiffeln / der kann gar leicht ueberführet werden durch Einsicht des schönen und weitläufftigen Catalogi einheimischer Kräuter / welche vorbelobter D. Maur. Hoffmann unter dem Titel, Florae Altdorffinae Deliciae sylvestres, mit grossem Fleiß und Geschicklichkeit vor Jahren publiciret hat. Nicht weniger merckwürdig aber ist die Fruchtbarkeit der Altdorffischen Gegend / wie an einigen anderen Fossilibus curiosis, so hauptsaechlich an figurirten Steinen / und Reliquien von der allgemeinen Sündflut / die man daherum / ja gar in der Ring-Mauer (wann etwann Keller gegraben oder weiter ausgeführet werden) so häuffig und so vielerley Arten antrifft / daß nechst dem bergichten Schweitzer-Land wohl keine Teutsche Provintz darmit zu vergleichen seyn wird.»[36]

32 ZBZ, Ms H 345, S. 53, zitiert nach Steiger (1927), S. 38.
33 Gaab (2004a), S. 274.
34 Steiger (1927), S. 32 f.
35 Scheuchzer an Baier, 16. 8. 1707, in: Baier (1760), S. 97.
36 Baier (1714), S. 8.

Scheuchzer traf in Altdorf auf eine zeitgemässe, moderne Universität, auf frühaufgeklärte Gelehrte, pflegte anregende Kontakte und konnte seinen Neigungen und Interessen frei nachgehen. Eigentlich die ideale Umgebung für einen sogenannten ewigen Studenten, doch durfte und wollte er kein solcher werden. Die Zeit zerrann ihm unter den Händen, und er verlor das eigentliche Ziel seiner Auslandsreise, das Studium der Medizin und ihrer praktischen Anwendung, aus den Augen. Es fehlte nicht an Ermahnungen aus dem familiären Umkreis, die seine Entwicklung mit Sorge beobachteten, zumal das obrigkeitliche Stipendium nicht ausreichte und er mehr Geld verbrauchte als erwartet.[37] Als der junge Mann vor allem im Briefwechsel mit seinem väterlichen Mentor Salomon Hottinger realisierte, wo er stand, zogen düstere Wolken über seinem Gemüt auf, und er schrieb ihm: «Was aus meinem Studium noch werden wird, weiß nur Gott. Nicht selten ängstigen mich Gedanken über meinen künftigen Beruf. Ich frage mich, was dieser wohl sein werde, und in welchem Erdenwinkel er wohl angewendet werden könne. Sicherlich, um die Wahrheit zu sagen, und sie ihnen, den ich als meinen geheimen und öffentlichen Gönner bis ans Grab verehren werde, zu gestehen: Öfters staune und erschrecke ich, stehen mir die Haare zu Berge, wenn ich den gewaltigen Umfang der Medizin betrachte, oder vielmehr ahne, und ich wage mich fast nicht an diese heran. Meine bisherigen Studien, speziell die Philologie und die Philosophie [Naturwissenschaften], sind für die heutige Welt zu abstrakt, und die viele Arbeit, die ich an sie (hauptsächlich aus Ungeduld) verwendet habe, reut mich jetzt. Dazu kommt das Drängen der Meinen und der Herren Gönner auf eine baldige, meines Erachtens viel zu frühe Rückkehr. Ich kann Gott und die Menschen zu Zeugen anrufen, daß ich in der praktischen Medizin noch gänzlich unerfahren bin, und auch bisher nicht die Gelegenheit hatte, mich in ihr auszubilden. Ich bitte Sie, mein hochgelehrter und hochverehrter Lehrer, zu entscheiden, was ich in drei Vierteljahren mir in der Praxis für Kenntnisse erwerben könnte! Ich habe mich viel mit anderen Wissensgebieten beschäftigt und sehe heute das Tadelnswerte daran ein. Ich wollte eben bei den bekannten ungünstigen Verhältnissen hierzulande lieber in anderen Disziplinen etwas lernen, als in der schlechten Vertretung der Medizin einen Grund erblicken, müßig zu sein. Das erstere erschien mir nicht nutzlos, da es mir nun einmal gegeben ist, den engen Zusammenhang aller Wissenschaften zu erkennen. In Bezug auf meinen künftigen Beruf bin ich mir noch völlig unklar, ob dieser oder jener Teil der Mathematik, oder ob die Medizin berufen sei, diesen elenden Körper zu ernähren. Aber davon bin ich fest überzeugt, daß, seitdem ich angefangen, mich mit der Mathematik zu beschäftigen, mein vorher stumpfer

37 Vgl. Steiger (1927), S. 53–61.

Geist geschärft wurde, und ich infolgedessen nun auch die Medizin leichter erlernen werde, wenn mir nur die Gelegenheit dazu nicht mangelt. Ich will deshalb zusehen, was Holland mir in dieser Beziehung bieten wird. Ich überlasse alles dem allmächtigen Gott, den ich inständig anflehe, er möge meine Unternehmungen zum Ruhme seines Namens gedeihen lassen.»[38]

Im Juli 1693 nahm Scheuchzer von Altdorf und seinen Freunden Abschied und machte sich nach Holland auf, eine Nation, die damals ihre Blütezeit erlebte.[39] Sie war für viele Gelehrte ein Zufluchtsort der Toleranz geworden, verfügte über sechs Universitäten und ein blühendes kontinentales und interkontinentales Handelsnetz. Es war das Holland eines Christiaan Huygens (1629–1695), Antoni van Leeuwenhoek (1632–1723) oder Herman Boerhaave (1668–1738), um nur wenige klingende Namen der Wissenschaftsgeschichte zu nennen. Scheuchzer begab sich an die 1636 gegründete Universität Utrecht (Abb. 11), um vor allem bei Johannes Munniks (1652–1711) und Jacob Vallan (1637–1720) Medizin zu studieren,[40] wozu er abermals ein Stipendium von 50 Reichstalern erhielt, was 100 Gulden entsprach.[41] Am 26. Januar 1694 promovierte er bei Vallan mit der Dissertation *De surdo audiente* (Über den hörenden Tauben) und untersuchte das Rätsel, warum es Taube gibt, die trotz ihrer Krankheit etwas hören, wenn direkt über ihrem Kopf gesprochen wird. Scheuchzer legte dar, wie die Schallwellen die Schädelknochen durchdringen und zum Gehörnerv gelangen.[42]

Nach bestandenem Doktorexamen war eine sogenannte *peregrinatio academica* angesagt, die Scheuchzer nach England unternehmen wollte, doch riet ihm Hottinger aus Zeitgründen davon ab. Der frisch gebackene Doktor der Medizin reiste daher durch verschiedene Orte und Gegenden Hollands und Deutschlands und machte dabei zahlreiche Bekanntschaften, mit denen er über Jahre im Briefwechsel stand. Von Juli 1694 bis April 1695 blieb er in Zürich. Etwa drei Vierteljahre später, am 29. April 1695, verliess er seine Vaterstadt abermals und brach nach Nürnberg auf, um sich beim berühmten Astronomen Georg Christoph Eimmart weiterzubilden, der auf der Vestertorbastei eine eigene Sternwarte unterhielt. Sie gehörte damals zu den acht wichtigsten Observatorien Europas.[43] Ausserdem nahm Scheuchzer zur Aufbesserung

38 Zitiert nach ebd., S. 60.
39 Helmers und Janssen (2018).
40 Für die Zeit in Utrecht fliessen die Quellen nur spärlich, vgl. Steiger (1927), S. 67.
41 Ebd., S. 66.
42 Scheuchzer (1694a).
43 Wolfschmidt (2010), S. 93.

Abb. 11: Utrecht, in: Martin Zeiller: *Topographiae Germaniae Inferioris*, Frankfurt am Main 1659, Tafel nach S. 146, ZBZ, Abteilung Alte Drucke und Rara, T 144.

seiner Finanzen in Altdorf Lehraufträge wahr. Spätestens Anfang September 1695 kehrte er wieder nach Zürich zurück.[44]

Wie wichtig eine derartige *peregrinatio academica* war, um Kontakte zu knüpfen und den Horizont zu erweitern, beweist die kurze Biografie Scheuchzers, die heute im Archiv der Deutschen Akademie der Naturforscher Leopoldina aufbewahrt wird, der er seit dem 21. November 1694 angehörte.[45] Die Beschreibung der einzelnen Stationen seiner Reise machen einen für heutige Begriffe überproportionalen Anteil aus. Sie lautet in deutscher Übersetzung: «Geboren in Zürich, den 2. August 1672, als Sohn von Johann Jacob Scheuchzer, dem sehr verdienten Stadtarzt, und der Anna Barbara Fäsi. Zunächst besuchte er die unteren Schulen, danach erlernte er im Gymnasium die Grundlagen der Wissenschaften und widmete sich unter der Leitung von Johannes Herrliberger der Mathematik und vor allem unter der Führung von Heinrich Lavater und Salomon Hottinger den Grundlagen der Medizin und eignete sich botanisches und anatomisches Wissen als Autodidakt an. Im April 1692 zog er nach Altdorf bei Nürnberg, dort studierte er nicht nur Medizin bei den sehr berühmten Professoren Moritz und Johann Moritz Hoffmann sowie Pankraz Bruno, sondern auch Mathematik und Physik beim unvergleichlichen

44 Vgl. zu diesem Lebensabschnitt Steiger (1927), S. 79–101.
45 Kurzbiografie von Scheuchzer, Archiv Deutsche Akademie der Naturforscher Leopoldina, M2 TOM I 229.

Johann Christoph Sturm. Er verteidigte zwei Disputationen, eine medizinisch-chemische mit dem Titel ‹De extractis› und eine zweite ‹De presbytis et myopibus›. Hier von Altdorf Abschied nehmend, begab er sich darauf ins Fichtelgebirge, berühmt als Quelle der vier Flüsse [Eger, Main, Naab, Saale]; danach ging er zurück nach Nürnberg, zog weiter nach Würzburg, Frankfurt am Main, Mainz, Köln, Amsterdam und erreichte am 19. September 1693 Utrecht, wo er sich unter Anleitung von Jacob Vallan und Johann Munniks den medizinischen Studien hingab und am 16. Januar 1694, nach bestandener Prüfung und der Inauguraldissertation mit dem Titel ‹De surdo audiente›, die Insignien eines Doktors erhielt. Danach hat er das vereinigte Belgien bereist und besuchte Emden, Oldenburg, Bremen, Limburg, Lüneburg, Zelle, Braunschweig, Wolfenbüttel, Helmstedt, Magdeburg, Halle, Leipzig, Dresden, Altenburg, Freiberg, Schneeberg, Zwickau, Neustadt, Karlsbad, Eger, Bayreuth, Nürnberg und war schliesslich am 24. Mai zurück in Altdorf, wo er wieder einige Wochen verweilte. Danach hat er unterwegs Augsburg, Ulm und Schaffhausen besichtigt und ist in die Vaterstadt zurückgekehrt; wenig später hat er Berge und Städte der Schweiz bereist, bewegt durch den Wunsch, seltene Alpenpflanzen zu suchen. Motiviert durch die astronomischen Studien des berühmten Astronomen Georg Christoph Eimmart, ist er 1695 erneut nach Nürnberg aufgebrochen, wo er sich infolge der erneuten Begeisterung für Sturm in Altdorf niederliess. In dieser Zeit entstand seine erste wissenschaftliche Abhandlung mit dem Titel *De generatione conchitarum* (Über die Entstehung von versteinerten Schaltieren), die er Sturm widmete und die 1697 in den *Miscellanea curiosa* der Leopoldina erschien.[46]

Ein weiteres interessantes Zeugnis dieser Jahre der Studien und Wanderschaften von 1692 bis 1695 stellt Scheuchzers *Liber amicorum* dar, der 1937 von der Zentralbibliothek Zürich erworben werden konnte und von der Forschung bis jetzt nicht beachtet worden ist. Die 152 Namen vermitteln neben der von Rudolf Steiger publizierten Liste von Korrespondenten[47] einen interessanten Einblick in den Personenkreis, mit dem Scheuchzer zu tun hatte und mit dem er zum Teil über Jahre Kontakte unterhielt. Dabei muss natürlich in Betracht gezogen werden, dass er vielleicht nicht allen Persönlichkeiten selber begegnete, sondern der einen oder anderen sein Freundschaftsalbum zuschicken oder via Boten und Kollegen zukommen liess.[48]

Verschiedene dieser Einträge sind mit ansprechenden Illustrationen versehen, von denen die Bleistiftzeichnung eines Rindskopfes des Tiermalers

46 Walter (2021), S. 60.

47 Vgl. Steiger (1933), S. 49–74.

48 Ordnet man die Stammbucheinträge chronologisch, ergibt sich Tabelle 2 im Anhang.

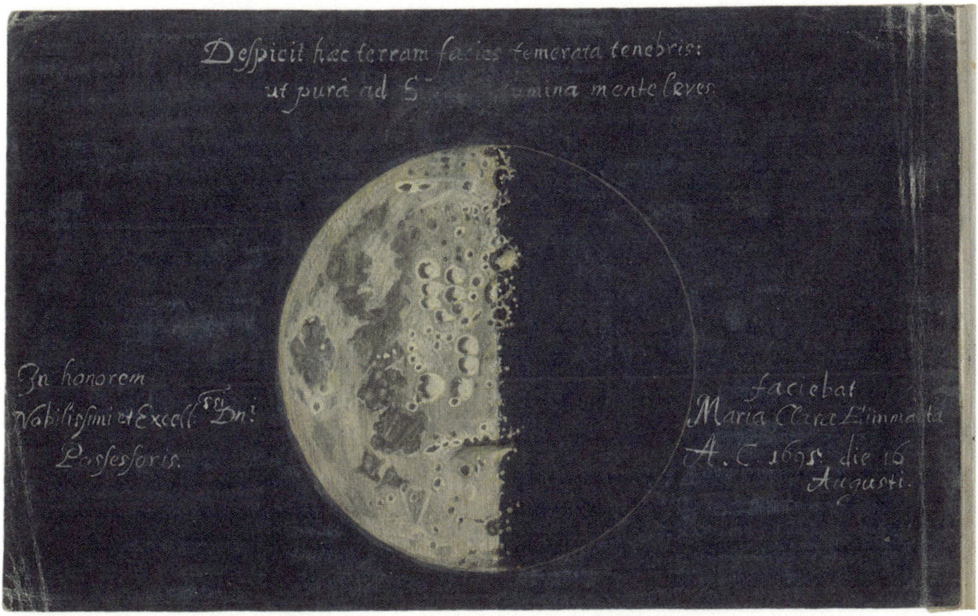

Abb. 12: Eintrag von Maria Clara Eimmart im *Liber amicorum* Scheuchzers, ZBZ, Handschriftenabteilung, Ms Z II 649, fol. 164a v.

Johann Melchior Roos (1663–1731)[49] oder die Darstellung des Mondes vom 16. August 1695 von Maria Clara Eimmart herausragen (Abb. 12).[50]

Die Einträge im *Liber amicorum* beweisen, dass Scheuchzer im Juli 1694 in der Inner- und Ostschweiz unterwegs war und sich fünf Personen in Zug, Luzern und Mollis darin einschrieben. In der Tat unternahm er damals seine erste von insgesamt zwölf Schweizer Reisen, die eine wichtige Grundlage für seine späteren Publikationen der *Beschreibung der Natur-Geschichten des Schweizerlands* (1706–1708) und der *Itinera alpina* (1708) darstellten. Ausserdem engagierte er sich in der noch jungen frühaufgeklärten Gesellschaft der Wohlgesinnten und hielt zahlreiche Vorträge. Seine Alpenreisen und Zürcher Referate wurden lediglich durch den zweiten Nürnberger Aufenthalt von April bis September 1695 kurz unterbrochen.

49 ZBZ, Ms Z II 649, fol. 165 v/166 r.
50 Ebd., fol. 164av. Vgl. zu Eimmarts Mondzeichnungen: Stonyan (2010), S. 265–268.

5

Die Gesellschaft der Wohlgesinnten

Am 5. April 1693 wurde in Scheuchzers Abwesenheit die Zürcher Gesellschaft der Wohlgesinnten (1693–1709) gegründet, die als Nachfolgeorganisation des Collegium Insulanum (1679–1683) und des Collegiums der Vertraulichen (1686–1690) bezeichnet werden kann: «Die drei zeitlich aufeinander folgenden Collegia der Insulaner, Vertraulichen und Wohlgesinnten sind die ersten von der europäischen Akademiebewegung inspirierten Sozietäten der Schweiz, zugleich aber auch die ersten aufklärerischen Gesellschaften überhaupt im deutschsprachigen Raum, im Hinblick sowohl auf die Kommunikationsstruktur als auch auf das Spektrum an verhandelten Themen.»[1] Als direkte Vorbilder gelten die deutsche Sprachakademie der Fruchtbringenden Gesellschaft (1617–1680) und die 1660 gegründete englische Royal Society.[2] Von der letztgenannten gingen entscheidende Impulse für die Gründung weiterer gelehrter Gesellschaften aus wie der Oxford Philosophical Society (1683) oder der Dublin Philosophical Society (1683).[3] Auch in anderen Ländern Europas wurden im 17. Jahrhundert verschiedene Akademien und Gesellschaften ins Leben gerufen, so etwa die Accademia dei lincei in Rom (1603), die Académie française in Paris (1634) oder die Deutsche Akademie der Naturforscher Leopoldina in Schweinfurt (1652).

An Weihnachten 1693 entschied man sich für den Namen der Wohlgesinnten, «und zwar dieser nahme darum hochgeschäzet worden, weil er uns immerdar erinnere teils unsres zwecks, nach welchem wir sehen und trachten sollen, nemlichen in Tugend und wüsenschaften wolgesinte biderman, teils uns verpflicht, wie wir gegen Got, gegen die Kunst und sonderlich ein jeder gegen die Geselschaft solle gesinnet sein. Er war angesehen als ein nahme, der nicht in einer stolzen nidrigkeit seine Erhebung suche oder in einer übermasigen Erhöhung oder Ruhmseligkeit die ernidrigung, verbahnung, von dem neid zu befürchten habe.»[4] Mitglied der etwa aus einem Dutzend Personen bestehenden erlauchten Runde konnte nur werden, wer von jemandem vorgeschlagen und von der Mehrheit akzeptiert wurde. Der Betreffende hatte sich selbstverständlich an die Satzungen zu halten, die vorsahen, dass man sich

1 Kempe/Maissen (2002), S. 11.
2 Ebd., S. 64.
3 Porter (1977), S. 19 f.
4 ZBZ, Ms J 548, fol. 150v/151r (26. 12. 1693).

wöchentlich am Dienstag, um 14 Uhr, zum Hören eines gelehrten Vortrags traf, um anschliessend darüber zu diskutieren. Für die Finanzen zeichnete der Quästor, für das Protokoll der Aktuar verantwortlich. Letztgenanntes Amt versah Scheuchzer von 1697 bis 1709. Von einem festen Präsidenten wurde abgesehen. Die Anwesenheit von Gasthörern war nur mit der Einwilligung aller Mitglieder erlaubt. Jeder war zur Verschwiegenheit verpflichtet, ansonsten drohten Bussen und Strafen.[5] Es sollte ein Zirkel sein, in dem frei und, ohne sich beobachtet zu fühlen, über alle möglichen Themen gesprochen und diskutiert werden konnte, auch über ungewohnte und sogenannte häretische wie den Kopernikanismus, ob Hexen fliegen können oder ob ein Atheist in einer Republik geduldet werden könne.[6]

Scheuchzer engagierte sich über Jahre bei den Wohlgesinnten, hielt er doch mit 36 Vorträgen am meisten Referate von allen Mitgliedern,[7] gefolgt von Johann Rudolf Ott junior (1672–1705) mit 29 und Johann Rudolf Steiner (1668–1740) mit 23 Präsentationen.[8] Scheuchzers Vortragsreigen setzte sich, holzschnittartig skizziert, zusammen aus vier Referaten über Steine und Fossilien, gefolgt von mehrheitlich mathematischen und mathematikgeschichtlichen Themen, darunter auch über den Nutzen der Mathematik in der Theologie. Abschliessend gab er einen Einblick in sein 1701 erschienenes deutsches Lehrbuch mit dem Titel *Physica oder Natur-Wissenschaft*.

Besondere Beachtung verdient der Vortrag *Utopia*, den Scheuchzer 1697 in der Gesellschaft der Wohlgesinnten hielt. Er beschreibt darin, wie das Schiff der Wohlgesinnten auf dem Pazifik segelt und auf eine unbekannte Insel dieses Namens stösst. Das Emblem des Schiffleins hatte Scheuchzer der Gesellschaft der Wohlgesinnten gegeben (Abb. 13). Er vergleicht es mit demjenigen des griechischen Königs Theseus, das dieser benutzte, um den Minotaurus zu töten, und das nachher in Ehren gehalten und gepflegt wurde. So solle es auch mit der Gesellschaft der Wohlgesinnten sein: «Ähnlich also wie im theseischen Schiff die absterbenden Planken fortwährend durch neue ersetzt worden seien, um der Erhaltung des Ganzen willen, so würden auch in den gelehrten Gesellschaften die Lücken der Dahingegangenen durch neu aufgenommene

5 Kempe/Maissen (2002), S. 31–317.

6 Steiger (1927), S. 84 f.

7 Gemäss Kempe/Maissen (2002), S. 352–426, an folgenden Daten: 18. 9. 1694, 30. 10. 1694, 5. 2. 1695, 9. 4. 1695, 10. 9. 1695, 10. 12. 1695, 24. 3. 1696, 28. 7. 1696, 17. 11. 1696, 1697 (undatiert), 1697 (undatiert), 9. 5. 1698, 6. 12. 1698, 29. 3. 1699, 18. 4. 1699, 13. 6. 1699, 12. 9. 1699, 12. 12. 1699, 23. 1. 1700, 21. 5. 1700, 18. 6. 1700, 26. 11. 1700, 17. 12. 1700, 15. 2. 1701, 22. 2. 1701, 1. 3. 1701, 8. 11. 1701, 25. 4. 1702, 19. 12. 1702, 9. 1. 1703, 29. 5. 1703, 3. 7. 1703, 19. 2. 1704, 16. 12. 1704, 19. 5. 1705, 3. 2. 1706.

8 Kempe/Maissen (2002), S. 351.

Abb. 13: Das Segelschiff der Wohlgesinnten, ZBZ, Handschriftenabteilung, Ms Z III 616.

Mitglieder wieder ausgefüllt.»[9] In Scheuchzers eigenen Worten: «Und werdet Ihr mir erlauben, wolgesinnete Herren, [...] unsere gesellschaft zu vergleichen mit einem trefflich versehenen Schiff, da nit nur ein kluger captaine, ein verständiger lieutenant, ein eifriger prediger, ein fleißiger schiffer sein [...] ich will sagen, daß zu suffisanter decidirung vorkommender allerhand quaestionen vorhanden sein Theologi, Juristen, Politici, Philosophi, Kaufleute und Medici. Wann nun diese piloten alle, ein jeder in seinem objecto, eiferigst bemühet, das Ihrige zu contribuiren, auch in guter Einigkeit wie bis dahin conspiriren, und in beständigem fleiß fortfahren, kann unser Schiff nit anders als weislich regiert und wider anlauf vorkommender wellen des mißgunsts, neids, verleumbdung und anderer widerwertigkeiten genugsam beschützet werden, und zwaren brauchen wir hierzu nebst dem Segen des allerweisesten Regierers keine andere mittel, als gute einigkeit, vertrauliche Zusammentragung der rathschlägen, beständige und wolgesinnete sorg vor erhaltung des collegii [...] und in allem einen rechten und geziemenden gebrauch der vernunft.»[10]

9 Steiger (1927), S. 134.
10 ZBZ, Ms H III 42a, fol. 1/3, zitiert nach Steiger (1927), S. 135.

Im Utopia-Vortrag bricht dieses Schifflein zu neuen Gestaden auf und ankert vor der Insel Utopia. Der Vortragende erzählt, wie er mit einem Ruderboot an Land gebracht worden sei und was er dort beobachtet habe. Scheuchzer nimmt diese Fiktion zum Anlass, sein Konzept einer idealen Akademie zu entwickeln: «Den grössten Eindruck machte ihm ein Haus, in dem lauter Gelehrte zum Wohl und im Dienst des Landes arbeiteten. Jeder hauste in einem eigenen Zimmer, die gleich weit von der Bibliothek und der Naturalienkammer entfernt waren und deren jedes eine Anschrift trug, aus der sogleich ersichtlich war, womit sich der betreffende Gelehrte beschäftigte.»[11] Der erste Gelehrte hiess Polyglossus und war ein hervorragender Philologe mit Kenntnissen verschiedener Sprachen. Der zweite mit Namen Geographus war in allen mathematischen Wissenschaften bewandert und verfügte über eine riesige Kartensammlung. Heraldicus schliesslich befasste sich mit der Wappenkunde, wohingegen der vierte eine Kirchengeschichte vor sich hatte und die religiösen Bewegungen und ihre Entgleisungen studierte. Der fünfte, Politicus, widmete sich den Staats- und Verfassungswissenschaften und hatte auch die Aufgabe, den Wohlstand des Landes zu sichern. Der Historicus untersuchte die Landesgeschichte und sammelte sämtliche Archivalien. Der Biographus beschäftigte sich mit den Lebensbeschreibungen und der Kollektion von Abbildungen aller Helden, Gelehrten und Künstler. Zudem oblag ihm die Pflege der Landesbibliografie. Der achte, der Mathematicus, hatte besonders viele Aufgaben und war als Finanzchef, Astronom, Geometer, Ingenieur und Architekt tätig. Dem Antiquarius oblag die Denkmalpflege und der Iatrophilus kümmerte sich um die Gesundheit der Leute. Der elfte, mit Namen Acarnan, «untersuchte die Naturgeschichte des Landes, verfasste eine physikalische Geographie und unternahm zu diesem Zweck unzählige Reisen, selbst auf die höchsten Berge, mit grosser eigener Mühe und vielen Kosten. Er kehrte von keiner Reise zurück, ohne auch für den Geographen reiche Beute an Wissen heimzubringen.»[12] Der zwölfte Gelehrte hiess Censor. Er wohnte in einem Zimmer, von dem aus man alle Winkel und Gassen der Stadt überblicken konnte. Ihm wurden alle Dinge hinterbracht, die im öffentlichen Leben vor sich gingen, und er versuchte, sie unparteiisch und nach gesundem Menschenverstand zu beurteilen und gegebenenfalls Korrekturanweisungen zu geben.

Der Name des elften Gelehrten Acarnan mag etwas befremden, zumal er nicht für ein Fachgebiet steht, sondern den Namen des Leibarztes von Alexander dem Grossen wiedergibt. Es handelte sich dabei um Scheuchzers Gelehrtennamen, den er sich in der kaiserlichen Akademie der Naturforscher

11 Milt (1946), S. 143.
12 Ebd., S. 145.

zulegte, in die er am 21. November 1697 aufgenommen worden war. Der Vorschlag dazu kam von Johann Christoph Wagenseil in Altdorf, den er in dieser Angelegenheit um Rat fragte und der am 27. Februar 1697 nach Zürich schrieb: «Es sind eben der herren collegarum nunmehr sehr viele, von denen allen ich nicht sonders informiret, und dürfte [...] ein nahmen leicht zu finden seÿn, den ein anderer nit praeoccupiert. Zweifle aber, ob nit der nahme Acarnan oder Acarnas noch freÿ, und der dürfte sich auch meinen Herren sehr füglig schicken. Dan so hat der fürtrefliche medicus des Alexandri M[agni] geheissen, dessen eigentlicher nahm zwar Philippus war, weilen sich aber dieser als zu bekannt nit schickt, so lässt sich der andere, damit er wegen seines vatterlands Acarnania benamset worden, gebruchen.»[13] Mit der Einführung des Namens Acarnan in seinem Utopia-Vortrag spielte Scheuchzer auf sich selbst und seine Rolle im Wissenschaftsbetrieb an.

13 ZBZ, Ms H 297, S. 403.

6

Heirat und Familie

Am 9. November 1697 heiratete Scheuchzer die zwei Jahre ältere, vermögende Susanna Vogel. Sie war die Tochter von Margaretha Ott und Caspar Vogel, einem Mitglied des Rats der Zweihundert und Wirt des Gasthauses zum Hecht. Anlässlich ihrer Hochzeit verfasste Maria Clara Eimmart ein Hochzeitsgedicht, das mit etwas Verspätung eintraf:

«So ändert sich der Stand?
Ich dacht', Er hatte sich Minerven[1] gantz verschrieben,
Allein, auf die manier hat Er sie gar verbannt,
wie Er hochwerthester, mir kützlich hat geschrieben,
die Einsamkeit hat Ihm gewiß zu viel gethan.
So geht's: die Ihre Lust an Büchern haben,
die sehn doch übers Buch das Frawenzimmer an,
Und können sich daran noch mehr als dorten laben.

Allein, was schreib ich hier?
Man kann die Zeilen ja nicht Hochzeit-Verse nennen,
denn die ist schon vorbeÿ. Wer schreibt mir Regeln für?
Es ist zu spät geschickt; man kann es leicht erkennen.
Ich trage dieses mahl wohl schlechten Ruf davon,
Weil ich das Fest nicht habe können zieren,
Nach meiner Schuldigkeit, drum bitt uhum pardon,
Es wird der weite weg mich etwan excusiren.

Wie deßen Schreiben laut,
so hat Er sich darzu ein Vögelein[2] erwehlet.
Gewiß, Er hat sein heÿl und wohlfahrt wohl gebaut:
Die meisten Vögelein, so man vor schöne zehlet,
die locken einen an mit ihrer Lieblichkeit.
Durch ihren Ton wird man dahin geführet,
daß man sie lieben muß, droht schon die Winterszeit;
Es hat Sie die Natur mit Anmuth ausgezieret.

1 Minerva: Göttin und Hüterin des Wissens.
2 Anspielung auf den Namen von Scheuchzers Frau, Susanna Vogel.

Jedoch genug gescherzt.
Der Höchste laße sie im guldnen Glücke prangen,
Sie leben stets befreit von dem, was sie nur schmerzt.
Es müße Ihren Stand das beste Heÿl umbfangen,
des Höchsten Gnaden-Schuz seÿ ihre Medecin,
das Pfand der Lieb, das sich wird zeigen sollen,
das kann unfehlbar nicht ein gantzes Jahr verziehn,
Und dieses ists das ich eilfertig schicken wollen.»[3]

Zu Beginn des Jahres 1698 bezog das junge Ehepaar eine Wohnung im Gelben Adler an der Niederdorfstrasse 47. Vermutlich wohnten Scheuchzers ab etwa 1700 als Mieter im Haus zur Lerche an der Trittligasse 5, das sie ein paar Jahre später erwarben (Abb. 14).[4] Der bereits erwähnte Frankfurter Patrizier Johann Friedrich von Uffenbach weilte im November 1714 verschiedene Male in Scheuchzers Haus und beschrieb es mit den wenigen Worten: «Ein artig hauß in einer kleinen gaßen.»[5] In diesem Haus wohnten schlussendlich Scheuchzer und seine Frau mit mindestens vier Söhnen. Die Nachrichten über Scheuchzers Kinder fliessen nicht sehr reichlich. Zwei Jahre nach der Eheschliessung wurde der älteste Sohn Hans Jakob (1699–1734) geboren. Er diente als Sekretär eines Schweizer Regiments in Naumur (Wallonien) und brach den Kontakt zur Familie ab. Der zweite Sohn Johannes (1701–1755) wirkte 1727 als Pfarrer in Schwamendingen, wechselte 1736 nach Kilchberg und stieg schliesslich 1754 zum Dekan des Zürichseekapitels auf. Wie sein Vater war er bibliophil veranlagt und hinterliess eine grosse Bibliothek. Ein Jahr nach Johannes kam Johann Kaspar (1702–1729) zur Welt, auf den der Vater grosse Hoffnungen setzte, doch starb er früh in London, wovon später ausführlicher die Rede sein wird. Der zwei Jahre jüngere Sohn David (1704–1739) erlernte den Beruf des Kupferstechers. Er bereitete den Eltern viele Sorgen. Drei weitere Söhne, nämlich Ludwig Ferdinand (1705–?), Salomon (1707–?) und Sixt (1709–?), sowie die Tochter Barbara (1714–1717) verstarben als Kinder. Der Königsberger Professor Christian Gabriel Fischer konnte sich des Eindrucks nicht erwehren, dass sich Scheuchzer für seine Kinder mehr Zeit hätte nehmen sollen. Er notierte nach seinem Besuch in Zürich vom August 1730, wobei er die Reihenfolge der Söhne etwas durcheinanderbrachte: «Von seinen 4 Söhnen ist der älteste ein Dorff-Pfarrer, der eines Bauern Sohn ähnlicher als seinem Vater scheinet. Er ist außer Land nicht kommen und hat daher mehr studia

3 ZBZ, Ms H 297, S. 75 f.

4 Bulinsky (2020), S. 41.

5 Transkription der *Reise durch die Schweiz* von Johann Friedrich von Uffenbach, Universitätsbibliothek Göttingen, Cod. Ms. Uffenb. 29, Bd. 1, 5, S. 515.

Abb. 14: Scheuchzers Wohnhaus an der Trittligasse 5 in Zürich. Das heute fünfgeschossige Haus zur Lerche umfasste zur Zeit Scheuchzers drei oder vier Stockwerke.

als mores. Der zweyte Sohn ist ein D. medicinae, die Zierde und vermeynte Stütze der Familie, ist in Engelland bey Herrn D. Sloane gestorben. Der Vater hat ihn erst an Woodward geschickt, weil er aber dieses Mannes Rusticité nicht vertragen können, hat er und der Vater die Freundschaft mit Hrrn. Woodwardo abgebrochen, und der junge Scheuchzer eine viel vergnügtere Station bey Hrn. Sloan gefunden. Dieser Sohn war seinem Vater in Statur und Gemüth in vielen Stücken ähnlich. [...] Der dritte Sohn hat sollen ein Kaufmann werden, weil aber dessen Brotherr mit Hrn. D. Scheuchzer sich erzürnet, ihm den Sohn, ehe er ausgedienet, nach Hause geschicket, hat er ihn in frantzösische Militaire-dienste gegeben. Der vierte ist gleichfalls nicht der gehorsamste, weswegen der Vater ihn dem Kupferstechen gewidmet und bei dieser Kunst außer Landes servieren läßt. Es scheinet, als wenn Hr. D. Scheuchzer mehr seiner Bücher und Correspondance als seiner Kinder und Haushaltung gewartet, daher er in beyden zurückgeblieben.»[6]

Zur Familie gesellten sich nicht selten einzelne Pensionäre, womit die durchschnittliche Anzahl von 5,3 Personen pro Haushalt auf der Zürcher

6 Fischer [1926], Nr. 62, S. 1; vgl. auch Bulinsky (2020), S. 59.

Landschaft um 1700 deutlich übertroffen wurde.[7] Die Familienmitglieder wurden in Scheuchzers Forschungsprojekte mit einbezogen, je nachdem, wie sie sich dafür eigneten und die Interessen mit dem Vater teilten. Wenn er etwa in den Bergen auf Erkundungsreisen war, nahm er ein Barometer[8] mit und liess eines zu Hause, wo von Angehörigen der Familie Tag für Tag die Daten abgelesen wurden, die er anschliessend mit den auf den Exkursionen gewonnenen verglich, um damit auf die Höhen der einzelnen Orte über Meer zu schliessen.[9] Seinen fünfjährigen Sohn Johann Kaspar nennt Scheuchzer sogar als Mitautor eines Berichts über die Mondfinsternis vom 17. April 1707.[10]

7 Schillig (2020), S. 196.
8 Zu den Anfängen barometrischer Messungen im 17. Jahrhundert siehe Camuffo (2018).
9 Bulinsky (2020), S. 57; Scheuchzer (1716), S. 15–18.
10 Scheuchzer und Scheuchzer (1708).

7
Ärztliche Praxis

Die bereits ausführlich zitierte Kurzbiografie Scheuchzers im Archiv der Leopoldina endet mit den Worten: «Im Herbst [1695] kehrte er nach Zürich zurück, gewählt vom Rat als Nachfolger des verstorbenen Doktor Wagner, verbunden mit einem jährlichen medizinischen Stipendium, der Mathematikprofessur und als Kurator der öffentlichen Bibliothek und des Museums in Zürich.» Nachstehend sollen diese drei Tätigkeiten als Arzt, Professor und Kurator näher beleuchten werden.

Mit dem verstorbenen Doktor Wagner ist der bereits erwähnte Waisenhausarzt und spätere zweite Stadtarzt (Poliater) Johann Jakob Wagner (1641–1695) gemeint. Die Stelle als zweiter Stadtarzt[1] umfasste folgende Pflichten und Entlöhnungen: «Poliater: Der Unter-statt-arzet sizet auch im sanitetsrath, beÿ der großen und kleinen gschauw, dem exanime chyrurgorum und sol die krankene auf und ab der landschafft mit vorschreibenden medicamenten besorgen.»[2] Dafür erhielt er: «Doctores der arzneÿ, so von m[einen] g[nädigen] h[erren] das warthgelt haben: deren sind dies: der einte versiehet mit arzneÿen den spithal, ein anderer den Oetenbach, St. Jacob und Spanweid, die zweÿ übrige die armen zu statt und land, deswegnen dann die arzneÿen, welche ihnen von oberkeits wegen bezahlt werden; ihr wartgelt bestehet:

an Kernen	8 Mütt
Wein	8 Eimer
Gelt	80 Gulden»[3]

Der Amtsantritt verlief zwar nicht ideal für Scheuchzer, denn bis Pfingsten 1696 musste er zugunsten der Hinterlassenen Wagners seine Tätigkeit ohne Lohn versehen. Zudem sorgte der Stadtarzt von Muralt (Archiater) dafür, dass ein Teil der Aufgaben Wagners und des damit verbundenen Salärs seinem eigenen Sohn zuflossen.[4]

Neben dieser amtlichen ärztlichen Tätigkeit unterhielt Scheuchzer, gemäss einem Brief vom 10. Mai 1697 an seinen Utrechter Doktorvater Munniks, eine

1 Vgl. Brändli (1990), S. 44 f.

2 Friedrich Meiss, Genauwe und umständliche Beschreibung der Stattt Zürich, 1744, ZBZ, Ms J 161, S. LXXIII.

3 Ebd., S. 1188.

4 Steiger (1927), S. 103; vgl. auch Bulinsky (2020), S. 47, 135.

kleine medizinische Praxis, über die nicht viel in Erfahrung zu bringen ist.[5] Sie flackert in der Korrespondenz an verschiedenen Stellen kurz auf, verschwindet dann aber wieder von der Bildfläche. In einem Brief vom 7. April 1700 an Theodor III Zwinger bringt er unverhohlen zum Ausdruck, dass sein Herz weniger für die Medizin als für die Naturwissenschaften schlage und dass es mit seiner Praxis nicht zum Besten stehe: «So stark fesselt mich das Studium, das wir das naturwissenschaftliche nennen, dass ich diejenige Zeit für glückbringend halte, die ich darauf verwende, und ich würde sie für noch glückbringender ansehen, wenn ich dabei einige Rivalen, ich möchte sagen, Gefährten hätte. Aber, wie sie offen sagen, andere zieht die frühzeitige innere und äussere Berufung zur Praxis, welche nicht wenig Mühe und Verdruss, jedoch auch Gewinn und Ehre mit sich bringt. Den meisten Ärzten aber erscheint diese angenehme Nahrung meiner Seele töricht und ungewürzt; sie erachten sie für Brotgewinn weniger geeignet als die goldene Praxis, die sie zwar nicht besitzen, nach der jedoch diese Geizhälse mit offenem Rachen trachten. Ich jedoch widme dieser Tätigkeit und anderen derartigen Studien diejenigen Stunden, die mir andere notwendigere Dinge und meine Praxis (die zwar nur noch an einem dünnen Faden hängt) übriglassen; mein Schicksal zieht mich dazu hin, ich überlasse es dem freien Ermessen der anderen, über die Zeit, die ihnen zur Verfügung steht, zu bestimmen.»[6] Knapp drei Jahre später, am 20. Januar 1703, beklagt er sich bei Zwinger, dass die Quacksalber und Kurpfuscher den Ärzten ihre Praxis beziehungsweise ihre Patienten wegnähmen: «Die Neuausgabe Ihres ‹Sicheren Arztes› erwarte ich mit Sehnsucht. Das Buch ist überaus nützlich, nur in dieser einen Hinsicht ist es etwas zu tadeln (entschuldigen Sie den Ausdruck), weil es bei uns der allgemeine Zufluchtsort der Empiriker und Quacksalberinnen ist. Diese Menschenart nimmt bei dem sehr verworrenen Stand unserer Dinge fast die ganze Praxis weg.»[7] Trotzdem konnte er im September wieder nach Basel schreiben, dass er an seine Praxis gekettet sei.[8] Seine Tätigkeit als Arzt ist auch in einem Brief an Valkenier vom 24. März 1709 ein Thema[9] oder in einem Schreiben an den Basler Mathematiker Johann I Bernoulli (1667–1748) vom 17. Januar 1723, in dem er ihm darlegt, dass er zurzeit mit Geschichte und mittelalterlicher Diplomatik beschäftigt sei. Diese Studien dienten ihm als Zeitvertreib in den Stunden, die ihm zwischen Praxis und Vorlesungen blieben.[10]

5 ZBZ, Ms H 345, S. 79 f., übersetzt bei Fischer (1973), S. 24.
6 Portmann (1964), S. 208 f.
7 Ebd., S. 242.
8 Ebd., S. 245.
9 ZBZ, Ms H 150b, S. 259 f.
10 https://ub-mediawiki.ub.unibas.ch/bernoulli/index.php/Kategorie:Scheuchzer_Johann_Jakob-Bernoulli_Johann_I, Brief vom 17. 1. 1723.

Scheuchzers medizinische Kenntnisse waren ab und zu auch auf seinen Reisen gefragt, wenn er um entsprechende Hilfe gebeten wurde. So gelangte er etwa auf seiner Alpenreise vom September 1702 nicht ans Ziel, weil er den erkrankten Patres im Kloster Engelberg Hilfe leisten musste: «Als / ich das kloster Engelberg vorbey passiren wollte, ward ich / so vil als arrestirt, umb vilen an der colic schmerzhaft / decumbirenden Patribus und Fratribus beyzuspringen, welches ich / nit wol ausschlagen können, und hiemit in die 14 tagen all-/dort geblieben, worauf dann mein vorhaben in etwas / unterbrochen, und ich genöthiget worden, den geraden weg / naher haus zu kehren.»[11]

Auch seinen Korrespondenzpartnern stand Scheuchzer mit medizinischen Ratschlägen zur Seite,[12] wie zahlreiche Schreiben an den Engländer John Woodward (1665–1728) beweisen, der ihm wiederholt seine Bauch- und Verdauungsprobleme schilderte, wie etwa am 4. Januar 1705. Selbst Betäubungsmittel wie Alkohol oder Opium halfen ihm nicht (Abb. 15): «I am now 37 years old, & have been thin & lean all my life. I have been apt to costive & could never find any remedy of it. When I have been free to stool I have ever been well & easy. Weakness of my stomach & indigestion are the foundation of all my ails. I eat moderately, & generaly with an appetite. But my stomach has been ever much subject to flatuss & to phlegm. I spitt very much, but never have any cough. My spirit, courage, & resolution, are all incredibly great, but I have sometimes an oppression in my stomach, with a sinking & faintness so great I can hardly express it. [...] The Cortez Peruanus I have sometimes thought has been serviceable to my stomach. The volatile spirits avail me nothing. Wine & all sorts of strong drinks are injurious to me. No praeparation of Opium whatsoever will agree with me.»[13]

Im zweiten Villmerger Krieg, der durch die zweite Schlacht von Villmergen vom 25. Juli 1712 entschieden wurde und die Vormachtstellung der katholischen Orte in der Eidgenossenschaft beendete, diente Scheuchzer als Feldarzt. Neben der Präsenz bei der Truppe sammelte er eifrig Material für seine geplante *Beschreibung der Schweiz* und dokumentierte die zeitgeschichtlichen Ereignisse.[14] Besonders hervorzuheben sind Zeichnungen von Feldlagern und Aufmarschplänen (Abb. 16).[15] Sein Bruder Johannes wiederum betätigte sich als Militäringenieur und hatte sich um die Kriegsbeute aus dem Kloster St. Gallen

11 Boscani Leoni (2019), S. 112.

12 Vgl. zur medizinischen Korrespondenz Scheuchzers Kempe (2004).

13 ZBZ, Ms H 294, S. 131 f., 134.

14 Kempe (2010), S. 147–149. Überliefert sind tagebuchartige Aufzeichnungen (ZBZ, Ms H 131) sowie ein Miszellaneenband mit meist selbst hergestellten Kopien verschiedenster Dokumente (ZBZ, Ms H 287).

15 Kempe (2010), S. 151–157.

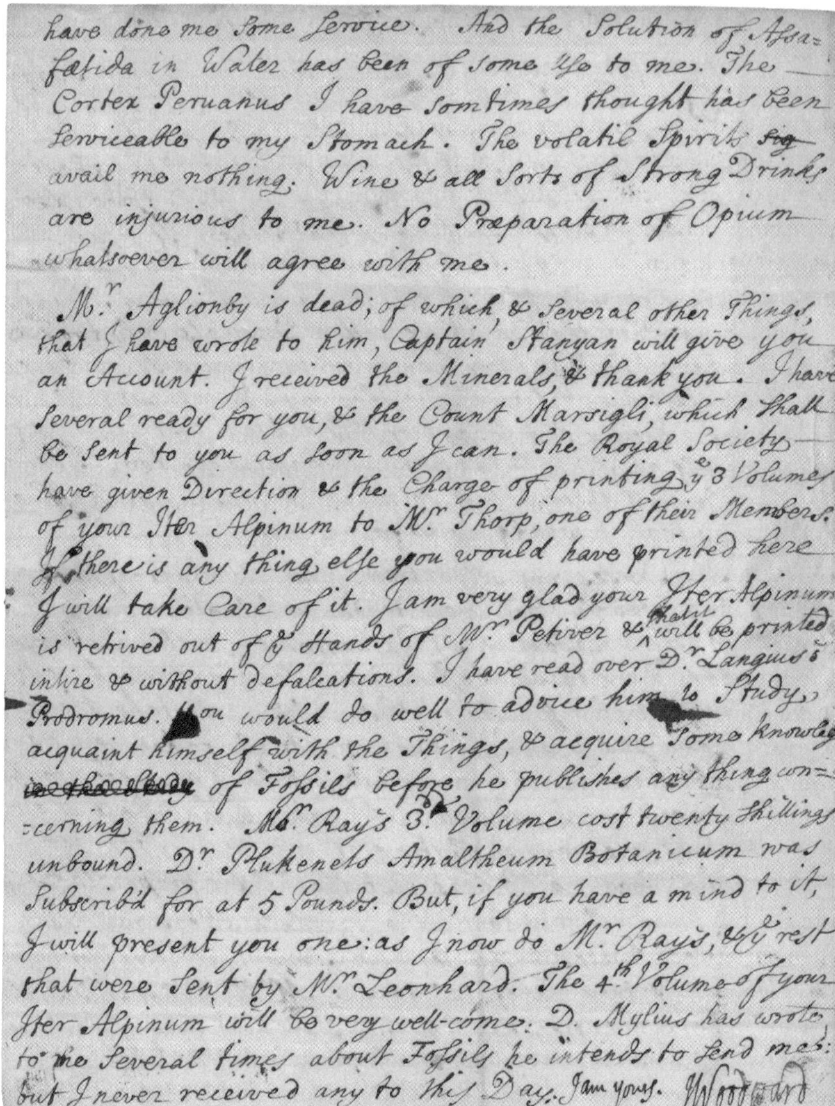

have done me some Service. And the Solution of Assa=
fœtida in Water has been of some Use to me. The
Cortex Peruanus I have somtimes thought has been
Serviceable to my Stomach. The volatil Spirits ~~sig~~
avail me nothing. Wine & all Sorts of Strong Drinks
are injurious to me. No Preparation of Opium
whatsoever will agree with me.

Mr. Aglionby is dead; of which, & Several other Things,
that I have wrote to him, Captain Stanyan will give you
an Account. I received the Minerals, & thank you. I have
Several ready for you, & the Count Marsigli, which shall
be Sent to you as soon as I can. The Royal Society
have given Direction & the Charge of printing ye 3 Volumes
of your Iter Alpinum to Mr. Thorp, one of their Members.
If there is any thing else you would have printed here
I will take Care of it. I am very glad your Iter Alpinum
is retrived out of ye Hands of Mr. Petiver & that it will be printed
intire & without defalcations. I have read over Dr. Langius's
Prodromus. You would do well to advice him to Study,
acquaint himself with the Things, & acquire some knowledg
~~in the Study~~ of Fossils before he publishes any thing con=
=cerning them. Mr. Ray's 3d. Volume cost twenty Shillings
unbound. Dr. Plukenets Amaltheum Botanicum was
Subscrib'd for at 5 Pounds. But, if you have a mind to it,
I will present you one: as I now do Mr. Ray's, & ye rest
that were Sent by Mr. Leonhard. The 4th Volume of your
Iter Alpinum will be very well-come. D. Mylius has wrote
to me Several times about Fossils he intends to send me:
but I never received any to this Day. I am yours. JWoodward

Abb. 15: Woodward an Scheuchzer, 4. Januar 1705, ZBZ, Handschriftenabteilung, Ms H 294, S. 134.

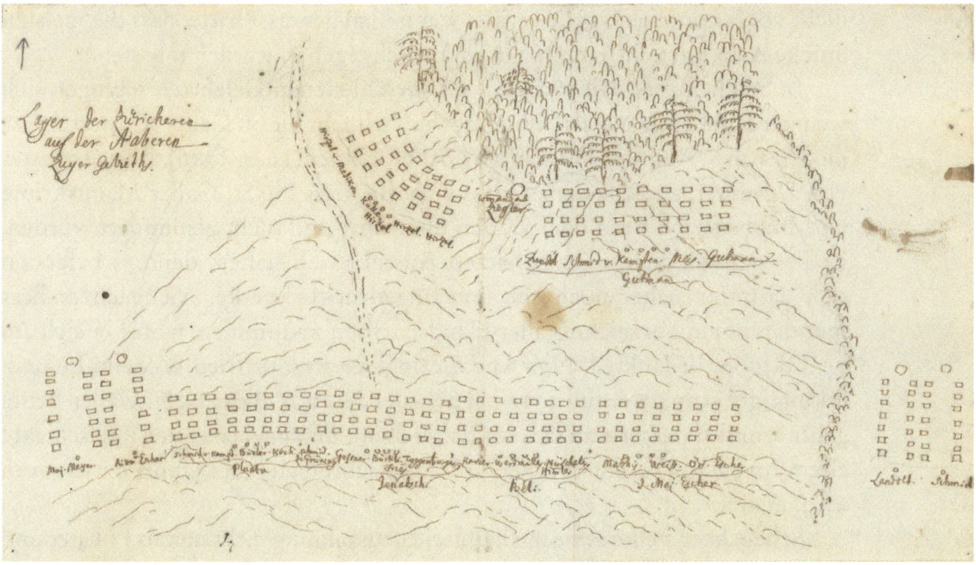

Abb. 16: Federzeichnung von Johann Jakob Scheuchzer mit dem «Lager der Züricheren auf der Aaberen Zuger-Gebieths», ZBZ, Graphische Sammlung und Fotoarchiv, Geschichte 1712, Blickensdorf I.1.

zu kümmern. Er berichtete am 31. Mai 1712 darüber mit den Worten: «Nous nous divertissons parfaitement bien dans l'Abbaye de S. Galle et à Rorschach. Je suis pour cette fois dans le Couvent à voir ce qu'il y a dans la Bibliothèque de remarquables, et dignes d'être transportés, je trouve que la pluspart des Livres les plus somptueux sont deja transportés ailleurs par les moines, pourtant il y reste encore quelque chose, il y a encore icy un grand globe terrestre d'un beau travail, qui est manuscript, et qui ne sera pas mal logé où à Zuric où à Berne.»[16] Die St. Galler Handschriften und Drucke wurden mitsamt dem berühmten Globus, der vom Globenbauer Tilemann Stella (1525–1598) in Schwerin hergestellt worden war,[17] in vierzehn Kisten verpackt und je hälftig nach Bern und Zürich transportiert.[18] Die reiche Beute verlangte nach einem Ausbau der 1629 gegründeten Stadtbibliothek in der Wasserkirche, der wohl

16 Johannes an Johann Jakob Scheuchzer, 31. 5. 1712, ZBZ, Ms H 344, S. 203.
17 Schmid (2019).
18 Zur Geschichte der St. Galler Kulturgüter: Flury (2006).

nicht vorgenommen worden wäre, wenn man gewusst hätte, dass die meisten Stücke nach nur acht Jahren wieder zurückgegeben werden mussten.[19]

In Scheuchzers Briefwechsel mit verschiedenen Gelehrten schlugen sich weniger seine Tätigkeit als Militärarzt als vielmehr die St. Galler Klosterschätze nieder. Am 8. August 1712 schrieb Gisbert Cuper (1644–1716), Bürgermeister von Deventer, an Scheuchzer, dass er hoffe, dass die St. Galler Manuskripte und Bücher nach Bern oder Zürich überführt und nicht geplündert würden. Er bat den Zürcher, nach Schätzen Ausschau zu halten, denn es befänden sich darunter sicher noch alte und ungedruckte Werke.[20] Scheuchzer liess ihm darauf ein Verzeichnis aller Handschriften zukommen, wofür er sich am 15. Oktober bedankte.[21] Niemand Geringerer als Gottfried Wilhelm Leibniz erkundigte sich am 6. Juli 1712 bei Scheuchzer, was alles zur St. Galler Beute gehöre, und appellierte an ihn, sorgfältig damit umzugehen. Auch ihm schickte er ein Inventar. Das entsprechende Dankesschreiben von Leibniz datiert vom 21. Januar 1713.[22]

Scheuchzer stellte seine medizinische Ausbildung nicht nur als Poliater und Feldarzt dem Staat zur Verfügung, sondern war ex officio auch Mitglied des Sanitätsrats, was insbesondere 1720 zum Tragen kam. Im gleichen Jahr brach in Marseille die letzte grosse Pestepidemie Europas aus, die sich durch infizierte Flöhe ausbreitete. Von den 90 000 Einwohnern der Hafenstadt starben 39 000 an der Seuche. Scheuchzer nahm dabei im Sanitätsrat eine besondere Stellung ein, weil er sein weitverzweigtes Korrespondentennetz zur Nachrichtenbeschaffung einsetzte und das Gremium mit nützlichen Informationen versorgte. Er selber gehörte zu den sogenannten Aerokontagionisten, die davon überzeugt waren, dass «giftige Pestteilchen durch die Luft oder durch direkten Kontakt mit Erkrankten auf Waren übertragen werden konnten».[23] Sie standen im klaren Gegensatz zu den Antikontagionisten, die davon ausgingen, dass die Krankheit von giftigen Dämpfen herrühre, die vom Boden aufstiegen und die zum Teil durch Kehricht verursacht würden. Aus seiner Tätigkeit resultierten vier Publikationen, wobei vor allem die vierte mit dem Titel *Experiences sur la bile & les cadavres des pestiferes* von 1722 Beachtung verdient. Scheuchzer gibt darin die Experimente von Antoine Deidier wieder, der Mitglied der königlichen Ärztedelegation in der Provence war. Er gehörte ursprünglich ins Lager der geradezu mittelalterlich argumentierenden Antikontagionisten, wechselte dann aber unter dem Einfluss eigener Experimente zu den Kontagionisten,

19 Bulinsky (2019), S. 85 f.
20 Schelhorn (1738), S. 996 f.
21 Ebd., S. 1001.
22 Horner (1844), S. 15, 19.
23 Mauelshagen (2007), S. 161.

die eine Ansteckung durch «Krankheitssamen» beziehungsweise Erreger und Berührung postulierten: «Deidier hatte einigen Leichen von Pestopfern Gallenflüssigkeit entnommen und diese in verschiedenen Experimenten Hunden injiziert. Die Hunde erkrankten an der Pest, weil Galle den Pesterreger (*Pasteurella pestis*) enthält, der Anfang des 18. Jahrhunderts freilich noch nicht nachgewiesen werden konnte. Das gleiche Ergebnis brachte die Übertragung der Gallenflüssigkeit infizierter Hunde auf gesunde Hunde. Weitere Experimente zeigten, dass die Gallenflüssigkeit von Personen, die an anderen Fieberkrankheiten verstorben waren, nicht zu Erkrankung und Tod führte.»[24] Trotz Scheuchzers unbestrittenen Leistungen im Zürcher Gesundheitswesen erfolgte die Ernennung zum Stadtarzt (Archiater) erst nach dem Ableben des Vorgängers, Johannes von Muralt († 12. Januar 1733), und nur wenige Monate vor seinem eigenen Tod.

24 Ebd., S. 170.

8
Lehraufträge und Lehrbücher

Die bereits erwähnte Kurzbiografie aus dem Archiv der Leopoldina besagt, dass Scheuchzer nach seiner Rückkehr nach Zürich auch mit Lehraufträgen in Mathematik beauftragt worden sei. In einem Brief an Valkenier vom 21. November 1705 erwähnt er dementsprechend, dass er bereits zu Lebzeiten zum Nachfolger des Mathematikdozenten Herrliberger berufen worden sei.[1] Aus einem Brief von Pfarrer Hans Heinrich Schmidlin (1664–1731) von Stallikon an Scheuchzer vom 5. Dezember 1695 geht hervor, dass sein Collegium mathematicum vor einer kleinen Zuhörerschaft am Carolinum auf positives Echo stiess: «Wir kamen unter anderm auf Dein Collegium zu sprechen, und ich kann Dir nur mitteilen, dass ein jeder Deiner Hörer davon nur das Beste zu sagen weiss. Man rühmt mir seine Nützlichkeit, die Klarheit Deines Vortrages und Deine überaus gründlichen Demonstrationen.»[2]

Flankierend dazu bot Scheuchzer private Collegia physica an, die er nach dem Vorbild seines Lehrers Sturm abhielt. Aus einem Eintrag vom März 1697 im Tagebuch von Pfarrer Hans Kaspar Hardmeier (1651–1719) in Bonstetten wird deutlich, dass Scheuchzers Unterricht Gegenstand der Unterhaltung unter den Leuten war: «Früh morgens hatten wir unser Gespreche von allerley Gelehrten Leuten dieser Zeit; sonderlich seyen zu Altorf bey Nürnberg berümt [...] Herr Sturm, welcher sonderbar in denen Natürlichen Dingen die allergrösste Erfarung habe, dass seines gleichen nicht zu finden, und dessen Sachen Herr Dr. Scheuchzer alle nachmache, als der dessen Haußgenoß gar lang gewesen[3] und sehr von Sturmen geliebt werde. Sonderbar aber habe Herr Sturm dies experimentum bewerkstelliget, daß ein Mann unter einer Glocke in einen tieffen Sod versenket werden könne, ohne benetzt zu werden, so lang, bis der Lufft, so unter der Glocken nit verschlossen worden, eingeschluckt seje; worzu aber Herr Sturm großes Wesen habe; Herr Dr. Scheuchzer aber habe es mit einer kleinen Glocken bewerckstelliget, die in einem jeden brunnen könne mit einem kleinen hölzernen Mann versenket werden, der nie naß werde.»[4] Diese Physikkollegien scheint Scheuchzer über Jahre hinweg angeboten zu haben.[5]

1 ZBZ, Ms H 150b, S. 151–153.
2 ZBZ, Ms H 341, S. 39, zitiert nach der Übersetzung von Steiger (1927), S. 113.
3 Scheuchzer wohnte nicht bei Sturm, vgl. Steiger (1927), S. 113.
4 ZBZ, Ms E 137, S. 244, zitiert nach Steiger (1927), S. 113.
5 Siehe oben, S. 38.

Sein didaktisches Geschick wurde auch von den Schulherren zur Kenntnis genommen, weshalb ihm im Sommer 1696 die Ehre zuteilwurde, als Lector canicularis[6] in Erscheinung zu treten: «Es war in Zürich ein alter Brauch, dass alljährlich ein Professor oder ein Privatgelehrter beauftragt wurde, während der Sommerferien der Schuljugend Vorträge zu halten, ‹damit die Studenten in dem Hundstagsurlaub in den studjis nit gar erligind, sondern neben der recreation auch ihre merckliche erbauung habind›.»[7]

Wiederum griff Scheuchzer in diesen Lehrveranstaltungen das Thema *De usu matheseos in theologia* (Vom Nutzen der Mathematik in der Theologie) auf, wählte dafür aber den Titel *Mathesis sacrae specimen* (Probestücke heiliger Mathematik). Hans Kaspar Nüscheler notierte in seinem Tagebuch, dass Scheuchzers Ferienkurs geschätzt wurde: «In den feriis canicularibus profitirete allwöchentlich 2 stund lang am mittwoch und donstag nach 7 Uhren mit ruhm und gutem Zulauf die mathesin Herr Dr. Scheuchzer, in welcher facultet er excelliert.»[8]

Neben den skizzierten Lehrverpflichtungen versuchte sich Scheuchzer auch als Hauslehrer und übernahm zunächst den Jüngling Wolfgang Christian († 1745), Sohn des Pfarrers von Walterswil, als Schüler Wagners. Er sollte ihn auf das Medizinstudium vorbereiten, schulte ihn in Anatomie, Chemie und Physik, brachte ihm das Sezieren bei und engagierte sich für das intellektuelle Gedeihen des jungen Mannes. Dieser dankte es leider mit zunehmender Abneigung gegen den Beruf des Mediziners und liebäugelte mit Jurisprudenz oder Theologie, sodass die Ausbildung in Zürich schliesslich abgebrochen werden musste.[9] Nach diesem demotivierenden Erlebnis wollte der Zürcher Polyhistor eigentlich keine Studenten mehr aufnehmen, besann sich 1698 aber eines Besseren, als der junge sympathische Antonio Picenino, Sohn des Pfarrers von Soglio, um Aufnahme bat. Scheuchzer liess den Vater wissen: «Zwar hatte ich die feste Absicht, die mir neben der Praxis übrigbleibende Zeit nicht andern, sondern mir, d. h. meinen Studien zu widmen. Ich habe diese Absicht geändert, teils um meinen Freunden zu willfahren, welche wünschen, ich möchte meinen Namen auch im Bünderland bekannt machen, teils damit ich all das, was ich unter grossem Aufwand an Zeit und Geld in der Fremde erlernte, andern in möglichster Kürze und Klarheit beibringe.»[10] Von nun an beherbergte er ständig zwei bis vier Studenten bei sich zu Hause,[11] die er grundsätzlich

6 Während der Hundstage (23. 7. bis 23. 8.) waren die Sommerferien.
7 Steiger (1927), S. 118.
8 ZBZ, Ms G 401: h, S. 897.
9 Steiger (1927), S. 110 f.
10 ZBZ, Ms H 345, S 181, zitiert nach Steiger (1927), S. 129.
11 Scheuchzer kümmerte sich auch um junge Zürcher, etwa Johann Jakob Leu (1689–1768) oder Johannes Gessner (1709–1790), doch wohnten diese nicht bei ihm.

innert Jahresfrist auf das universitäre Medizinstudium vorzubereiten suchte. Nicht wenige dieser Scheuchzer-Schüler zeigten lebenslängliche Dankbarkeit gegenüber ihrem Lehrer, sodass einige davon als wichtige Informanten im europaweiten Netzwerk Scheuchzers dienten, wie etwa Laurenz Zellweger (1692–1764) aus Trogen, von dem Scheuchzer ganze Abschnitte aus seinen Briefen in seinen Publikationen wieder verwendete.[12] Beim erwähnten Picenino ging die Liebe zu seinem Zürcher Professor sogar so weit, dass er nach knapp einem Jahr Studium an der Universität Basel auf die übliche *peregrinatio academica* verzichtete, um nach bestandener Promotion wieder einige Wochen in Zürich zu verbringen.[13] Picenino spielte in der Folge bei der Verbreitung des sogenannten *Einladungsschreibens*[14] im «Bünderland» eine wesentliche Rolle und taucht auch in Scheuchzers Briefwechsel mit dem englischen Arzt und Paläontologen John Woodward (1665–1728) wiederholt auf. Er weilte 1708 in London und begab sich nachher mit dem englischen Botaniker William Sherard (1659–1728) nach Kleinasien.[15]

In den ersten Jahren lohnte sich die Aufnahme von derartigen Pensionären finanziell nicht, wie Scheuchzer am 24. März 1699 an Barbara Blass in Stein am Rhein schrieb: «Zugleich auch bitte zu bedencken, dass die meiste Zeit über, da Herr Sohn bey uns gewesen, das Brot, Wein und alle Esswahren so theür waren, dass ich mich benöthiget befande, nur zu Unterhaltung des Tisches auch dasjenige Gelt anzuwenden, welches vor die Unterweisung accordirt war, und doch damit nit auskomen, so das manchmals bey mir selbst gewünschet, niemahls keine Tischgenger angenommen zu haben, wann nit die Hoffnung mit ihnen eine sonderliche Ehre einzulegen mich wieder aufgerichtet hatte.»[16] Während Scheuchzer für einen einjährigen Aufenthalt bei ihm 1698/99 insgesamt 198 Gulden verlangte, erhöhte er den Preis im Laufe der Jahre, sodass 1714 bereits 312 Gulden zu bezahlen waren.[17] Diese Preissteigerung um 158 Prozent korrelierte nicht mit den Einkommen, sondern war überproportional hoch, denn die Löhne von Zürcher Handwerksmeistern zum Beispiel sanken von 1700 bis 1720 sogar um 4 Prozent.[18]

Auch Scheuchzer selber wäre dankbar gewesen, wenn jemand bereit gewesen wäre, seinen 1704 geborenen Sohn David aufzunehmen, der Maler werden wollte. Er wandte sich deshalb am 4. November 1725 vertrauensvoll an seinen

12 Bulinsky (2020), S. 120.
13 Steiger (1927), S. 132 f.
14 Siehe unten, S. 96.
15 ZBZ, Ms H 294, S. 179–181, 191–193, 207–209.
16 ZBZ, Ms H 150, S. 25, zitiert aus Bulinsky (2020), S. 97.
17 Bulinsky (2020), S. 47 f.
18 Hauser (1973), Tafel im Anhang.

Basler Kollegen Bernoulli mit den Worten: «J'ay besoin de vos conseils; ayant un fils destiné à la Peinture, apprentif de 4 années environ, et scachant que vous avez des Peintres qui excellent dans les Portraits, entre autres un M.r Wetstein et Huber, je vous prie de parler à un de ceux, s'il voudroit me favoriser et prendre ce jeune homme chez luy, pour perfectionner ce qu'il a appris ici. Je puis bien m'imaginer, qu'un Maitre voudra voir des echantillons des progrés, que le fils aura fait, pour se determiner sur les conditions. Je le fais travailler à un portrait tout seul, pour m'en servir en cas d'une favorable reponse, que j'attend.»[19] Bernoullis Antwort fiel dahingehend aus, dass es in Basel derzeit keine geeignete Maler für eine entsprechende Ausbildung gebe.[20]

Es waren nicht zuletzt die verschiedenen Lehrverpflichtungen, die Scheuchzer veranlassten, 1701 das Werk *Physica oder Naturwissenschaft* zu publizieren, in dem er versuchte, eine Beschreibung der Natur auf physikalischer Grundlage in allgemein verständlicher deutscher Sprache vorzulegen. In der Widmungsvorrede an die Zürcher Obrigkeit bringt er zum Ausdruck, dass es in diesem Buch darum gehe, einen Begriff der Natur und damit auch den Unterschied zwischen Schöpfer und Geschaffenem herauszuarbeiten: «Nit nur gibet es under den Gelehrten vil und ungleiche Meinungen von der Natur / (da man bald durch diß Wort bedeutet Gott selbs / den Allgewaltigen / und allweisen Schöpfer der Natur / bald das gantze wundergrosse / und schöne / Weltgebäude / bald das Wesen / die Eigenschaften und Beschaffenheiten aller / und jeder Cörperen / und insbesonder des Menschen) / sonder auch komt in gemeinen Handel / und Wandel nichts gemeiners vor / als anlas / und gelegenheit / zureden von der Natur / zu preisen die Güte / und Kräfte der Natur / zu rühmen die Vollkommenheiten des obersten Herrschers der Natur? Und aber / wie selten haben wir einen klaren / und deutlichen Concept von dem Wesen der Natur / und darinnen täglich vorkommender Dingen? Wie oft verstehen wir von dem Schöpfer / was geredt wird von seinen Geschöpfen? Wie oft entzeuhen wir hingegen dem einigen / und obersten Werckmeister durch eine gattung unverantwortlichen Raubs / die Ehr der jenigen Wercken / welche ein Natur-Verständiger nimmermehr kan zuschreiben einichen Natürlichen Cörper / ja auch nit den Kräften der gantzen Welt? Hiemit wie oft vermengen wir Gott und Natur? Disere ungleiche Außdeutungen benemmen unserer Natur-Wissenschaft nit nur nit ihre gebührende Ehr / sondern sind vilmehr

19 https://ub-mediawiki.ub.unibas.ch/bernoulli/index.php/1725-11-04_Scheuchzer_Johann_Jakob-Bernoulli_Johann_I.

20 https://ub-mediawiki.ub.unibas.ch/bernoulli/index.php/1725-11-07_Bernoulli_Johann_I-Scheuchzer_Johann_Jakob.

ein kräftiges beweißthum / wie nothwendig / wie anständig / wie nutzlich sie seye?»[21]

Diese Zeilen waren an die Adresse der Theologen und der theologisch beeinflussten Zürcher Elite gerichtet, die hinter vielen Mathematikern und Physikern häretische Kopernikaner vermuteten, dabei sollte aus Scheuchzers Sicht doch gerade ein genaues Verständnis der Natur dazu führen, dass Gott die Ehre bekommt, die ihm gebührt. Trotz den weltanschaulichen Spannungen wurde Scheuchzers Dedikation an die Obrigkeit belohnt, indem man ihm eine dreijährige Unterstützung von 50 Talern pro Jahr für seine naturwissenschaftlichen Arbeiten und Exkursionen versprach, wie er am 7. August 1701 an Zwinger schrieb: «Ich habe unserer Hochloblichen Obrigkeit dieses Werklein gewidmet, damit ich Gelegenheit hätte, ihr die Schweizerische Naturgeschichte zu empfehlen. Dies hat sich in so hohem Masse gelohnt, dass der Zürcher Rat beschlossen hat, dieses Werk, das ich mit Gottes Hilfe vorhabe, von Staats wegen zu unterstützen und durch ein besonderes Schreiben zu empfehlen, damit mir mit seiner Hilfe um so leichter Zugang gewährt würde zu den Beobachtungen, die überall in der Schweiz anzustellen sind. Der Rat hat auch beschlossen, jährlich fünfzig Taler für diese Arbeit aufzuwenden, die mir während dreier Jahre ausbezahlt werden sollen. Diese besondere und noch unverdiente Freigebigkeit wird mir ein Ansporn sein, meine begonnenen Arbeiten fortzusetzen.»[22]

In der Vorrede an den Leser betont Scheuchzer weiter, dass es nicht darum gehe, Aristoteles, Descartes oder sonst einem bestimmten Lehrer zu folgen, sondern der sicherste Weg sei der Eklektizismus:[23] «Am sichersten gehen die so genante Eclectici – welche keinen Alten als Neuen Scribenten verachten / dise und jene mit unumfangenem Gemüht lesen / ihre Lehr oder Grundsätze nach der Vernunft – und Wahrheits-Waag abwägen / und gantz unparteyisch bald disem / bald jenem beypflichten / auch selbs Hand anlegen / nach- und außdencken / wie dise oder jene Wahrheiten zu erforschen / die in der Natur vorkommende Begebenheiten aufzulösen. Sothane Weise habe so wol hier zu den Füssen meiner Lehrherren / als bey dem hochgelehrten / und alle zeit hoch zu ehrenden Herren Johann Christophoro Sturmio, weltberühmten Professor zu Altorff erlehrnet / halte sie auch vor die beste / weilen meine eigene Vernunft in betrachtung wichtiger / und anderstwoher bekandter Gründen mich der Richtigkeit dises Lehr-Wegs versicheret.»[24]

21 Scheuchzer (1701), fol. *ii v–*iii v.
22 Portmann (1964), S. 221.
23 Vgl. Marti (2012).
24 Scheuchzer (1701), fol. *vi v–*vii r.

Scheuchzer lag an einer breiten naturwissenschaftlichen Aufklärung, die nicht nur die akademische Welt der Schweiz und insbesondere Zürichs betraf, sondern alle Bevölkerungsschichten: «Füge endlich diß Berichtsweise bey / daß mit fleiß die Schreibens-Art nit auf die Schrauben gesetzet / sondern also eingerichtet / daß sie einfältig / und deutlich / herauß komme / weilen mein Absehen diß orths nit könte seyn / die Hoch- und Vortrefflichkeit der Teutschen Sprach zuzeigen / oder in verblühmten duncklen Redens Arten eine ehre zusuchen / sondern die Sachen selbs also vorzustellen / daß sie von Gelehrten / und ungelehrten / ja auch von dem Wissens-begierigen / bis dato von diser Wissenschaft so vil als außgeschlossenem Frauen-Zimmer mit lust gefasset werden. So auch habe auß dem Text selbß bald alle frembde Wörter gantz ungezwungener weise außgemustert / hiemit nit zu dem End / damit die Reinigkeit und Reichheit der Teutschen Sprach zu widerlegung der Ausslanderen (welche unsere Muttersprach vor so arm halten / daß sie untüchtig seye / dergleichen Wissenschaften außzudrucken) bekandt gemachet / sondern vornemlich Teutsche Leser durch sonst gemeine / und unserer Sprach oft nachtheilige einmischung frembder Wörtern / an dem Verstand der Sachen selbs nit gehinderet werde.»[25]

Das zweibändige Werk erfreute sich grosser Beliebtheit und erschien 1703, 1711, 1729 und 1743 in vier weiteren, überarbeiteten und zum Teil stark korrigierten Auflagen (Abb. 17). Auch Zwinger in Basel äusserte sich am 17. August 1701 lobend darüber: «Für Ihre übersandte Physica sage ich Ihnen vielen Dank, und ich gratuliere Ihnen zu diesem Probestück vorzüglicher Gelehrsamkeit und vielfältiger, Ihr geschultes Urteil bezeugender Belesenheit, das Sie nun veröffentlicht haben. Es gefällt mir besonders Ihre eklektische Art des Philosophierns, aber es ist auch erfreulich, dass Sie so klar und kurz die Meinungen der alten und der neuen Autoren beigefügt haben. So ist hier beinahe die ganze Geschichte der Physik in einem Bande enthalten.»[26] Leibniz rühmte in einem Brief vom 14. Oktober 1706 Scheuchzers *Physica* und damit sein Bemühen, die für viele verborgenen Geheimnisse der Naturwissenschaften einem breiteren Publikum zugänglich zu machen.[27]

Zwinger interessierte sich in einem späteren Brief vom 7. Dezember 1701 für den Astronomen, den Scheuchzer in der *Physica* erwähne, der die Bibelstellen, die die Antikopernikaner stets für ihre Ansichten bemühten, zugunsten der Kopernikaner erkläre.[28] Bereits drei Tage später erhielt er Antwort aus Zürich: «Den Astronom, den ich in meiner Physica erwähnt, jedoch nicht mit

25 Ebd., fol. vii r/v.
26 Portmann (1964), S. 221.
27 Horner (1844), S. 7.
28 Portmann (1964), S. 227.

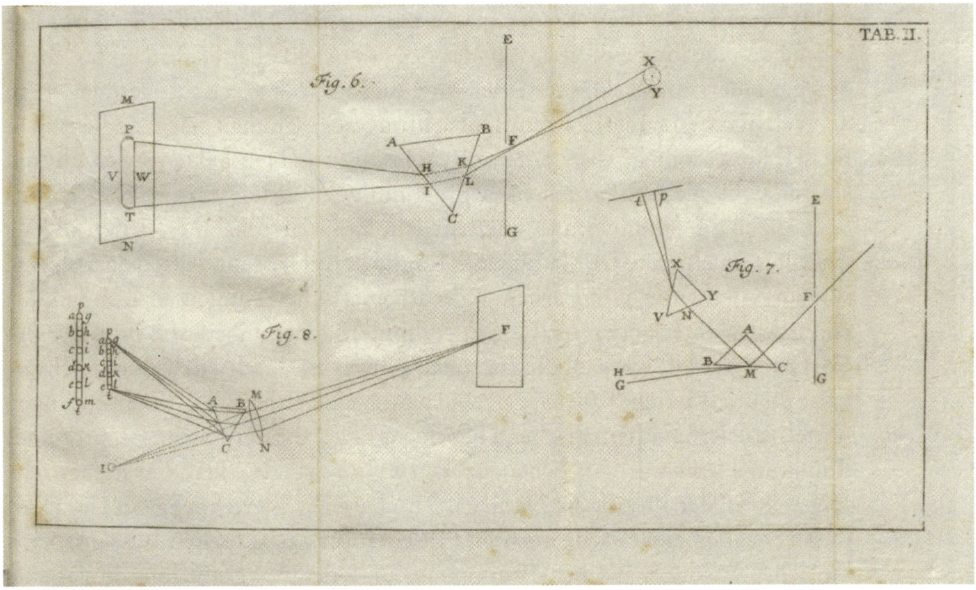

Abb. 17: Scheuchzer liess in die Ausgabe der *Physica* von 1711 Newtons Optik von 1704 einfliessen. Scheuchzer (1711b), Taf. 2, Figuren zur Optik von Newton, ZBZ, Abteilung Alte Drucke und Rara, 6.320a.

Namen zu nennen gewagt habe wegen … (Sie ersehen leicht, was ich meine, aus meinem Verstummen), ist Johann Jakob Zimmermann, Diakon der Kirche zu Bietigheim in Württemberg, der zu den Quäkern überging und auf der Reise nach Pennsylvania im Jahre 1693 in Rotterdam gestorben ist. Seine deutsche Schrift, die ich meine, trägt den Titel *Scriptura Sacra Copernizans*. In dieser Schrift belegt er die Hypothese über die Bewegung der Erde mit eben jenen Texten, auf deren Widerspruch die Kopernikaner nicht das geringste zu erwidern gewagt haben.»[29]

In Zürich wurde immer noch ein strikt antikopernikanischer Kurs gefahren, was führende Mathematiker wie Bernoulli[30] oder Leibniz nicht verstehen konnten. Es liegt auf der Hand, dass sich Scheuchzer mit seinen «modernen» Ideen in der Limmatstadt nicht viele Freunde machte.

Im Laufe des Jahrs 1710 machte sich Scheuchzer an eine Überarbeitung der *Physica*, die die neuen Forschungen berücksichtigte, wie er Bernoulli am

29 Ebd. Vgl. dazu auch Bernoulli an Scheuchzer, https://ub-mediawiki.ub.unibas.ch/bernoulli/index.php/1711-02-11_Bernoulli_Johann_I-Scheuchzer_Johannes.

30 Nagel und Gehr (2012).

19. Juli 1710 mitteilte.[31] Wenig später, am 3. August, erläuterte er ihm seine Absichten, die ihn beim Verfassen der *Physica* geleitet hatten. Ein umfassendes System einer Physik könne seiner Meinung nach erst erstellt werden, wenn alle verfügbaren zuverlässigen Beobachtungen gesammelt seien. Seine Arbeit bezwecke also nicht die Errichtung eines allgemeinen Systems der Physik, sie versuche vielmehr, zunächst einmal die wichtigsten physikalischen Entdeckungen zu sammeln und vorzustellen. Zusätzlich habe er sich zum Ziel gesetzt, den Nutzen der Mathematik für die Naturwissenschaften darzulegen, was angesichts der Unterdrückung mathematischer Studien an den Schulen ein heikles Unterfangen sei. Um zu verhindern, dass unbedarfte Kritiker sein Vorhaben mit Hinweis auf die angeblich schwer zu durchschauenden Sachverhalte diskreditierten, habe er einzelne naturwissenschaftliche Beobachtungen mittels solcher mathematischer Theorien erklärt, die der Fassungskraft seines Publikums entsprächen. Scheuchzers *Physica* ist also keine systematische Darstellung der Physik als Naturwissenschaft. Sie ist vielmehr ein Kompromiss zwischen einer sachgerechten Präsentation des aktuellen Wissensstands hinsichtlich physikalischer Phänomene und deren Vermittlung angesichts der beschränkten Kenntnisse wissenschaftlicher – vor allem mathematischer – Methoden seines Publikums. Gleichzeitig sollte jedoch sein Buch die Naturwissenschaften popularisieren und die Einsicht in die Notwendigkeit und Sinnhaftigkeit mathematischer Naturbeschreibungen fördern. Die skizzierten Motive Scheuchzers deckten sich mit denen, die Johann I Bernoulli in seiner *Oratio inauguralis* hinsichtlich der neuen Rolle der Mathematik für die Naturwissenschaften programmatisch verkündet hatte.[32]

Während sich die dritte Auflage der *Physica* im Druck befand, erfolgte Scheuchzers Ernennung zum Nachfolger des Mathematikprofessors Herrliberger, womit kleine Lehraufträge am Collegium Humanitatis und am Collegium publicum verbunden waren. Am 26. November 1710 hielt er seine Antrittsvorlesung zum typisch scheuchzerschen Thema *De matheseos usu in theologia* (Vom Nutzen der Mathematik in der Theologie). Er gestand Bernoulli kurz vorher, dass er in dieser Vorlesung die Schlachtreihen des Feindes frontal angreifen werde und hoffe, wenigstens die Unwissenden von Vorurteilen gegenüber Mathematik und Naturwissenschaften zu befreien.[33] Die 14 Seiten umfassende Abhandlung erschien 1711 im Druck und war dem Basler

31 https://ub-mediawiki.ub.unibas.ch/bernoulli/index.php/1710-07-19_Scheuchzer_Johann_Jakob-Bernoulli_Johann_I.

32 Vgl. Johann I Bernoulli: Oratio inauguralis de fato novae analyseos et profundioris geometriae, UB Basel, Ms L Ia 750, fol. 102–119.

33 https://ub-mediawiki.ub.unibas.ch/bernoulli/index.php/1710-11-08_Scheuchzer_Johann_Jakob-Bernoulli_Johann_I.

Mathematiker Jakob Hermann (1678–1733) gewidmet, mit dem Scheuchzer ebenfalls im Briefwechsel stand und der seit 1707 an der Universität Padua lehrte. Auf dem Titelblatt findet sich ein Zitat des dänischen Astronomen Tycho Brahe: «Ich wünschte, dass es mehr Prediger gäbe (wird über Bartholomäus Pitiscus gesagt), die die Geometrie gründlich verstünden und viel mehr dafür ein besonnenes und solides Verständnis hätten als für sinnlose Raufereien und Wortgefechte.»[34] Scheuchzer wählte natürlich nicht zufällig eine Aussage von Brahe, denn dieser vertrat gewissermassen einen «Kopernikanismus light», indem er alle Planeten um die Sonne drehen liess mit Ausnahme der Erde.[35]

Nach grundsätzlichen Überlegungen zur Mathematik legte Scheuchzer in seiner Vorlesung deren Nutzen für die Theologen dar, die bei der Bibellektüre mit verschiedenen Bereichen der mathematischen Wissenschaften konfrontiert würden, so etwa mit verschiedenen Chronologien, astronomischen Aussagen, der Geografie des Heiligen Landes, der Architektur, wenn es etwa um den Tempel Salomos gehe, oder gar der Schiffsbaukunst, wenn die Masse der Arche Noah dargelegt würden. Abschliessend zitiert Scheuchzer vier Stellen aus den Werken des namhaften Theologen Eusebius von Caesaraea (um 260–340), des Reformators Heinrich Bullinger (1504–1575), des Zürcher Antistes Johann Jakob Breitinger (1575–1645) und des Basler Theologieprofessors Samuel Werenfels (1657–1740), in denen sie zum Studium von Mathematik und Geometrie ermutigen. Nach einem Gedicht von Heidegger auf seinen Nachfolger Scheuchzer werden auf vier Seiten die gedruckten und ungedruckten Werke von Johann Jakob und seinem Bruder Johannes Scheuchzer aufgelistet. Unter den erwähnten, nur handschriftlich vorliegenden finden sich verschiedene Übersetzungen ins Deutsche, die heute verschollen sind, wie die Übertragung der *Pensées* des französischen Mathematikers Blaise Pascal (1623–1662), die *Todesgedancken Gesprächsweise vorgetragen* des cartesianischen Oratorianers und Mathematikers Nicolas Malebranche (1638–1715) oder *Die Thorheit und Unvernünftigkeit der Gotteslängnung* des englischen Philologen Richard Bentley (1662–1742).[36] Allein schon diese Arbeiten beweisen zur Genüge, dass Scheuchzer sicher kein Atheist war. Er sprengte im Sinn von Kants späterem *sapere aude* das Korsett der Orthodoxie, stellte aber in keiner Weise eine Gefahr für den Fortbestand und die dogmatische Ausrichtung der Zürcher Kirche dar.[37]

34 Übersetzung des Autors, der lateinische Originaltext lautet: «Optarem plures eiusmodi concionnatores, (de Bartholomeo Pitisco loquitur) reperiri, qui Geometrica gnaviter callerent, forte plus esset in iis circumspecti et solidi judicii, rixarum inanium & Logomachiarum minus.»

35 Siehe oben, S. 37.

36 Vgl. Steiger (1933), S. 39, Nr. 143 f., 146.

37 Vgl. zur völlig anders gearteten Auseinandersetzung Voltaires mit Pascal: Flasch (2020).

Im März 1711 schickte Scheuchzer die dritte Auflage seiner *Physica* an Bernoulli nach Basel. Den ersten Teil hatte er ihm und Leibniz, den zweiten Lucas von Schroeck (1646–1730), dem Präsidenten der Leopoldina, und dem Basler Kollegen Theodor III Zwinger gewidmet (Abb. 18). Scheuchzer führt dazu aus, dass die weltliche Zensurbehörde den Druck seiner *Praelectio de matheseos usu in theologia* bewilligt habe, dass aber die Theologen unter der Leitung des Antistes immer wieder neue Steine aufläsen, um sie nach ihm zu werfen und die Publikation zu verhindern oder nach ihrem Gutdünken zu kürzen – bis anhin jedoch vergeblich.[38]

Zwinger bedankte sich seinerseits am 18. März für die Widmung des zweiten Teils und fand dabei die tröstlichen Worte: «Mir gefällt Ihr Werk sehr, das Ihren ausserordentlichen Fleiss und ihre Gelehrsamkeit zeigt, Ihre sehr genaue Kenntnis der Natur kundtut und die Naturphänomene einleuchtend auseinandersetzt. Daher wundere ich mich nicht mehr über den Nebel einiger Gegner, von denen ich glaube, dass sie weniger über ihren Kopernikanismus als über Ihre täglich zunehmende Berühmtheit erbittert sind. Wir Sterbliche sind so jämmerlich, dass wir von den heutigen Theologen beinahe gezwungen werden, die Wertschätzung und die Duldung von Talenten, besonderer Gelehrsamkeit, wohlgeschulter Urteilskraft und vorzüglicher Geistesgaben zu verlernen, die in unserer Nachbarschaft hell aufstrahlen. Ich jedoch bin bisher anderer Meinung gewesen und habe mich immer gefreut, wenn jemand sein Talent für Arbeiten verwendete, die für die Öffentlichkeit bestimmt sind. Daher möchte ich Sie bitten, keineswegs Ihre lobenswerten Versuche aufzugeben, sondern tatkräftig Ihren Plan weiter zu verfolgen, durch Ihre überaus nützlichen Studien noch mehr bekannt zu werden. Gott wird Ihnen täglich einflussreichere und mächtigere Gönner weisen, unter deren Schirm Sie stets sicher vorwärtsschreiten können.»[39]

Der nächste Tiefschlag liess nicht lange auf sich warten, denn als 1713 sein Mentor Professor Salomon Hottinger starb, der den naturwissenschaftlichen Lehrstuhl am Carolinum mit Johannes von Muralt teilte, erhielt Letzterer die ganze Professur, Scheuchzer wurde übergangen. Der Zürcher Universitätshistoriker Hans Nabholz schrieb dazu: «Diesem Ausgang war seit 1710 ein Ringen zwischen den beiden Gelehrten um die Nachfolge vorausgegangen. Die Ernennung Scheuchzers zum Professor mathematicus im Jahre 1710 hatte die beiden Inhaber der naturwissenschaftlichen Professur zu einer Eingabe an den Rat veranlasst, in der sie diesen ersuchten, beim Tode des einen der beiden Inhaber die freigewordene Hälfte der Lehrstelle, dem bisherigen Brauche entsprechend,

38 https://ub-mediawiki.ub.unibas.ch/bernoulli/index.php/1711-03-08_Scheuchzer_Johann_Jakob-Bernoulli_Johann_I.

39 Portmann (1964), S. 263.

Abb. 18: Theodor III Zwinger im Alter von 51 Jahren (1709), ZBZ, Graphische Sammlung und Fotoarchiv, Zwinger, Theodor I, 1 (II).

dem Überlebenden zu verleihen. Es sollte also nicht etwa Scheuchzer die ledig werdende Hälfte bekommen.»[40]

40 Nabholz (1938), S. 66.

9
Stellensuche im Ausland

Auf dem Hintergrund des skizzierten mathematik- und wissenschaftsfeindlichen Klimas in Zürich sowie der persönlichen Enttäuschungen und zum Teil auch schwierigen wirtschaftlichen Situation Scheuchzers erstaunt es nicht, dass er sich für eine Tätigkeit im Ausland interessierte. Spätestens im Alter von 33 Jahren streckte er seine Fühler nach einer möglichst gut bezahlten Anstellung aus.

Am 20. Februar 1705 schrieb der Mediziner Antonio Vallisneri (1661–1730), der an der Universität Padua lehrte, an Scheuchzer, dass er mit den Verantwortlichen über eine Anstellung des Zürchers an der Universität gesprochen habe. Dabei sei der Einwand vorgebracht worden, dass, wenn man ihn beschäftigen würde und Jakob Hermann aus Basel wirklich nach Padua käme, an den der Ruf bereits ergangen war, dass dann zwei Professoren mit einer anderen beziehungsweise nichtkatholischen Religionszugehörigkeit an der Universität lehren würden. Vallisneri habe versucht, diese Bedenken mit dem Hinweis zu zerstreuen, dass Scheuchzer ja nicht Religion, sondern reine Naturwissenschaften unterrichten würde, doch offenbar vergeblich. Er riet ihm davon ab, nach Padua zu kommen, denn abgesehen vom relativ tiefen Salär[1] gelte es zu bedenken, dass Padua sehr teuer sei, keine Basis für eine medizinische Praxis böte und die Ärzte fremdenfeindlich eingestellt seien.[2] Fünf Jahre später war Padua für Scheuchzer offenbar abermals ein Thema, möglicherweise mehr mit Blick auf seinen Bruder als auf sich selbst.[3]

Gleichzeitig sondierte Scheuchzer mögliche Stellen in den Niederlanden. Am 26. September 1705 schrieb er dem ehemaligen Gesandten, Pieter Valkenier in Den Haag, dass er von den vakanten Professuren in Groningen und Utrecht gehört habe, und bittet ihn, bei den Verantwortlichen sein Interesse dafür bekannt zu machen: «Si dans ces endroits vous trouvez à propos d'observer mon interet, je vous pries de vous souvenir de celui.»[4] Etwa drei Monate später antwortete dieser, dass er Scheuchzer für die Professuren in Mathematik und Botanik in Groningen vorgeschlagen habe, sobald er etwas höre, werde er es

1 Hermann erhielt 600 Gulden pro Jahr. Vgl. Vallisneri an Scheuchzer, 6. 5. 1707, in: Vallisneri (1991), S. 368 f.

2 Valliserni an Scheuchzer, 20. 2. 1705, in: Vallisneri (1991), S. 289 f.

3 Vallisneri an Scheuchzer, 7. 9. und 8. 10. 1710, in: Vallisneri (1991), S. 563, 571.

4 ZBZ, Ms H 150: b, S. 135.

ihn wissen lassen. In Utrecht indessen hoffe man auf Bernoulli, denn man wolle jemanden, der sich bereits an einer Universität einen Namen gemacht habe.[5] Weder erhielt Scheuchzer eine Anstellung, noch folgte Bernoulli dem Ruf in die Niederlande. Nichtsdestotrotz schrieb Valkenier am 10. Februar 1708 abermals an Scheuchzer, dass man ihn hier eigentlich gerne als Professor sähe.[6]

Etwa ein Jahr später wurde das Thema eines Rufs an eine niederländische Universität erneut aktuell, denn nicht zuletzt lockte der gute Verdienst von etwa 1500 Gulden im Jahr, was rund das Dreifache von Scheuchzers Zürcher Einnahmen ausmachte.[7] Am 5. Februar 1709 erfuhr Scheuchzer durch Valkenier vom Tod des Botanikers Peter Hotton (1648–1709) in Leiden. Valkenier versprach, für ihn die Werbetrommel zu rühren, und versicherte ihm: «Vous avez icy dejà des patrons.»[8] Scheuchzer bedankte sich für Valkeniers Empfehlungen. Im Fall einer Wahl würde er der Universität Leiden sein Naturalienkabinett mit Mineralien und Fossilien schenken, das er seit fünfzehn Jahren mit nicht geringen Kosten aufgebaut habe.[9] In Leiden entschied man sich indessen für den Mediziner Herman Boerhaave (1668–1738), bei dem später der Scheuchzer-Schüler Johannes Gessner (1709–1790) studierte, der 1746 die Naturforschende Gesellschaft in Zürich gründete.[10] Aus dem entsprechenden Schreiben Valkeniers an Scheuchzer von Ende Februar 1709 geht hervor, dass Boerhaave die Universitätsleitung erpresst hatte. Er erfreute sich bereits damals als Lektor eines guten Rufs und Zulaufs und drohte damit, dass er sich mit einem schönen Teil der englischen, schottischen und irischen Studenten zurückziehen und irgendwo anders hinbegeben würde, falls er die Stelle nicht bekäme. Nicht zuletzt auch aufgrund von finanziellen Überlegungen seitens der Universitätsleitung setzte sich Boerhaave gegen Scheuchzer durch, was Letzterer versuchte, mit Gelassenheit zu ertragen.[11] Valkenier brachte Scheuchzer abermals als Nachfolger des Physikprofessors Burchard de Volder (1643–1709) in Leiden ins Spiel, dem schon ein Empfehlungsschreiben Bernoullis vorangegangen war,[12] doch fruchteten auch hier alle Bemühungen

5 ZBZ, Ms H 306, S. 41 f.

6 Ebd., S. 67 f.

7 Vgl. Valkenier an Scheuchzer, undatiert, um 1708/09, ZBZ, Ms H 306, S. 97 f. Der Botanikprofessor in Leiden verdiente 1500 Gulden im Jahr. Zu Scheuchzers Einnahmen in Zürich vgl. Bulinsky (2020), S. 47–51.

8 ZBZ, Ms H 306, S. 101 f.

9 ZBZ, Ms H 150b, S. 253 f.

10 Vgl. Sebastian Vaillants *Botanicon Parisiense* (Leiden 1727) mit Widmung von Boerhaave und handschriftlichen Annotationen von Gessner (ZBZ: Dr M 4).

11 ZBZ, Ms H 306, S. 103 f., 105 f.

12 Bernoulli an Scheuchzer, 6. 2. 1709, https://ub-mediawiki.ub.unibas.ch/bernoulli/index.php/1709-02-06_Bernoulli_Johann_I-Scheuchzer_Johann_Jakob.

nichts.[13] Über ein Jahr später beteuerte Valkenier gegenüber Scheuchzer, dass sich in Sachen vakante Stellen in Leiden und Utrecht nichts tue. Unterdessen hatte sich Scheuchzer auch für eine Anstellung in Duisburg interessiert, doch Leibniz liess Valkenier wissen, dass die Saläre dort mittelmässig seien. Der König beabsichtige zwar, sie anzuheben, damit die Hochschule wieder konkurrenzfähig werde.[14] Doch Leibniz hegte andere Pläne für den geschätzten Zürcher. Ihm lag an einem intensivierten wissenschaftlichen Austausch zwischen China und Europa, doch musste zuvor eine sichere Verbindung dorthin geschaffen werden. Dabei kam in seinen Plänen Russland ins Spiel, das mit dem jungen und wissbegierigen Zaren ein ideales Bindeglied darstellen könnte. Das riesige Reich bot aus seiner Sicht eine einmalige Gelegenheit, ein neues Europa wie auf dem Reissbrett zu entwerfen und zu verwirklichen. Für den 1712 verstorbenen russischen Leibarzt kam ihm der versierte und ehrgeizige Zürcher wie gerufen.[15]

Der berühmte Philosoph und Universalgelehrte schrieb Scheuchzer am 3. Dezember 1711, dass er von Torgau zum Zaren nach St. Petersburg aufgebrochen sei.[16] Im nächsten überlieferten, leider undatierten Brief teilte er ihm mit, dass er Scheuchzer als einen der Leibärzte von Peter dem Grossen (1672–1725) vorgeschlagen habe.[17] Der Zar sei interessiert, ihn kennenzulernen. Sollte es zu einer Anstellung kommen, erhalte er den Titel eines Archiaters und 800 Rubel Lohn, was 400 Golddukaten oder etwa 1200 Gulden entsprach. Falls er dem Zaren sympathisch sei, liege wahrscheinlich sogar noch ein höheres Salär im Bereich des Möglichen. Er forderte den Zürcher auf, sich nach St. Petersburg zu begeben, um sich persönlich am Hof vorzustellen. Die Korrespondenz laufe über den Engländer Robert Erskine (1674–1719), den ersten Arzt des Zaren.[18] Schliesslich folgte am 6. November 1712 die offizielle Einladung nach Russland. Scheuchzer zögerte und stellte drei Bedingungen: Erstens möge der Zar persönlich die Zürcher Stadtregierung bitten, ihn nach Russland gehen zu lassen; zweitens forderte er ausreichend Reisegeld; drittens sollte auch sein Bruder als Arzt und Wissenschaftler in russische Dienste genommen werden.[19]

13 Valkenier an Scheuchzer, 23. 12. 1710: ZBZ, Ms H 306, S. 221 f.
14 ZBZ, Ms H 306, S. 250 f.
15 Kempe (1997), S. 284.
16 Horner (1844), S. 12.
17 Zu den umfangreichen Veränderungen und Reformen unter Peter dem Grossen vgl. Hildermeier (2016), S. 410–458. Er investierte grosse Summen in Kultur und Wissenschaft und erwarb 1716 beispielsweise das berühmte Naturalienkabinett des in Amsterdam ansässigen Apothekers Albertus Seba (1665–1736), das zu den Grundlagen der kaiserlichen Sammlungen gehörte. Vgl. North (2021), S. 50.
18 Horner (1844), S. 17.
19 Kempe (1997), S. 288.

Erskine antwortete am 1. Mai 1713, dass Scheuchzers Bruder ebenfalls mit einer Anstellung rechnen dürfe, doch werde der Zar weder eine Bittschrift an den Zürcher Rat richten noch das geforderte Reisegeld bezahlen.[20]

Scheuchzer zog schon früh seinen englischen Kollegen, den Fossiliensammler und Arzt John Woodward, ins Vertrauen, der ihm am 20. Januar 1712 von der Reise nach Russland abriet: «Your letter of Decemb[er] 16, 1712, came safe to my Hands. The Czar of Muscovie is a Prince very capricious & unsteady: and I am averse to Hazard ye Fortunes of a Man of your Character & Worth, by Subjecting them to his uncertain Capriche. Besides ye Pension he offers is not near sufficient: & I take his affairs to be in an unsettled Condition; so that you can have no Security of any Thing there. His inveterate Enemy, ye K[ing] of Sweden, will never leave him without a Blow. I would therefore, upon ye whole, rather advise you to recommend your Brother; promising ye Czar to send him continual Instruction & Assistance by Writing. I am firmly persuaded a Man of your Learning & Parts can never long want Preferment nearer Home, & on better Terms. As I have ever had that Affair at Heart, so I will never cease till I see something done worthy of your great Merits: & I flatter my self after ye Peace, something will be done for you either in France, or here, or in Holland.»[21] Auch Vallisneri aus Padua äusserte am 31. Dezember 1712 Bedenken: Es handle sich um eine barbarische Gegend,[22] und was werde wohl geschehen, wenn der Zar sterbe und ein Nachfolger komme, der den Wissenschaften gegenüber nicht so aufgeschlossen sei.[23]

Ziemlich anders tönte es aus Basel, von wo Zwinger ihm schrieb, was er an seiner Stelle tun würde: «Zu Ihrer Berufung an den Hof des moskowitischen Grossfürsten gratuliere ich von Herzen; aber was ich da raten soll, weiss ich wirklich nicht. Wenn es Sie gelüstet, eine neue Reise zu machen und für ein oder zwei Jahre fortzubleiben, hätte ich nichts einzuwenden, besonders in dieser Zeit, wo die Eidgenossenschaft bedenklich schwankt und es überall an genügend weisen und beherzten Männern mangelt, die zur Aufrechterhaltung des Bundes so nötige Eintracht festzuhalten. Ich selbst würde, wenn ich einen neuen Ruf mit einer zu anständigem Unterhalt meiner Familie hinreichenden Besoldung erhielte, nicht lange zögern, diesen wenigstens für so lange anzunehmen, bis ich sähe, wo besser und angenehmer zu leben sei, um dann die Wahl meines bleibenden Wohnortes treffen zu können. Indessen würde ich mir meine Stelle daheim für ein paar Jahre reservieren, damit ich zurückkehren

20 Ebd.

21 ZBZ, Ms H 294, S. 229 f.

22 Auch Louis Bourguet, Korrespondent Scheuchzers, beurteilte Russland als barbarische Gegend. Bourguet an Scheuchzer, 8. 4. 1713, ZBZ, Ms H 336, S. 123–125.

23 Vallisneri (1998), S. 258.

könnte, wenn die Sachen in der Fremde nicht nach Wunsch geraten würden. Das Ihnen versprochene Gehalt ist ganz ansehnlich für jene Gegenden, wo die Leute noch so bescheiden leben. Dann möchte ein solcher Posten viele Vorteile nach sich ziehen und einer anderen noch besseren Stelle rufen; ich glaube auch, die zusätzlichen Einkünfte würden hierbei 400 Dukaten weit übersteigen.»[24]

Leibniz liess Scheuchzer am 21. Januar 1713 wissen, dass er dem Zaren mitgeteilt habe, dass er und sein Bruder nach St. Petersburg kämen.[25] Scheuchzer zögerte immer noch und engagierte sich in einer politischen Reformbewegung in Zürich, die sich gegen die Vorherrschaft der alteingesessenen Familien wandte.[26] Er hoffte, im Kielwasser der Reformen selber eine Besserstellung zu erreichen. Schliesslich erhöhte der Zürcher Rat am 14. März 1714 sein jährliches Einkommen auf 100 Gulden, 12 Mütt Kernen und 12 Eimer Wein und erweiterte seine Lehrverpflichtung: «Nachdeme vor Meinen Gnädigen Herren Räth und Burger verlesen worden, die an dieselbe dirigiret-demüthige Supplication, Herren Doctor Joh: Jacob Scheüchzers, wormit Er (wie zuvor an Meine Gnädige Herren die Kleine Räth beschehen) umb gnädigen Rath bitet, wie Er Sich seines Beruffs halber an den Czarischen Hoff in Moscauw, als Leib-Medici, zuverhalten haben möchte? Haben Hochgedacht Meine Gnädigen Herren nach weyßlich über diseres emergens gewaltheten gedankhen, Einhellig befunden, daß Ihme Herren Doctor Scheüchzer nicht wol zurathen, diseren ansehenlichen Beruff anzunemmen oder abzuschlagen, dahars überlassen, Sich selbsten zurathen; warbey die gnädige Meinung walthet, daß wann der Herr Doctor bedeuthete vocation auff Sich zunemmen erwählete, ihme in ansehen Seiner schönen Studien, und in der gelehrten Welth erlangeten ruhms, nicht allein seiner dermahlen genussende Emolumenta auffbehalen, sondern Er mit kräftigen Recommendationen begleithet, und mit einem ansehenlichen viatico beschenkhet werden solle. Wofehrn aber Er Herr Doctor Sich entschließen sollte, in dem Vaterland zuverbleiben, und seine schönen talent und wißenschaften in selbigem anzuwenden, haben M[eine] G[nädigen] H[erren] fehrners einhellig erkennet, daß Ihme zur Recompens seiner mit vieler arbeith zuwegen gebracht Eydgenößischer chart [Schweizer Karte], die Er M[eine] G[nädigen] H[erren] verehret, zu Jährlicher Verbesserung seines Salarii Einhundert Gulden, Zwölff Müt Kernen, und Zwölff Eymer Wein, aus beyden Ämteren, dem Obmann- und Studenten-Amt, Jährlich in der Meinung geordnet seyn, daß nach anderem seinem Beruff, diesere personal-gnad denen Ämteren wieder Heimbfallen, damit aber die ethliche Jahre, wegen seiner Eydgenößischer Reysen und Correspondenzen bezogene Hundert thaler,

24 Portmann (1964), S. 266.
25 Horner (1844), S. 19.
26 Vgl. Ulrich (1996), S. 374–383.

auffhören, und Er Herr Doctor wochentlich drey Stund (welche Er Hoher derogation der bestimmet – ordinari – anderer Stunden, auszusuchen hat) publice docieren solle. Und weilen der Herr Doctor verlanget, daß, falls Er Hier verbleiben sollte, M[eine] G[nädigen] H[erren] geruhen möchten, Seine Hierbehaltung Ihro Czarisch-Mayestät zu notificieren, haben M[eine] G[nädigen] H[erren] nicht Thunsam befunden, hierinnen sich einzulaßen, sondern überlaßen Ihme Herren Doctor, seine vocation, so, wie sie an Ihne gekommen, durch gleichen canal abzuschreiben.»[27]

Aufgrund der finanziellen Aufbesserung und des festen Lehrauftrags von drei Wochenstunden begrub Scheuchzer schliesslich den Russlandplan, was für Leibniz einen ungeahnten Tiefschlag bedeutete.[28] Vallisneri hingegen schrieb im Sommer 1714 nach Zürich, er freue sich, dass Scheuchzer nicht nach Russland fahre und der Zürcher Rat seine Verdienste anerkenne.[29] Woodward doppelte im Herbst nach: «I'm glad to hear your Russian Expedition is off.»[30] Im Nachhinein stellte sich heraus, dass Scheuchzers Entscheid kurzfristig als Fehler bezeichnet werden musste, denn man war in der Limmatstadt nach wie vor nicht wirklich gewillt, auf seine beruflichen Ambitionen einzugehen. Bereits am 12. Mai 1714 gestand Scheuchzer Bernoulli, dass, wenn jemand die Märtyrerkrone für die Würde und den Nutzen der Mathematik verdient habe, so sei er das. Staat und Kirche geständen ihm drei Mathematikstunden am Carolinum zu, wobei sie für nicht obligatorisch erklärt worden seien, da die meisten Studenten einen theologischen Abschluss anstrebten. Daher werde es nicht lange dauern, bis Scheuchzer seine Vorlesungen vor leeren Bänken halten werde.[31] Möglicherweise hatte das mangelnde studentische Interesse an Scheuchzers Vorlesungen auch mit seiner mässigen Beliebtheit als Dozent zu tun, wie das aus den Notizen von Christian Gabriel Fischer († 1751) aus Königsberg hervorgeht, der nach seinem Besuch in Zürich vom August 1730 bemerkte: «Sein sehr alter Vorgänger D. Muralt, dem Er im Physicat und in der Professione medica substituiret worden, hat nur vor wenig Jahren das Lesen im Gymnasio aufgegeben, dagegen hat Hr. Scheuchzer wie vorhin die Lectiones publice und privatim, wenn Er dazu erfordert worden, gehalten. Den besten Ruhm hat er Ihm damit bey der Jugend nicht gemachet, weil Er keine Zeit darauff verwandt, auch keine rechte Ordnung gehalten. Bis dato sind wenig

27 Dürst (1971), S. 35–37.
28 Kempe (2022), S. 258 f.
29 Vallisneri (2006), S. 66.
30 Woodward an Scheuchzer, 5. 10. 1714, ZBZ, Ms H 294, S. 254.
31 https://ub-mediawiki.ub.unibas.ch/bernoulli/index.php/1714-05-12_Scheuchzer_Johann_Jakob-Bernoulli_Johann_I.

Auditores, welche sich zu ihm halten.»[32] Wie auch immer, aus anderen Quellen geht hervor, dass Scheuchzer unter den reiferen und berufstätigen Zuhörern als Dozent sehr beliebt war.[33]

Mittel- und langfristig betrachtet, war die Absage an den Zaren vermutlich richtig, denn ein Jahrzehnt später starb Peter der Grosse und Russland wurde vier Jahrzehnte lang, bis zur Zeit Katharinas II. (1729–1796), von Leuten regiert, die ihm in keiner Weise das Wasser reichen konnten.[34] Dementsprechend machte sich Bernoulli Gedanken über die wissenschaftliche Zukunft seines Sohnes Daniel, der an der von Peter dem Grossen gegründeten Akademie in St. Petersburg tätig war,[35] und schrieb Scheuchzer am 17. März 1725: «Je Vous suis bien obligé de la part que Vous prennés à la reconvalescence de mon Fils; Il se porte bien presentement, excepté qu'il a encore ses jambes enflées, et que ses forces ne sont pas encore revenues. Puisque le Czar est mort, il est à craindre que l'Academie de Petersbourg ne retombe dans l'aneantissement; quoiqu'on ecrive que les mesures ont été si bien prises du vivant du Czar, que sa Mort n'empechera pas que l'Academie ne subsiste toujours: Dieu le veuille! en cas du contraire mon fils se consolera avec plusieurs autres qui auront le meme malheur: Le temps decidera de leur sort, si les Muses ne sont pas aimées en Russie, elles en delogeront bientot, car que faire dans un pays rude comme celui de Petersbourg quand Elles n'y seroient pas les bienvenues.»[36] Daniel Bernoulli kehrte schliesslich 1733 nach Basel zurück, wo er bis zu seinem Lebensende an der Universität lehrte.

32 Fischer (1926), Nr. 62, S. 1.
33 Siehe oben, S. 66.
34 Vgl. Hildermeier (2016), S. 459–489.
35 Vgl. Mumenthaler (1996), S. 36–40.
36 https://ub-mediawiki.ub.unibas.ch/bernoulli/index.php/1725-03-17_Bernoulli_Johann_I-Scheuchzer_Johann_Jakob.

Abb. 19: Die Stadtbibliothek in der Wasserkirche 1673, Aquatinta von Franz Hegi, in: Salomon Vögelin: *Geschichte der Wasserkirche und der Stadtbibliothek* (Neujahrsblatt der Stadtbibliothek auf das Jahr 1845), Zürich 1844. ZBZ, Abteilung Alte Drucke und Rara, KK 3045.

10

Kurator der Bibliothek und des Museums

Das dritte Tätigkeitsgebiet, das Scheuchzer gemäss der Kurzbiografie im Archiv der Leopoldina vom verstorbenen Johann Jakob Wagner erbte, war das des Kurators der öffentlichen Bibliothek und des Museums in Zürich.[1] 1629 gründeten die vier jungen Zürcher Johann Balthasar Keller (1605–1665), Felix Keller (1607–1637), Johann Heinrich Müller (1604–1664) und Johann Ulrich Ulrich (1606–1670) die Stadtbibliothek Zürich, die ab 1634 in der Wasserkirche untergebracht war (Abb. 19). Bereits die Programmschrift von Heinrich Ulrich von 1629 kündigte an, dass hier nicht nur Bücher gesammelt werden sollten: «Hie wirt vermehret der lust nit nur durch mancherley gattung der Büchern, sondern auch anderen Stucken, als da seind Weltmappen und Landtaffelen, der grossen Kugel der welt Himmels und Erderichs, allerley Instrument uber deß Himmelslauff, auf und nidergang der Sonnen, deß mons und deß ubrigen gestirns. Item schöne Gemäl Conterfeiungen unnd Bildtnussen grosser Herren unnd Gelehrter Männeren, wie auch sachen die Anatomey betreffend von innerlicher gestaltsamme der Glideren deß menschlichen leybs, die zusammenfügung und auffstellung aller Gebeinen desselbigen, und was noch vil anders der gleichen mehr. [...] Lassend aber uns noch uber diß hinzu thun noch andere Mathematische Instrument von deß Himmelslauff, von der Feldmessung, den Quadranten, S. Jacobs stab etc. Uber diß Bücher von der Architectur in allerley gebeuwen, und ihren Instrumenten. Bücher von dem Fortificieren und Bevestnen der orthen und plätzen. Allerley Figuren der grundrissen, auffreissen, Modellen unnd Muster der Stätten, Schlösseren, Vestungen, Schantzen etc. Bücher von Kriegssachen, der Reutherey, Fußvolck, Schiffzeug, von allerley Förtlen unnd Kriegslisten. Bücher von Artilerey, Büchsenmeisterey, Fewrwerck etc. Von den Sonnenuhren und der gleichen. Zu disem allem söllen nachkommen allerley Antiquiteten und Rariteten von Müntzwerck unnd allerley Sorten und Metall alten geldts, Kunststuck, Kupferstich, new erfundne und geschwinde werck und dergleichen mehr.»[2]

Die genannten dreidimensionalen Objekte gelangten in die sogenannte Kunstkammer (Abb. 20), deren Blütezeit auf die Jahre 1677–1717 veranschlagt wird: «Nach Freiwerden des untersten Geschosses für die Bibliothek wurde

1 Siehe oben, S. 57.
2 Ulrich (1629), S. 102–104.

Abb. 20: Die Kunstkammer in der Wasserkirche 1688, Radierung von Johannes Meyer, ZBZ, Graphische Sammlung und Fotoarchiv, AZZ 17: 47.

das gesamte oberste Stockwerk als eigentliche Kunstkammer eingerichtet. Die Sammlung wurde durch bedeutende Persönlichkeiten betreut und neu inventarisiert. Eine beträchtliche Häufung von Geschenken ist dem eigens für die Kunstkammer neu angelegten Donatorenbuch zu entnehmen. Die Kunstkammer wurde in dieser Zeit zu einer bedeutenden Sehenswürdigkeit und zu einem kulturell-wissenschaftlichen Treffpunkt der Stadt Zürich.»[3] Bibliothek wie Kunstkammer unterstanden dem Bibliothekskonvent, der sich aus einem

3 Rütsche (1997), S. 70.

Präsidenten, der zugleich Quästor war, einem Sekretär und zehn Beisitzern zusammensetzte.

Scheuchzer wurde Anfang 1696 Mitglied der Bibliotheksgesellschaft und Kurator der Sammlungen in der Wasserkirche.[4] Kurz darauf machte er sich an die Arbeit, die Naturalien, Kunstwerke und Münzen der Kunstkammer neu zu ordnen und zu inventarisieren. Im Herbst 1696 schrieb er dem Berner Chirurgen Zehnder: «Wann nun zu gedachtem studio rerum naturalium nicht nur sonderbar große und anerborne liebe trage, sondern auch darzu vortrefflich encouragirt die mir unwirdigem übergebene succession unsers Seligsten Herrn Doctor Wagneri in bedienung deß Bibliothecariatus und anbefohlener individualbeschreibung deß in zimlicher confusion ligenden Musei rerum naturalium sané nicht nudissimi, soll mir billich obligen (ohnangesehen eigenwilliger intention) zu erlangung meines scopi, und versicherung meines contentements, alle diejennigen mittel aufzusuchen und sorglich zu menagieren, welche hierzu was beytragen können.»[5] Dementsprechend hatte der monatlich sich treffende Bibliothekskonvent anlässlich seiner Sitzung vom 7. Juli 1696 beschlossen, dass Scheuchzer sich nach dem Preis verschiedener Bücher erkundigen solle, die ausländische «Cimeliotheken» beschreiben und die ihm bei seiner Arbeit behilflich sein können.[6] Der junge Polyhistor forschte in der Literatur und bei Kollegen, etwa dem Nürnberger Arzt Michael Friedrich von Hummelstein, nach,[7] wie und nach welchem System ein Naturalienkabinett geordnet werden könne. Bis zur heute gültigen von Carl von Linné (1707–1778) geschaffenen Nomenklatur von Flora und Fauna sollte es ja noch über ein halbes Jahrhundert dauern. Um 1700 legte er schliesslich ein umfangreiches, knapp 700 Seiten zählendes Inventar der Kunstkammer vor.[8]

Die Sitzungsprotokolle des Bibliothekskonvents zeigen, dass Scheuchzer im Lauf der Jahre verschiedene Ämter bekleidete; er wird als Sekretär, Quästor und Präsident erwähnt. 1712 half er beim Ordnen der Bücher aus der St. Galler Beute mit, wobei er sich zusammen mit Kollegen um die medizinischen und mathematischen Werke sowie um die handschriftlichen Codices kümmerte.[9] Ausserdem legte er einen Katalog des gesamten Bestands an.[10] In der Sitzung vom 15. Januar 1716 wurde er in den lebenslänglichen Stand eines Bibliothekars (Bibliothecarii statum et perpetuum) erhoben.[11] Am 4. Februar 1719 ersuchte

4 ZBZ Arch St 9, fol. 19 r/v.
5 Zitiert nach Steiger (1927), S. 107 f., Original in ZBZ, Ms H 345, S. 257 f.
6 ZBZ, Arch St 2, fol. 22 v.
7 Vgl. Steiger (1927), S. 106.
8 ZBZ, Arch St 24. Vgl. Rütsche (1997), S. 133–140.
9 ZBZ, Arch St 2, fol. 119 v, 121 r/v.
10 ZBZ, Arch St 7, S. 352.
11 ZBZ, Arch St 6, fol. 36 r.

Scheuchzer um Entbindung von diesem Amt, da er offenbar für seinen Einsatz keine pekuniäre Entschädigung erhielt. Es wurde daraufhin eine vierköpfige Kommission ins Leben gerufen, die sich darum kümmern sollte, wie man den geschätzten Bibliothekar bezahlen und damit behalten könne.[12] Schliesslich wurde etwa ein Jahr später eine Lösung gefunden, indem der Rat dem mittlerweile 47 Jahre alten Mediziner in absehbarer Zukunft eine angemessene Anstellung zusagte.[13] Scheuchzer erklärte sich darauf wiederholt bereit, die Bibliothekarsstelle zu behalten.[14] Den Akten aus dem Archiv der alten Stadtbibliothek ist zu entnehmen, dass er 1714 die Münzsammlung neu ordnete[15] und 1729 einen Katalog der Handschriften anlegte.[16]

Auch um die Äufnung des Bestands bemühte er sich und unterbreitete dem Bibliothekskonvent wiederholt wichtige Werke zum Kauf, am 8. April 1711 beispielsweise handschriftlich annotierte Werke des Universalgelehrten Conrad Gessner (1516–1565), oder am 4. Januar 1712 erhielt er aus dem Kloster Engelberg einen Codex des Glarner Historikers Aegidius Tschudi (1505–1572) mit vielen Wappen und Stammbäumen zugeschickt. Zuerst beabsichtigte man, das Werk kopieren zu lassen, schreckte dann aber vor dem hohen Preis zurück, obschon mehr Stammbäume darin enthalten waren als in der eidgenössischen Chronik von Johannes Stumpf (1500–1577/78).[17]

Aus Scheuchzers Briefwechsel geht wiederholt hervor, dass er auch als Einkäufer von Büchern tätig war, wobei ihm sein weitverzweigtes Korrespondentennetz zugutekam.[18] Er scheint das Geld jeweils vorgestreckt zu haben, worauf ihm der Betrag von der Stadtbibliothek zurückbezahlt wurde, wie im Fall der sieben Bände umfassenden *Bibliotheca Coronelli*, die 50 Gulden, 52 Schilling und 9 Pfennig kostete.[19] So liess ihn etwa am 18. Juni 1704 Theodor III Zwinger wissen, dass die *Consilia altorffina*, die der Jurist Konrad Rittershausen herausgegeben hatte, 6 Gulden kosten würden. Das Werk gelangte wenig später nach Zürich und wurde in der Stadtbibliothek aufgestellt.[20] Der französische

12 ZBZ, Arch St 6, fol. 144 r.
13 ZBZ, Arch St 7, S. 352 f.
14 Vgl. zum Beispiel ZBZ, Arch St 6, fol. 177 r.
15 ZBZ, Arch St 6, fol. 6 r, 7 r.
16 ZBZ, Arch St 3, S. 273.
17 ZBZ, Arch St 2, fol. 113 v, 118 r.
18 Vgl. zu den mehr als 700 Korrespondenten und 16 000 Seiten überlieferte Korrespondenz Boscani Leoni (2012) und Kempe (2004).
19 Gemeint ist die auf 45 Bände mit 45 000 Stichworten angelegte *Biblioteca universale sacro-profana* von Vincenzo Maria Coronelli, von der 1701–1709 nur sieben Bände mit 35 000 Stichworten erschienen sind. Es handelte sich dabei um die erste Enzyklopädie in italienischer Sprache. Das Werk findet sich heute in der ZBZ unter den Signaturen der alten Stadtbibliothek 10.68–10.74.
20 Portmann (1964), S. 105. Das Werk steht heute in der ZBZ unter der Signatur der alten

Abb. 21: Erdglobus von Coronelli, Venedig 1688, Durchmesser 121 cm, Schweizerisches Nationalmuseum, DEP 847-1.

Abb. 22: Himmelsglobus von Coronelli aus Venedig, Durchmesser 121 cm, Schweizerisches Landesmuseum, DEP-848.

Gelehrte Abbé Bignon (1662–1743) wiederum legte einem Brief an Scheuchzer vom 14. Oktober 1715 eine Liste mit französischen Büchern und deren Preisen bei,[21] von denen verschiedene Aufnahme in der Stadtbibliothek fanden.[22]

Eine der spektakulärsten Anschaffungen der Stadtbibliothek, an denen Scheuchzer beteiligt war, stellen die beiden Coronelli-Globen dar, die heute im Schweizerischen Landesmuseum in Zürich aufbewahrt werden (Abb. 21 und 22).[23] 1701 bedachte der italienische Ordensprovinzial, der Franziskanerminorit und Kosmograf Vincenzo Maria Coronelli (1650–1718), die Zürcher Stadtbibliothek mit verschiedenen Buchgeschenken, die vom Rat mit einem Goldstück im Wert von 16 Dukaten vergolten wurden.[24] Nachdem einige Jahre vergangen waren, erkundigte sich Scheuchzer bei Valkenier nach Globen aus Holland. Der ehemalige holländische Botschafter antwortete ihm am 14. Februar 1710, dass ein Globus aus Amsterdam je nach Durchmesser zwischen 20 und 50 Livres koste, und machte ihn gleichzeitig auf einen prächtigen

Stadtbibliothek: 15.443.

21 ZBZ, Ms H 309, S. 495.

22 Vgl. heute ZBZ, A 67/68, O 73–78: d, O 79; W 15.

23 Vgl. zu den Coronelli-Globen allgemein Brockhaus (1962).

24 ZBZ, Arch St 7, S. 34–36.

Coronelli-Globus aus Venedig aufmerksam.[25] Etwa ein Jahr später schrieb der Universalgelehrte und Geologe Louis Bourguet (1678–1742), der 1688 kurz in Zürich zur Schule ging und 1711–1715 in Venedig lebte, an Scheuchzer, dass er Coronelli-Globen über ihn bestellen könne.[26] Schliesslich wurden aus Zürich zwei Globen angefordert, für die Coronelli zunächst 100 Louisdor (= 220 Golddukaten = 825 Gulden) verlangte, was die Preisvorstellung der Zürcher bei weitem sprengte, die von einem Drittel des Betrags ausgegangen waren.[27] Unter Vermittlung von Francesco Savioni,[28] einem venezianischen Residenten in Zürich, und Bourguet[29] gelang es, den Preis zu Lasten der Ausstattung auf 26 Louisdor herunterzuhandeln. Die Meridiane wurden infolgedessen nicht aus Messing, sondern aus Holz angefertigt.

Scheuchzer kaufte nicht nur Bücher für die Stadtbibliothek ein, sondern auch für sich selber, besass er doch eine stattliche Privatbibliothek, von der eine Teilliste mit 313 Titeln in der Universitätsbibliothek Basel gefunden und ediert werden konnte.[30] Was den lokalen Buchmarkt angeht, kommt in verschiedenen Briefen zum Ausdruck, dass er von den Zürcher Druckern nicht viel hielt. Wohl hatten sie mit wirtschaftlichen Problemen zu kämpfen,[31] aber Scheuchzer betrachtete sie trotzdem als zu geldgierig und ungebildet. Sie waren ständig auf Gewinn aus und selten gewillt, seine vielleicht weniger absatzfähigen wissenschaftlichen Publikationen zu drucken. Der Zürcher Polyhistor kam daher oft selber für die Druckkosten seiner Bücher auf. Bereits am 30. November 1704 schrieb er an Zwinger in Basel, dass er das seit 1702 von ihm herausgegebene Periodikum mit dem Titel *Nova literaria helvetica*, das sich durch Anzeigen und Besprechungen von Neuerscheinungen auszeichnete, auf eigene Kosten herausgebe, damit er nicht den Druckern und die Drucker nicht ihm beschwerlich fielen.[32] Wenige Wochen später doppelte er nach: «Die Erben Gessners [Buchdrucker], wenn sie auch viele Exemplare im In- und Ausland abgesetzt haben, schränken ihre Offizin jetzt so ein, dass sie inskünftig alle Bücher, die nicht sichere und tägliche Käufer finden, ablehnen wollen. Ich [...] übernehme auf eigene Kosten die Arbeit [...] und bin zufrieden, wenn ich, wie ich nicht zweifle, die Hälfte der Kosten wieder einbringe.»[33] Im Winter 1709 klagte er

25 ZBZ, Ms H 306, S. 161 f.
26 Bourguet an Scheuchzer, 7. 3. 1711, ZBZ, Ms H 336, S. 95–99.
27 Vgl. zu den Preisen von Coronelli-Globen Armao (1961).
28 Scheuchzer an Savioni, 15. 4. und 17. 5. 1715, ZBZ, Ms H 150: c, S. 108 f.
29 Scheuchzer an Bourguet, um 17. 5. 1715, Ms H 150: c, S. 110.
30 Leu (2012a). Allein im Vorspann zur *Kupfer-Bibel/Physica sacra* listet Scheuchzer rund 300 Autoren auf, die er für dieses Werk verarbeitet hatte.
31 Siehe oben, Kapitel 2.
32 Portmann (1964), S. 112.
33 Ebd., S. 252.

Gisbert Cuper in Deventer, dass er nicht nur die Schweizer Karte mit eigenen Mitteln erarbeite, sondern dass sich von den Zürcher Druckern keiner für die Naturgeschichte der Schweiz interessiere.[34] Auch seinem Altdorfer Kollegen Johann Jakob Baier teilte er am 28. März 1709 mit, dass er sich nicht abhalten lasse, weiterhin für die *respublica literaria* zu arbeiten, und daher für die Druckkosten seiner Bücher selber aufkomme.[35] Dass sich diese bedenkliche Situation über Jahre nicht änderte, beweist ein Brief an John Woodward in London vom 11. Juni 1723, in dem er ihm mitteilen musste, dass er zwar daran interessiert sei, Woodward zu einer Neuauflage seines *Specimen geographia physicae* zu verhelfen, dass es aber schwierig sei, für derartige Bücher in Zürich einen Drucker zu finden.[36]

34 Schelhorn (1738), S. 863–865.
35 Baier (1760), S. 100 f.
36 ZBZ, Ms H 150c, S. 366.

11

Alpenreisen

Nach seiner Rückkehr aus Leiden unternahm Scheuchzer im Juli/August 1694 seine erste Alpenreise, worauf bis 1711 elf weitere folgen sollten. Er war nicht der Erste, der sich mit der Naturkunde der Eidgenossenschaft beschäftigte, sondern setzte die von dem Universalgelehrten Conrad Gessner, dem Historiker Johannes Stumpf und dem Mediziner Johann Jakob Wagner begonnene Tradition fort. Infolge von Renaissance und Reformation und der damit einhergehenden neuen Naturbetrachtung[1] strebten Gessner und Stumpf danach, die Natur selber zu betrachten, zu beobachten und zu erforschen, wie es der altgriechische Begriff der «Autopsie» (selber sehen) umschreibt. Ein schönes Beispiel dafür sind die verschiedenen Alpenreisen Gessners,[2] die er seit 1541 durchführte, wie auch die dreiwöchige Exkursion von Stumpf ins Wallis vom Sommer 1544, um Geografie und Geschichte vor Ort in Augenschein zu nehmen, Archive zu besuchen und sich im Hinblick auf seine 1547/48 gedruckte Eidgenössische Chronik eine Dokumentation zusammenzustellen. Der Zürcher Reformator Heinrich Bullinger schrieb am 28. August 1544 an den St. Galler Reformator Vadian über Stumpfs Forschungsreise, dass dieser sich vom Wallis an den Genfer See begeben, dann den Jura durchwandern und dabei die Altertümer studieren sowie die Lokalitäten mit eigenen Augen untersuchen wolle.[3] Für unsere Thematik ist die Schlussbemerkung von Interesse: «loca suis inspecturus oculis» (um die Orte mit seinen eigenen Augen zu besehen). Stumpf wollte also nicht auf irgendwelche Geschichten, Erzählungen und Überlieferungen angewiesen sein, sondern sich vor Ort ein Bild der Situation machen. Wagner wiederum veröffentlichte 1680 die bekannte *Historia naturalis Helvetiae curiosa*, wobei er ebenfalls der empirischen Vorgehensweise grosses Gewicht beimass.[4] Das Buch blieb lange Zeit die einzige Beschreibung von Geografie und Natur der Schweiz. Wagner selber wollte das Werk um ein Drittel erweitert neu herausgeben, kam aber nicht mehr dazu. Schliesslich nahm Scheuchzer den Plan einer Schweizer Landeskunde wieder auf.

1 Vgl. Roeck (2017); Leu (2016), S. 175–188.
2 Boscani-Leoni (2019).
3 Arbenz und Wartmann (1906), Bd. 6, Nr. 1356, S. 334.
4 Vgl. Wagner (1680), fol. $*_2$v.

Der Zürcher Universalgelehrte ging dabei inhaltlich, methodisch und angesichts des Umfangs seiner Alpenstudien über seine Vorgänger hinaus, was sich inhaltlich etwa am Beispiel des Murmeltiers oder der Drachen zeigen lässt. Gessner betonte in seiner mehrbändigen *Historia animalium*, dass er seine Aussagen über das sympathische alpine Nagetier zu einem schönen Teil aus eigener Anschauung gewonnen habe, denn wie der Chronist Johannes Stumpf hielt auch er eines als Haustier.[5] Die von Gessner publizierte Abbildung im ersten Band gibt nach eigenen Worten dieses Exemplar wieder. Offenbar misslang die Überwinterung des Nagers, weil Gessner ihn in ein hölzernes Gefäss ohne Luftzufuhr einschloss. Er dachte nicht daran, dass die Tiere auch im Winter genügend Sauerstoff benötigen, denn er war der Ansicht, dass sie auch in der Natur eingeschlossen unter der Erde überwinterten.[6] Obschon von Haus aus Arzt und oft mit dem Sezieren von Tieren beschäftigt, scheint Gessner selber kein Murmeltier seziert zu haben, sondern dieser Aufgabe stellte sich fast zweihundert Jahre später Johann Jakob Scheuchzer,[7] der 1702 ein paar Jungtiere vom Bündner Pfarrer Johannes Leonhardi erhalten hatte.[8]

Interessant sind die Stellungnahmen der vier Gelehrten zu den Drachen, an deren Existenz sie glaubten; Gessner etwa lagen zuverlässige Berichte von glaubwürdigen Zeugen wie dem Buchdrucker Christoph Froschauer (um 1490–1564) vor.[9] Johannes Stumpf gab in der Eidgenössischen Chronik zu bedenken, dass sie infolge der Besiedlung der Alpen durch den Menschen immer seltener würden.[10] In Scheuchzers Darstellung der helvetischen Bergwelt haben Drachen nach wie vor ihren Platz (Abb. 23).[11] Schliesslich glaubte auch sein wiederholt genannter Vorgänger Johann Jakob Wagner an deren Existenz.[12] Darüber hinaus konnte Scheuchzer 1706 in Luzern den sogenannten Drachenstein besichtigen, der 1420 von einem fliegenden Drachen fallen gelassen worden sei. Woher die Tonkugel wirklich stammt, ist bis heute nicht geklärt.[13] Ausserdem sprach die Bibelstelle Hiob 30, 29 (*Fuique frater*

5 Gessner (1551), S. 841. Stumpfs und Wagners Beschreibungen des Murmeltiers sind kurz und weitgehend sachlich gehalten. Vgl. Stumpf (1548), Bd. 2, fol. 288 v; Wagner (1680), S. 179 f.
6 Gessner (1551), S. 842.
7 Scheuchzer (1728a).
8 Leonhardi an Scheuchzer, 8. 10. 1702, ZBZ, Ms H 150: a, S. 171. Vgl. Stamm (2020), S. 190.
9 Froschauer erzählte Gessner von einer geflügelten Schlange, von der ihm ein Buchhändler aus der Steiermark berichtet habe. Gessner (1587), fol. 55 r/v.
10 Stumpf (1548), Bd. 2, fol. 286 r.
11 Vgl. die berühmten Drachenabbildungen in Scheuchzer (1723), S. 378–397; vgl. Michel (2009), S. 150–154.
12 Vgl. zu Wagner auch Schwarzenberger (1952).
13 Vgl. www.naturmuseum.ch/home.php?sL=dau&sA=erdw&action=drac.

Abb. 23: Drachen, in: Scheuchzer (1723), Fig. 10, nach S. 394, ZBZ, Abteilung Alte Drucke und Rara, 6.37.

draconum)[14] von Drachen, was für Scheuchzer deren Vorkommen bestätigte.[15] Erst im Alter von etwa 50 Jahren begann er an ihrer Existenz zu zweifeln.[16] In seinem 1721 gedruckten naturwissenschaftlichen Kommentar zum Buch

14 Die hebräische Pluralform תנים kann mit «Drachen» oder «Schakale» übersetzt werden.
15 Michel (2009), S. 122.
16 Ebd., S. 148–150.

Hiob schrieb er: «Wann ich überlege die geringe Wissenschafft / welche die Alten gehabt von denen inneren Africanischen und entlegeneren Indianischen Landen / so verwundere mich nicht / daß sie in Beschreibung der Grösse der Schlangen / oder Drachen / so stark über die Schnur gehauen / und das meiste / oder alles / von hören sagen gehabt. Es gefallen uns Menschen die Mährlein von seltsamen Sachen so wol / daß wir ihnen leicht glauben beymessen / wie wir auch selbs der Drachen halb Exempel finden in unserem Schweitzerland / und viel 1000. und aber 1000. sind / welche festiglich glauben / daß es ehemalen Drachen gegeben in unseren Landen / und vielleicht noch gebe. Ich selbs / ob ich gleich in dieser Materi sehr ungläubig bin / habe alle Schweitzerische Drachen-Historien mit grossen Fleiß zusamen getragen / und nach deren Beschreibung abmahlen lassen / werde aber / wann sie einmal sollten an Tag kommen / nicht dargeben vor wahrhafft / sondern vor sehr zweifelhafft / und die meisten vor erdichtet. Wir müssen / damit ich wiederum auf die Grösse der Drachen / oder grosse Schlangen komme / die alten Scribenten verbesseren aus denen heutigen Relationen: die gröste Art Schlangen / welche heute bekannt / [...] kommen aufs höchst auf 18 bis 24 Schuhe [5,4–7,2 Meter] / und können ganze Rehe und Menschen verschlingen.»[17]

Der Einladungsbrief (Charta invitatoria)

Neben den 1694 begonnenen Alpenreisen veröffentlichte Scheuchzer 1699 einen Umfragebogen zur Schweizer Landeskunde in Deutsch und Latein mit dem Titel *Einladungsbrief* beziehungsweise *Charta invitatoria*, den er dutzendweise in seinem Korrespondentennetz streute. Er diente dem Zweck, von unterschiedlichen Berufsgruppen aus den verschiedenen Kantonen Informationen über Natur, Geografie und Geschichte zu sammeln und diese zu einer gross angelegten Schweizer Naturgeschichte zusammenzuführen. Scheuchzer erklärte das Ziel des Unternehmens mit den Worten: «Es wird sich diß klärlich sehen lassen / wann ich das von unserem hochgelehrten und seligen Hr. Wagnero angefangene Werck der natürlichen Beschreibung des Schweitzerlands werde mit Gottes des obersten Regenten der Natur / Hülff und gnädigem Beystand weiter außführen oder nach möglichsten Kräfften fortsetzen. Es ist dises Werck aber von so grosser Wichtigkeit / daß ich mir nicht kan versprechen etwas haubtsächliches außzurichten / ohne viel anderer Beyhilff / und auch ohne Verfliessung viler Jahren. Wann wir nur ansehen die erstaunliche Grösse

17 Scheuchzer (1721), S. 259. Scheuchzer hat als Empiriker darüber hinaus in verschiedenen Bereichen zur Entmythologisierung der Alpen und der Natur beigetragen. Vgl. Michel (2001), S. 175 f.; Mauelshagen (2011), S. 241–271.

unserer Alpen / und einen kleinen Blick hinwerffen auf diejenigen verschiedenen Sachen so dorten sich befinden / und einem Gottsgelehrten / Arzet / Politico, Haußhalter / Künstler / und Handwercksmann zuwüssen nothwendig sind / so wird sichs bald erzeigen / daß zu deren grundlichen Erforschung nothwendig seye Mit-Arbeit und Behülff Gelehrter / curioser und erfahrner Männeren des ganzen Schweitzerlands. Ich wil hiemit unter gebührendem Respect und Ehrerbietigkeit gegen Oberen und Stands-Persohnen / und mit erforderlicher Freundlichkeit gegen gemeineren Privat-Persohnen angehalten und gebetten haben / alle Hoch-Edle / ansehenliche / dem Vatterland wol gewogene und ersprießliche Herren / alle in allen Ständen gelehrte Männer / alle von Edlem Geblüth entsprossene special-Liebhaber der Jagden / ja auch alle / auch gemeinste Leuth / so mit der Natur viel umgehen / und durch sie ihre Nahrung suchen / als da sind Fischer / Hirten / Sennen / Einwohner der Alpen / Baursleuth / Kräuter- und Wurtzengraberen / daß alle zu ihrem / und des Vatterlands Lob allerhand Gattungen natürlicher Begebenheiten und Observationen von allen Orten her zusamen suchen / aufs wenigste dasjenige / was ihnen ohngefehr aufstosset / oder umsonst zukommet / auch umsonst mitheilen / wann es ihnen so lieb / als mir angenehm ist. Insbesondere red ich euch bitts-weis an Erfahrne der Natur wolkundige Kunstverwandte [Ärzte] / denen vor allen anderen obligt die Beschaffenheit des Vatterlands / die Natur und Würckung unsers Lands / unserer Temperamenten / Kranckheiten und Arzneyen zuwüssen und zu erforschen.»[18]

In einem Schreiben an Giacomo Picenino, Pfarrer in Soglio, vom 5. Januar 1700 brachte Scheuchzer zum Ausdruck, dass das ganze Unterfangen der Verherrlichung des Schöpfers und dem Nutzen das Vaterlandes dienen solle: «Das schwierige Werk, das ich mit Gottes Hilfe angefangen habe und sehr gern fortsetzen möchte, wenn Gott es will, und um das ich mich bemühe, verstehe ich als eine Schweizer Naturgeschichte; auch Du, verehrter Herr, unterstützt sie mit Deinen Beobachtungen, und ich bitte Dich, damit fortzufahren; ich allerdings habe kein anderes Ziel bei dieser Arbeit, als den Ruhm Gottes, des allermächtigsten und weisesten Schöpfers und Lenkers der Natur, und einen allgemeinen Nutzen für das Vaterland, obwohl ich von einem angeborenen und gewissermassen gleichzeitig unersättlichen Verlangen getragen werde, alles das zu Ansehen zu bringen und darzustellen, was zum Studium der Natur gehört. Besonders die Berge bei Euch sind überreich an Kräften der Natur, so dass sie verdienen, gewiss auch mit meinen Augen, besonders aber mit jeder Sorgfalt erforscht zu werden. Dabei könnt ihr besonders viel zusammentragen, die ihr überall auf die Kanzeln auf- und niedersteigt, und bei dem Akt [der Verteilung

18 Scheuchzer (1699), S. 2.

der Einladungsbriefe] selbst steht der verehrte Herr Leonhardi, der Pastor der Kirche von Nufenen, zur Verfügung, der als gläubiger Mann sehr zuverlässig und äusserst gewissenhaft ist. Ich gebe zu, dass ich ihm deswegen sehr viel schulde und bei dieser Gelegenheit schicke ich noch einmal zwei Dutzend der Exemplare meines Einladungsbriefes, damit er andere verehrte und ehrenvolle Väter und Brüder zu Teilnehmern macht.»[19] Der erwähnte Pfarrer Johannes Leonhardi gehörte zu den fleissigsten Verteilern des *Einladungsbriefs*. So teilte er Scheuchzer am 17. Januar 1700 beispielsweise mit, er habe dafür gesorgt, dass Exemplare nach Thusis, Heinzenberg, Domleschg, Safien, Misox, Valendas, Lugnez, Disentis, Malans, Filisur, Poschiavo, ins Ober- und Unterengadin sowie ins Veltlin gelangt seien.[20]

Die fünfzehnseitige Druckschrift im Quartformat lud dazu ein, möglichst viele der darin formulierten 189 Fragen zur Eidgenossenschaft zu beantworten. Folgende Themenschwerpunkte lassen sich herauskristallisieren:
Nr. 2–16: Luft, Klima, Witterung
Nr. 23–45: Schnee und Gletscher
Nr. 46–93: Gewässer, Heilquellen und Bäder
Nr. 94–112: Topografie, Berge
Nr. 113–123: Fruchtbarkeit und Bevölkerung
Nr. 124–134: Pflanzen, Nutzpflanzen
Nr. 135–149: Vierfüssige Tiere
Nr. 150–162: Vögel, Fische, Insekten
Nr. 167–174: Geologie, Paläontologie
Nr. 175–189: Alpwirtschaft[21]
Vorbilder für diese Art der wissenschaftlichen Umfrage fand Scheuchzer bei seinem verehrten Lehrer Johann Christoph Sturm, der 1682 ein ähnliches Unterfangen startete,[22] sowie bei verschiedenen englischen Kollegen, vor allem innerhalb der Royal Society. Es sei an dieser Stelle lediglich erinnert an die *Queries in Order to the Description of Britannia* von John Ogilby (1600–1676) aus dem Jahr 1673, die *Parochial Queries* von Edward Lhwyd (1660–1709) von 1696 oder die im gleichen Jahr publizierten *Brief Instructions for Making Observations in all Parts of the World* von John Woodward (1665–1728).[23]

Da der Rücklauf von Scheuchzers Fragebogen zu wünschen übrig liess, beschloss er, die Alpen selber mithilfe verschiedener etwa dreiwöchiger Berg-

19 Boscani Leoni (2019a), S. 76 f.
20 Leonhardi an Scheuchzer, 17. 1. 1700, ZBZ, Ms H 327, S. 21.
21 Boscani Leoni (2019a), S. 34.
22 Sturm (1682).
23 Boscani Leoni (2013), S. 191 f.

reisen zu erforschen.[24] Er sammelte sein immenses Material zu Naturkunde und Geschichte der Schweiz in über zwei Dutzend Foliobänden. Die Notizen zu den Alpenreisen 1694, 1697 und 1699 sind verschollen, diejenigen zu den neun Touren von 1702 bis 1707 und 1709 bis 1711[25] publizierte er bis auf die Reisebeschreibung von 1705 alle Lateinisch, zum Teil wiederholt in überarbeiteter Form.[26] Darüber hinaus existieren Aufzeichnungen seiner beiden Schüler Johann Jakob Leu (1689–1768) und Laurenz Zellweger (1692–1764). Ersterer begleitete ihn 1705,[27] Letzterer 1709.[28]

Leu beschreibt auf 81 Quartseiten, wie die Gruppe, bestehend aus Scheuchzer, Johann Caspar Waser, Conrad Orelli, Johann Rudolf Lavater, Johannes Hess, einem Diener und ihm selber am 30. Juli 1705 von Zürich aufbrach. Ihre Route führte sie per Schiff über den Zürichsee nach Rapperswil, Lachen und schliesslich nach Glarus. Sie folgten der Linth in Richtung Tödi-Massiv. Auf dem Weg muss die «Bantenbrugg» einen nachhaltigen Eindruck auf Leu gemacht haben, denn er fertigte drei Zeichnungen (Abb. 24) davon an[29] und beschrieb sie mit den Worten: «Wir passierten fehrners durch ein sehr schlimmen Weg in einer Stund und kamen zu der Bantenbrugg, welche über ein verwunderlich tieffes Tobel von einem Felsen auff einen anderen hinüber gebaun, darunder die Linth durchschießt, in welche, so ein Stein geworffen wird, es ein zimliche Zeit anßehet, ehe der Widerhall gehört wird.»[30] Sie durchquerten weiter den Kanton Uri, gelangten nach Airolo, stiessen über den Furkapass ins Wallis vor, passierten die Kantone Bern und Aargau und kehrten am 24. August nach Zürich zurück.[31] Für die Alltags- und Wirtschaftsgeschichte von besonderem Interesse sind die vier Seiten über Leus Ausgaben während der Reise.[32]

24 1702 wurde Scheuchzer im Kloster Engelberg aufgehalten, weil verschiedene Mönche an einer Kolik litten und er ihnen als Arzt beistand. Die Alpenreise von 1704 beschränkte sich auf einen längeren Kuraufenthalt im Bad Pfäfers. Vgl. Boscani Leoni (2019a), S. 12–14.

25 Zu den Routen der einzelnen Alpenreisen von 1702 bis 1711 vgl. die Karte in Dürst (1978), S. 13, oder Cavelti Hammer (1990), S. 30.

26 Reise 1702, in: Scheuchzer (1702), Scheuchzer (1708b, Teil 1) und Scheuchzer (1723), S. 3–62. Reise 1703, in: Scheuchzer (1708b, Teil 2) und Scheuchzer (1723), S. 63–127. Reise 1704, in: Scheuchzer (1708b, Teil 3) und Scheuchzer (1723), S. 145–167. Reise 1705, in: Scheuchzer (1708, Deutsch) und Scheuchzer (1723, Lateinisch), S. 165–342. Reise 1706, in: Scheuchzer (1723), S. 349–428. Reise 1707, in: Scheuchzer (1723), S. 429–463. Reise 1709, in: Scheuchzer (1723), S. 465–520. Reise 1710, in: Scheuchzer (1723), S. 521–588. Reise 1711, in: Scheuchzer (1723), S. 589–606.

27 ZBZ, Ms L 445, S. 1–82, 232–311.

28 Schudel-Benz (1924); vgl. auch Schnegg (2013).

29 ZBZ, Ms L 445, S. 243–245.

30 Ebd., S. 14.

31 Ebd., S. 1–81.

32 Siehe Tab. 3 im Anhang.

Abb. 24: Bantenbrücke aus der Reisebeschreibung von Johann Jakob Leu von 1705, in: ZBZ, Handschriftenabteilung, Ms L 445, S. 246.

Angesichts der Tatsache, dass ein Handwerksmeister damals in Zürich etwa 2,5 Gulden pro Woche verdiente,[33] müssen diese Reisekosten von über 227 Gulden als beträchtliche Summe bezeichnet werden. Eine derartige dreiwöchige Bildungsreise durch die Eidgenossenschaft konnte sich nur eine kleine Schicht betuchter Bürger leisten. Scheuchzer schwebte 1710 vor, sogar mehrmonatige Alpenexkursionen anzubieten, und erkundigte sich bei seinem Kollegen Zwinger in Basel, ob es dafür Interessenten gebe, doch musste dieser ihm am 13. August 1710 mitteilen: «Für ihre Reise habe ich noch niemanden gefunden, der die erforderlichen Kosten auf sich nehmen wollte. Es scheint, dass die Reichen bei uns nicht wenig von ihrem Vermögen eingebüsst haben; sie verheimlichen jedoch ihre Verluste, soweit sie können.»[34]

Laurenz Zellweger, der vom 25. Juni bis 19. Juli 1709 mit Scheuchzer unterwegs war, beschreibt in seinem Reisebericht die Route von Zürich nach

33 Hauser (1973), Tafel im Anhang.
34 Portmann (1964), S. 262.

Horgen, Zug, Immensee, Küsnacht, Stansstad, Alpnach, Sarnen, Lungern, Grindelwald, Kandersteg, Leuk, Sitten, Martigny, Saint-Maurice, Bex, Villeneuve, Vevey, Lausanne, Echallens, Yverdon, Neuenburg, Freiburg, Bern, Büren, Wangen, Olten, Aarau, Brugg und Baden zurück nach Zürich. Während Zellweger keine Auskünfte über finanzielle Ausgaben gibt, sind bei ihm verschiedene naturkundliche Bemerkungen von Interesse, so etwa, wenn er den doppelten Regenbogen eines Wasserfalls bei Martigny beschreibt: «Und trafen wir den 6. July erstlich circa 1 Stund von Martinach [Martigny] einen Wasserfall von einem hohen Felsen an, an welchem der starke Wind, aus einigem Wasser, einen grossen Wasserstaub erzeugt und das Wasser in die Weite hinaus treibt. In diesem Staub gingen wir nun, da sahen wir (bey hellem Wetter) in diesem einen sehr schönen *iridem circularem* [Regenbogen], welchen wir über den Fluss gehend sahen, hierbey kann man auch gewiss schliessen und sehen, dass ein jeder Mensch, so man einen Regenbogen siehet, einen eignen vor sich sehe. Als wir uns nun in diesem Staub eine Zeitlang aufgehalten und diese Regenbögen mit Lust beschaut, gingen wir alle wohl benetzt wieder heraus, stiegen wiederum auff den Wagen und fuhren gen St. Morizen [St. Maurice], einem Stättlein Walliser Gebiets, so aber zu Römeren Zeiten eine grosse Statt soll gewesen seyn.»[35]

Scheuchzer hatte bereits drei Jahre vorher auf den doppelten Regenbogen bei einem Wasserfall in der Nähe des Dorfes Plurs hingewiesen und führte nun seinen Reisegefährten dieses Phänomen vor. Er schrieb 1706 in seinen *Seltsamen Naturgeschichten des Schweizer-Lands wochentliche Erzehlung*, dass der Regenbogen in Plurs einen Durchmesser von etwa zwölf Fuss habe. Er erklärte weiter, dass nach dem französischen Philosophen René Descartes (1596–1650) diese Erscheinung sichtbar werde, wenn der Winkel zwischen dem Mittelpunkt des Regenbogens und den Wassertropfen in der Luft, die von den Sonnenstrahlen beleuchtet werden, zwischen 40° und 42° liege. Ein zweiter, weniger klarer Regenbogen sei zu sehen, wenn der Winkel zwischen 50° und 52° betrage.[36] 1704 erschien Isaac Newtons (1642–1727) bahnbrechendes Werk mit dem Titel *Opticks*. Die Stadtbibliothek Zürich kaufte eine 1706 gedruckte lateinische Übersetzung des Buches, die wahrscheinlich von Scheuchzer studiert wurde.[37] Im Gegensatz zu Descartes hatte Newton eine plausiblere Erklärung für die Farben des Regenbogens als Ergebnis einer prismatischen Lichtbrechung.[38] Scheuchzer fasste die Schlussfolgerungen von Descartes und

35 Schudel-Benz (1924), S. 17.
36 Scheuchzer (1707), S. 46.
37 Das Buch wird in der ZBZ unter der Signatur Y 123 aufbewahrt. Scheuchzer kopierte verschiedene Abbildungen aus dem Werk für die zweite Auflage seiner *Physica* (Zürich 1711).
38 Newton (1704), S. 126–134.

Newton auf einer Tafel im ersten Band der *Kupfer-Bibel* von 1731 zusammen. Das Ganze ist ein Kommentar zu Genesis 9, wo der erste Regenbogen in der Geschichte der Menschheit beschrieben wird. Eine Kupferplatte zeigt einen Regenbogen und Noah sowie seine Familie, die Gott anbeten (Taf. 65). Ein zweiter Kupferstich stellt die Naturgesetze von Descartes und Newton für die Entstehung eines Regenbogens dar (Abb. 25; zu beachten ist das menschliche Auge am Boden, das den Winkel von 40°/42° Grad für den Hauptregenbogen und von 50°/52° für den zweiten, helleren Regenbogen anzeigt).[39]

Zellweger beschreibt ausserdem in seinem Reisebericht, wie Scheuchzer während der Exkursion wiederholt Höhenmessungen vornahm. Er verfügte zu diesem Zweck über ein Barometer, das er bei Sturm in Altdorf kennengelernt hatte[40] und das in einen Spazierstock eingebaut war.[41] Er war der erste Schweizer, der derartige instrumentelle Höhenbestimmungen vornahm.[42] Die Gruppe machte Messungen bei der Kapelle von St. Wendelin bei Lungern im Kanton Obwalden wie auch auf dem Brünig: «An diesem Ort, so 1 ½ Stund vom Sarner See, welcher sehr tieff und überall ein meergrün Farb hat, auff Lungern gefahren, so ein Dorff im Underwaldnerland[43] noch liegend, allwo wir das Experimentum Barometricum gemacht und befunden, dass der Mercurius gefallen auf 25 Zoll 3 Linien, worauss zu sehen, dass dieser See 700 Schu höher liege als der Sarner See: Lungern liegt ohngefähr 1 oder 2 Stund von Keyserstul. Von Lungern sind wir verreiset den 28. juny, und sind gestiegen auff den Berg Brünig allwo wir diess Experimentum Barometricum machend befunden, dass er gefallen 24.4, worauss zu sehen, dass dieser Berg 800 Schuh höher liege als Lungern und 1500 als Sarnen. Auff diesem Berg ist der markstein, so dass Underwaldner und Berner gebiett von einanderen scheidet, dorten haben auch die Herren von Bern ein Wachthaus.»

39 Vgl. dazu Michel (2013).

40 Steiger (1927), S. 36.

41 Im Brief des Basler Mathematikers Jakob Hermann an Scheuchzer vom 9. 1. 1704 ist von diesem Barometer die Rede. Scheuchzer hatte zusammen mit dem Ingenieur und Hauptmann Esslinger aus Zürich einen «kommlichen Apparat» entwickelt, der aus einem in einen Spazierstock eingebauten Quecksilberbarometer bestand. Das für eine neue Art der Höhenmessung verwendete Instrument konnte so bequem auf den Alpenexpeditionen mitgeführt werden. Eine Beschreibung findet sich später in Scheuchzer (1708), S. 162 f. (Abbildung des barometrischen Spazierstocks auf der Radierung nach S. 160 als Figur V).

42 Zellweger hätte auch gerne ein derartiges Barometer gehabt, weshalb er am 31. 1. 1718 an Scheuchzer schrieb: «Wann ich meinen Hr. Dr. aber ein Barometer auf meine Kosten praeparieren lassen bitten dörfte. Ich möchte einen haben, der meines Hr. Drs. seinigen probiert wäre, samt einem Stecken dazu, denselbigen auf die Alpen tragen zu können.» Vgl. Schudel-Benz (1924), S. 60.

43 Lungern liegt im Kanton Obwalden.

Abb. 25: Regenbogen, in: Scheuchzer (1731–1735), Teil 1, Taf. 66, ZBZ, Abteilung Alte Drucke und Rara, NLE 3.

Scheuchzer kommt gemäss seinen barometrischen Höhenmessungen zum Resultat, dass der Lungernsee 700 Schuh (etwa 210 Meter) höher liege als der Sarner See, der Brünig 800 Schuh (etwa 240 Meter) höher als der Lungernsee und dass der Brünig somit 1500 Schuh (etwa 450 Meter) über dem Sarner See anzusiedeln sei. In Tat und Wahrheit liegt zwischen Sarnen (471 Meter über Meer) und Lungern (715 Meter über Meer) ein Höhenunterschied von 244 Metern und zwischen Sarnen und dem Brünigpass (1008 Meter über Meer) sind 537 Höhenmeter korrekt. Es ergeben sich folgende Vergleichszahlen:

Scheucher	korrekte Messung	Abweichung Scheuchzers	
Sarnen – Lungern	210 Meter	244 Meter	34 Meter (14 Prozent)
Lungern – Brünig	240 Meter	293 Meter	53 Meter (18 Prozent)
Sarnen – Brünig	450 Meter	537 Meter	87 Meter (16 Prozent)

Üblicherweise wurden topografische Vermessungen in der frühen Neuzeit trigonometrisch vorgenommen, aber Scheuchzer verzichtete darauf, weil ihm die Bestimmung des Betrags der Refraktion (Krümmung der Lichtstrahlen) Schwierigkeiten bereitete.[44] Er äusserte sich 1707 ausführlich zur Problematik: «Nach der Zeit habe dises [trigonometrische] Instrument zu Hauß gelassen / weilen mir erstlich die Erfahrung gezeiget / und hernach auch die Vernunft, daß die Geometrischen Instrument theils beschwerlich / theils betruglich / und die damit vorgenommene Meßarten an disem Ort unzulänglich seyen. Hier habe nicht können zurechtkommen wegen enge der Thäleren / eine nach proportion der Höhe in eine Horizontal Länge sich zeugende Standlini zusetzen. Beneben war mir unverborgen / daß ein Fehler von etlichen Minuten / welche sonderlich bey Instrumenten von kleinem Durchmesser fast unaussbleiblich / an der Senkelrechten begehrten Höhe der Bergen von merklichem Nachtruk ist. Diß alles aber hette mich noch nicht abwendig gemachet von dem Gebrauch diser Meßart / wann nicht in reiffer Nachtrachtung wichtiger Gründe gefunden hette / davon abzustehen. Ich gewahrete / obgleich allen möglichen Fleiß bey denen Operationen angewendet / daß die Berge nach gemachter Triangel-Rechnung vil höher herauß kommen / als sonst Natürlich möglich / oder dem blossen Ansehen wahrscheinlich / oder mit anderen Proben zu vergleichen / war. In mehrerem nachdenken beredte mich / daß die Sonnen- oder Liecht-Stralen / welche von denen Spitzen der Bergen in die Thäler fallen / und bisher von denen Geometris, oder Feldmesseren angesehen worden vor Gerade Linien / auß unzehlich vil graden gebrochenen / oder krummen / Linien bestehen. Es lasset sich die Sach folgender Gestalt fassen / in Fig. 1 ist MB die Senkelrechte / eigentliche Höhe des Bergs / dessen Spize gesehen wird vom Feldmesser O. Zwischen B und M ist Luft nicht gleicher Beschaffenheit in ansehung ihrer Dichte und Dünnheit. Unten / in dem Thal von HL bis in MO ist die Luft dicht / weilen auf ihro liget die ganze übrige Dunst-Kugel / oder Atmosphaera, dünner aber / oder weniger zusamen getruckt / ist sie zwischen DF und HL, weil ein geringeres Gewicht auf ihro liget; noch dünner / oder außgedehnter / ist sie zwischen CB und DF. Dise verschiedene Absätze der Dichte und Dünnheit / als so vil unterschiedliche media, durch welche die Liechts-Stralen passiren müssen / verursachen eine unzehlich vilfaltige Bruch-

44 Boldini (1966), S. 206.

stralung / Refractionen, oder machen das zum Exempel der Sonnenstral BE nicht geraden wegs fortgehet von E in G, sondern von E in K und also auch der Radius EK nicht fortgehet von K in I, sondern von K in O, allwo der Messer die Spize des Bergs B nicht sihet in B, sondern in A um vil höher / weilen er dieselbe ansihet nach dem geraden fortgang der letsten Lini ON, und weilen solcher gebrochenen Linien unzehlich / oder unendtlich vil / und unendtlich klein / seyn / als ist hierauß zuschliessen / daß die Lini BEKNO nicht ist eine gerade / sondern auß unendtlich vil kleinen geraden zusamen gesezte krumme Lini.»[45] (Abb. 26).

Scheuchzer orientierte sich am Vorbild der französischen Astronomen und Physiker Edme Mariotte (1620–1684) und Jacques Cassini (1677–1756). Infolge verschiedener Faktoren, wie etwa der mangelnden Berücksichtigung der Temperatur von Luft und Quecksilber, differierten die Resultate beträchtlich. Während Mariotte für die Höhe des Gotthards 1853 Meter über Meer angab, kam Cassini auf etwa 2630. Am nächsten an die tatsächlichen 2094 Meter tastete sich Scheuchzer heran mit 1905 Metern.[46]

Verschiedene Kollegen in der Eidgenossenschaft interessierten sich für Scheuchzers Pionierleistungen, so der Basler Theodor III Zwinger, der in seinem Brief vom 29. Dezember 1703 auf gewisse Schwächen der Methode hinwies: «Die Beschreibung der rätischen Alpenreise habe ich mit dem grössten Vergnügen durchgelesen; sie ist überaus exakt und reich an merkwürdigen Naturalien. Vor allem gefielen mir die Untersuchungen über die Höhe der Orte mittels barometrischer Beobachtungen, noch mehr aber ihre Erklärung, es sei selbigen noch nicht völliges Vertrauen zu schenken. Zwar erscheint mir

45 Scheuchzer (1708), S. 157 f. Der Basler Mathematiker Jacob Hermann wies Scheuchzer in einem Brief vom 23. 1. 1704 darauf hin, dass ein Fehler von nur einer Bogenminute, der sich bei gewöhnlichen Winkelmessinsstrumenten kaum vermeiden lasse, zu sehr merklichen Fehlern im Resultat führen könne. Die hauptsächlichen Fehlerquellen bei trigonometrischen Höhenmessungen bestanden in der Wahl einer zu kleinen Basis und der technisch bedingt beschränkten Genauigkeit der Winkelmessinstrumente, sei es bei der Kreisteilung oder wegen der Verformung der Skalen beim Transport. Hermann spricht erstmals das Problem der bei trigonometrischen Höhenmessungen zu berücksichtigenden atmosphärischen Refraktion an, deren Ursache er mit Recht in der unterschiedlichen Dichte der Luftschichten sieht. Die Geodäten gingen bis dahin bei ihren Berechnungen von geradlinigen Sehstrahlen aus und erhielten so zu grosse Berghöhen. Die wahren Sehstrahlen in einem optischen Medium unterschiedlicher Dichte sind aber Kurven. Allerdings spielt die atmosphärische Refraktion bei kleinen Distanzen kaum eine Rolle. Bei einer Messung über eine Distanz von zehn Kilometern beträgt der Messfehler ungefähr einen Meter. Die von Hermann genannten Fehlerquellen waren, wie aus Scheuchzers Brief vom 12. 1. 1704 hervorgeht, auch Scheuchzer bewusst. Den Einfluss der atmosphärischen Refraktion konnte Scheuchzer jedoch nicht mathematisch behandeln. Vgl. https://ub-mediawiki.ub.unibas.ch/bernoulli/index.php/Kategorie:Scheuchzer_Johann_Jakob-Hermann_Jacob.

46 Vgl. Scheuchzer (1730), S. 52–55; Fischer (1973), S. 37.

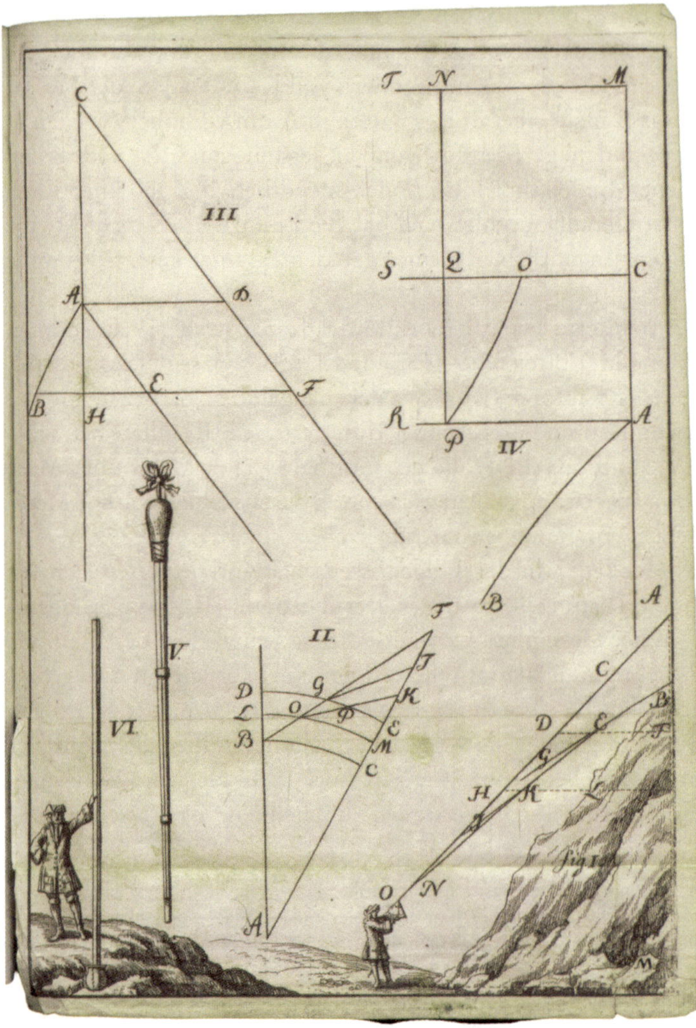

Abb. 26: Skizze zum Problem der Refraktion, in: Scheuchzer (1708), Tafel nach S. 160, ZBZ, Abteilung Alte Drucke und Rara, 6.54. Punkt M ist unten rechts in der Ecke. Die Figuren V und VI bilden Scheuchzers Messinstrumente ab, die er auf seine Alpenreisen mitnahm. Erstere zeigt seinen Spazierstock mit eingebautem Barometer.

die Sache nicht zweifelhaft für die Bestimmung der Bergeshöhen, ich dachte nämlich, diese könne in jener Gegend ganz gut vorgenommen werden. Wohl aber halte ich dafür, wir könnten leicht von der Wirklichkeit abirren, wenn wir derart das Höhenverhältnis zu fernerliegenden Orten bestimmen wollen; solches zeigen ja auch ihre Beobachtungen nicht undeutlich. Sie berichten nämlich zum Beispiel, es ergebe sich aus der barometrischen Berechnung, dass Bad Pfäfers 320 Fuss höher liege als die Stadt Zürich und 360 höher als das Dorf Ragaz; daraus schliesse ich, dass letzteres 40 Fuss tiefer liegen müsste als Zürich. Dass dies aber gänzlich unrichtig sei, kann ja schon der Umstand beweisen, dass nur wenig unterhalb Ragaz dicht am Gebirge ein Bach gegen den Walensee zufliesst und durch diesen in die Linth-Maag gelangt, welche dann in raschem Flusse dem Zürcher See zueilt. Wenn nun Zürich 40 Fuss hoch über Ragaz läge, würden solche Bäche und der Linthfluss gänzlich der Natur zuwider gegen Zürich hinauf und nicht hinunterfliessen.»[47]

Auch mit dem bekannten, in Paris tätigen Astronomen Giacomo Filippo Maraldi (1665–1729) tauschte sich Scheuchzer über seine barometrischen Arbeiten aus. 1711 und 1714 verglich dieser seine Resultate mit denen des Zürcher Kollegen und publizierte die Resultate in den renommierten *Mémoires de l'Académie royale des sciences*.[48]

Scheuchzers barometrische Studien und Überlegungen trieben zum Teil eigenartige Blüten, so etwa, wenn er sich bei Rudolf von Salis in Soglio erkundigte, ob Menschen und Tiere, die in den Bergen lebten, nicht grösser seien als solche, die in tieferen Regionen zu Hause seien, weil weniger Gewicht der Luftdrucksäule auf ihnen laste: «Hoffe durch mittel Ew[er] W[eis]h[ei]t zu erfahren, ob die / Einwohner von Soglio, und so ingemein die so höhere ohrt innhaben, größer und corpulenter, als / die in unterliegenden thäleren als Cläfen? So auch, ob nit die pündtnerische cörper größer als der Italiener, Franzosen, / Teutschen? Ob gleichfals observirt werde, das das / in hohen ohrten als Soglio ist beständig bleibende vieh, größer, auf / geblasner seye, als das in thäleren? / Und, ob solches in omne dimensione kleiner werde, wann es von hohen Alpen / transportirt wird in die / thäler? Ob die in Frankreich, oder Holland gehende / pündtner, nit ingemein merkliche krankheiten auszustehen / haben, ehe sie solchen frömbden lufts gewohnet, und / an leiberen abnemmen?»[49]

47 Portmann (1964), S. 247. An dieser Stelle sei daran erinnert, dass er auch den Breitengrad Zürichs mit 47° 22' richtig bestimmte, doch ist nicht überliefert, wie er dabei vorging. Vgl. Wolf (1858), S. 206.

48 Steiger (1933), Nr. 47, 57/1.

49 Boscani Leoni (2019a), S. 149 f.

Eine der Krankheiten, die sich aufgrund des veränderten Luftdrucks einstellen konnten, war nach Scheuchzers Ansicht das Heimweh, das vor allem Leute aus den Bergen befiel, wenn sie sich in tieferen Gegenden aufhielten wie etwa den umliegenden europäischen Ländern: «Es sein die Schweitzer dißfahls unglücklich / das ihr allzu reine und subtile Luft (welche einer gröberen / höheren / dichteren / stärker trukenden sonderlich Niederländischen Meer-Luft nicht widerstehen kan) sie in höchstgefährliche Fieber stürzet; und alle tieffer ligende Nationen glüklicher / welche in die Schweitz reißen können ohne gefahr des Heimwehe: Wir müssen bey ihnen außstehen eine allzustarke zusamen Trukung sonderlich der kleinsten Blutgefässen / und darauf folgende hinderung in dem Kreißlauff der Säften; da hergegen die Holländer / Franzosen / Teutsche und Italiäner in unsere Land mit sich bringen eine zusamengepreßte Luft / welche sich in unserer subtilen Luftspher in allen Aderlein ausdehnet / wordurch aber die Bewegung aller Säften mehr befürderet als verhinderet wird.»[50] Einzig die sofortige Rückkehr in die Alpen oder wiederholtes Besteigen von höheren Lagen könnten den von Heimweh befallenen Eidgenossen allenfalls helfen.[51]

Schliesslich beeinflusst die gesunde Schweizer Luft auch den Charakter der Bevölkerung, wie Scheuchzer ausführte: «Ins gemein kan ich wol sagen / daß die Schweitzerische Luft von der reinesten / mässigsten und gesundesten Art ist / die sich immer auf der Erde finden mag: sie ist nicht beschwängeret mit vielen Mineralischen / schädlichen Ausdünstungen / wol aber mit vielen wässerigen Dämpfen / von deren Nutzen anderstwo ein mehrers zuschreiben vorfället. In ansehung unserer Polus-Höhe werden wir durch die Göttliche Vorsehung gesetzet in die mitte zwischen den Aequator und die Polos, stehen also nicht aus jene Nordliche Kälte / noch auch die Hitz des heissen Gürtelstrichs; obgleich man zu Sommerszeit / und zwahr in einem Tag / einen curiosen Menschen führen kann zu Berggrossen Eisklumpen / welche ihme vorstellen können die Beschaffenheit der eussersten Nordischen Landen / und in sehr warme Thäler / und ihne also gleichsam transportiren in die Zonam Torridam [trockene Zone]. Diese mässige Beschaffenheit der Luft hat einen nicht geringen Einfluß in die Gemüther unserer Nation / welche von einer Mittelgattung sind zwischen denen Italiäneren / Franzosen und Teutschen / worvon zu seiner Zeit ein mehrers. Ein sichere Prob der gesunden Schweitzer-Luft ist die Seltenheit der Pest / und anderer dergleichen gefährlichen Krankheiten / die Gesundheit der Menschen bis in ihr höchstes Alter / die Fruchtbarkeit der Weiber / etc.»[52]

50 Scheuchzer (1716), Bd. 1, S. 12.
51 Vgl. Fischer (1973), S. 114–116.
52 Scheuchzer (1716), S. 32.

12

Publikation der *Itinera alpina*

Einige seiner alpinen Beobachtungen publizierte Scheuchzer in einer der ersten Zeitschriften der Eidgenossenschaft, den *Seltsamen Naturgeschichten des Schweizer-Lands wochentliche Erzehlungen*. Neben den grenzüberschreitenden Gelehrtenkorrespondenzen stellten die in der zweiten Hälfte des 17. Jahrhunderts aufkommenden wissenschaftlichen Periodika eminent wichtige Plattformen für den wissenschaftlichen Diskurs dar.[1] Während die brieflichen Mitteilungen häufig Steinbrüchen glichen, verbreiteten die Zeitschriften von den Herausgebern gesichtete und damit qualitativ hochstehende wissenschaftliche Informationen. Im Unterschied zum gedruckten Buch flossen die Resultate nun nicht mehr stockend (von Monografie zu Monografie), sondern die Periodizität der Erscheinungstermine gewährleistete einen regelmässigen Austausch des Wissens.

Ab 1665, als in England die *Transactions of the Royal Society* und in Frankreich das *Journal des scavans* erschienen, nahm die Gründung wissenschaftlicher Zeitschriften in Europa exponentiell zu. 1670 folgten in Deutschland das wichtige Organ der *Miscellanea curiosa medico-physica*, 1682 die berühmten *Acta eruditorum* und 1688 mit den *Monatsgesprächen* des Philosophen Christian Thomasius (1655–1728) die erste deutschsprachige Zeitschrift. Seit 1694 kamen auch in der Schweiz verschiedene Periodika auf, worunter zwei von Scheuchzer ins Leben gerufen wurden, nämlich die von 1702 bis 1715 erschienenen *Nova literaria helvetica* und die erwähnte, 1705–1707 als Wochenschrift gedruckte *Seltsamen Naturgeschichten des Schweizer-Lands wochentliche Erzehlungen*. Während die *Nova literaria helvetica* die erste lateinische Zeitschrift der Eidgenossenschaft darstellt, ist Letztere die zweite deutschsprachige, nach dem seit 1694 in Zürich gedruckten *Historischen und politischen Mercurius*.[2] In beide Organe liess Scheuchzer nicht zuletzt Informationen aus seinem Netz von über 700 Briefpartnern einfliessen und machte vom neuen Medium der Periodika selber rege Gebrauch, publizierte er doch gegen 160 seiner 256 zu Lebzeiten gedruckten Arbeiten in Zeitschriften.[3]

Die lateinischen *Nova literaria helvetica* als Rezensionsjournal richteten sich an ein gelehrtes internationales Publikum, während Scheuchzer mit den

1 Vgl. Pfeiffer und Vittu (2008), S. 281–300; Stuber (2004), S. 114–141.
2 Vgl. Marti und Erne (1998), S. 16–21.
3 Steiger (1933), S. 3–18.

Wochentlichen Erzehlungen eine breitere Öffentlichkeit mit naturkundlichen Themen anzusprechen versuchte, über die er mit seinen Lesern zu diskutieren und in einen wissenschaftlichen Austausch zu treten beabsichtigte. Es werden darin unsystematisch «Erzählungen» aneinandergereiht, die im Volk das Interesse an der Natur wecken sollten, darunter etwa Abhandlungen zu den Themen «Von der Gems-Jagd», «Urquellen des Schweizerischen Golds», «Von der Schweizeren Leibs- und Gemühts, Beschaffenheit, Lebensart, Sitten» oder über Erdbeben und andere Naturphänomene.

Im Vorwort zur ersten Nummer vom 11. Februar 1705 führt er aus, dass es sein Anliegen sei, seine Beobachtungen zur Schweizer Naturgeschichte auch «Privat-personen bekant werden [zu lassen]. Zu dem ende, damit ich sowol gelehrten, als ungelehrten, aufwarte, habe mir vorgenommen, wochentlich in form eines halben Bogens, eine oder etliche Natur-Geschichten Löbl. Eidgenoßschaft in teutscher Sprach vorzulegen, und darüber meine Gedanken zueröffnen; Vornemmlich aber andern anlas zugeben, in mehrerm mich über eint und anders zuberichten, meine Meinungen zuverbessern, und sonsten auf die natürliche Begebenheiten unsers Vatterlandes genauere achtung zugeben. Weilen auch in hoffnung stehe, es möchte disere meine wolgemeinte Arbeit curiosen Gemütheren nicht missfallen, folglich solche ungewohnte Zeitung von ihnen aufbehalten werden, als habe mir vorgesetzet, mit Gottes hilff, zu end des Jahrs ein ordentlich Register zuverfertigen, und dem letsten Bogen beyzulegen.»[4]

Ende Jahr fasste Scheuchzer die *Wochentlichen Erzehlungen*, die jeweils einen halben Foliobogen (vier Quartseiten) umfassten, in einem Band zusammen, fügte ein Register und ein Titelblatt hinzu mit der Überschrift: *Beschreibung der Natur-Geschichten des Schweizerlands*. Die daraus resultierenden Bände tragen auf dem Titelblatt die Druckjahre 1706–1708. Am Ende des letzten Faszikels des 188 Seiten umfassenden ersten Bandes vom 30. Dezember 1705 informiert Scheuchzer die Leser über den Preis der Zeitschrift: «Zu fehrnerem Bericht dienet / dass ein ganzes Exemplar [der ganze Jahrgang von 47 Nummern] kostet 1 Gl. 12 s.» Ein Gulden und 12 Schilling sind umgerechnet 52 Schilling. Eine einzelne Nummer der Wochenschrift kostete somit wenig mehr als einen Schilling, was einem Preis entsprach, den auch Handwerker und einfachere Leute bezahlen konnten, verdiente doch zum Beispiel ein Zürcher Maurermeister damals 17 Schilling pro Tag.[5] Die Abbildungen waren dabei nicht inbegriffen. Die zum Teil ausfaltbaren Radierungen mussten separat bestellt und bezahlt werden, worauf gelegentlich am Ende einer Nummer hin-

4 Scheuchzer (1706), S. 1.
5 Hauser (1973), Tafel im Anhang.

gewiesen wird. Die Preise für diese Abbildungstafeln bewegen sich zwischen einem und zehn Schilling.

Während die *Wochentlichen Erzehlungen* nur einzelne Beobachtungen seiner Alpenreisen enthalten, wurden die Reisebeschreibungen der Jahre 1702, 1703 und 1704 erst 1708 unter dem Titel Οὐρεσιφοίτης *helveticus sive Itinera alpina tria* gedruckt, und zwar in London auf Kosten der Royal Society. Die Alpentouren der Jahre 1702–1707 und 1709–1711 erschienen 1723 in vier Quartbänden bei Peter Van der Aa in Amsterdam. Besonders zu reden gab die Londoner Ausgabe von 1708, war es doch alles andere als üblich, dass das Werk eines gelehrten Zürchers zu dieser Zeit in der englischen Metropole erschien.[6] London zählte um 1700 über eine halbe Million Einwohner und stellte damit die grösste Stadt Europas dar, in der 50–60 Prozent der Bevölkerung lesen und schreiben konnten und die auch im kulturellen und wissenschaftlichen Leben in vielen Bereichen den Ton angab.[7]

Als Scheuchzers oben erwähnter *Einladungsbrief* gedruckt vorlag, sandte er auch ein Exemplar an den englischen Arzt und Conchyliologen Martin Lister (1639–1712), der Mitglied der Royal Society war. Die von ihm verfasste berühmte *Conchyliorum historia* (London 1692) hatte Scheuchzer bereits als Student in Altdorf verschlungen.[8] Lister hatte es unternommen, über 2000 an der englischen Küste vorkommende Muscheln und Schnecken, darunter auch fossile Exemplare, mustergültig zu beschreiben, systematisch zu ordnen und mithilfe seiner Töchter Susanna (1670–1738) und Anna (1671–1704) abzubilden.[9] Die Arbeit machte dem jungen Fossiliensammler Scheuchzer Eindruck. Was lag näher, als dem verehrten Engländer ebenfalls einen *Einladungsbrief* zu schicken, nur schon, um sich selber als Kenner und wissenschaftliche Kontaktperson für Schweizer Angelegenheiten vorzustellen. Eine Strategie, die Scheuchzer im Sinn eines «self-fashioning» (Stephen Greenblatt) wiederholt benutzte, um sich als Fachmann für die Naturkunde der Eidgenossenschaft ins Bewusstsein der *respublica literaria* zu bringen.[10] Lister schrieb Scheuchzer im August 1699, dass er die *Charta invitatoria* erhalten habe, dass er aber zu alt und zu schwach sei, um ausführliche Antworten zu geben.[11] Infolgedessen wandte sich Scheuchzer an ein anderes Mitglied der Royal Society, nämlich an den Londoner Arzt und Geologen John Woodward, dem er sich ebenfalls als geeigneten Ansprechpartner für die helvetische Naturgeschichte vorzustel-

6 Zu Scheuchzers Beziehungen zur Royal Society vgl. Leu (2015).
7 White (2012), S. 1–3, 259.
8 Steiger (1927), S. 43.
9 Roos (2017), S. 97–104.
10 Walter (2022), S. 58.
11 UB Basel, G2 II 49, S. 37. Vgl. Walter (2022), S. 66.

len verstand. Der erste erhaltene Brief der intensiven Korrespondenz datiert vom 8. Februar 1701.[12] Woodward erwähnt darin, dass Scheuchzer unter den Medizinern und Naturforschern Italiens, Frankreichs und der Schweiz schon lange bekannt sei, und weist auf ihre gemeinsamen mineralogischen und paläontologischen Interessen hin. Er besitze vor allem englische Fossilien und erbat von Scheuchzer solche aus der Schweiz. Er nahm dabei Bezug auf eine Liste, die ihm Scheuchzer zuvor zugesandt haben muss. Im Gegenzug wollte er ihm Versteinerungen aus England schicken.

In einem Brief an Woodward vom 8. März 1702 trug Scheuchzer sein eigentliches Anliegen vor: Er wünschte, dass der englische Brieffreund seine Studien der Royal Society empfehle.[13] Woodward ging in seiner Antwort vom 31. März 1702 nicht darauf ein, sondern richtete ein paar Fragen zur Schweizer Heimatkunde an Scheuchzer.[14] Abschliessend teilte er ihm mit, dass sein Bruder, Johannes Scheuchzer, leider nicht als Sammler von Schweizer Naturalien für die Royal Society angestellt werden könne. Ein Anliegen, das Scheuchzer offenbar in einem vorhergehenden Brief formuliert hatte. Der Zürcher Polyhistor liess nicht locker und sandte dem Engländer am 3. Juni 1702 verschiedene Publikationen von ihm und beantwortete ihm am 8. Juni seine Fragen.[15] Ein paar Wochen später schrieb Woodward, dass er sich freuen würde, wenn sein Werk *Natural History of the Earth*, worin er die Sintfluttheorie als Ursache für die Fossilien propagierte, ins Lateinische übersetzt würde,[16] worauf sich Scheuchzer an die Arbeit machte. Wenige Monate später liess er dem Engländer die ersten Seiten der Übersetzung zukommen, wofür sich dieser am 25. Januar 1703 bedankte. Gleichzeitig gab Woodward zu bedenken, dass eine Ernennung zum Mitglied der Royal Society nicht einfach sei.[17] Ein Anliegen, das Scheuchzer ihm in einem vorherigen Schreiben zur Kenntnis gebracht haben muss. Bereits im Mai lag die lateinische Übersetzung der *Natural History of the Earth* vor,[18] die Scheuchzer sicher nicht ohne Hintergedanken verfasst hatte, war es doch sein erklärtes Ziel, Mitglied der renommierten königlichen Londoner Gesellschaft zu werden. Am 20. Juli 1703 teilte Woodward dem Zürcher schliesslich mit: «Tis now 4 months since I proposed you for a Fellow of ye Royal Society at a Meeting of ye Council: and you was elected with great Unanimity & universal Approbations. I did

12 ZBZ, Ms H 294, S. 77–79.
13 ZBZ, Ms H 150: a, S. 68.
14 ZBZ, Ms H 294, S. 81 f.
15 ZBZ, Ms H 150: a, S. 113, 116 f.
16 ZBZ, Ms H 294, S. 87.
17 Ebd., S. 89–92.
18 Ebd., S. 93–95.

not acquaint you to it sooner, because I was willing all Forms should have first passed […] and I believe it will not be now done till ye grand Meeting next November. […] I wish ye Society had your Iter Alpinum: If it is not too heavy, entreat Mr. Aglionby to send it directed to Sr. Thom. Frankland. Several of ye Members of ye Society are very desirous of seeing both this, & your Version & Notes upon ye Nat. Hist. of ye Earth.»[19]

Kurz vor der Wahl und nach der Lektüre von Scheuchzers *Specimen lithographiae helveticae curiosae* von 1702 lässt Woodward am 2. Oktober 1703 durchblicken, dass es ihn und andere Mitglieder der Royal Society etwas befremde, dass Scheuchzer darin die Interpretation gewisser Fossilien als Naturspiele nicht ausschliesse, wo doch klar sei, dass sie Relikte der Sintflut seien.[20] Scheuchzer antwortete darauf im selben Monat beschwichtigend, dass er seinen früheren Irrtum in der Vorrede der lateinischen Übersetzung von Woodwards *Natural History of the Earth* berichtigt habe.[21] Im gleichen Brief vom 2. Oktober macht Woodward die interessante Bemerkung: «Tis pity ye Account you gave of your last Travel to ye tops of ye Alps, & dedicated to ye Royal Society is not yet arrived here.»[22] Scheuchzer dedizierte somit seine Alpenreise von 1703 der Royal Society, vermutlich um die bevorstehende Wahl zum Mitglied zu zementieren. Schliesslich waren die Leser der erlauchten Gesellschaft so erfreut über die Berichte aus der Schweiz, dass sie den Druck der Alpenreisen von 1702, 1703 und 1704 zur Gesellschaftssache erhoben. Scheuchzer lag mit seiner Schweizer Landeskunde völlig im Trend verschiedener Gelehrter Englands. Henry Oldenburg (1618–1677), langjähriger Sekretär der Royal Society in London, betonte die Wichtigkeit von Landesbeschreibungen mit den Worten: «And, I think, I may say, that a Natural History of Countries is most wanting; which, if well drawn, would afford us a copious view, and a delightful prospect of the great variety of Soyls, Fountains, Rivers, Lakes, etc, in the several places of this Globe.»[23] Auf diesem Hintergrund erschien im 17. und 18. Jahrhundert eine ganze Reihe von Regionalskizzen, die wie Puzzleteile zu einer grossen Landeskunde beitragen sollten. 1676 veröffentlichte Robert Plot seine *Natural History of Oxfordshire*, 1709 Thomas Morison das Werk *Westmorland and Cumberland*, gefolgt von John Mortons *Northhamptonshire* von 1712.[24]

19 Ebd., S. 98.
20 Ebd., S. 101 f.
21 ZBZ, Ms H 150: a, S. 276.
22 ZBZ, Ms H 294, S. 102.
23 Zitiert nach Porter (1977), S. 34.
24 Porter (1977), S. 38 f.

Woodward teilte Scheuchzer am 4. Januar 1705 mit, dass sich John Thorpe (1682–1750), Mitredaktor der *Philosophical Transactions*, um den Druck der *Itinera alpina* kümmern werde. Zwei Monate später, am 6. März, richtete Hans Sloane (1660–1753), Sekretär der Royal Society, ein Schreiben an Scheuchzer, in dem er ihm erklärte, dass Richard Waller († 1715), James Petiver (1663–1718) und er mit der Begutachtung von Scheuchzers Arbeiten betraut worden seien und dass sie einen positiven Bericht vorgelegt hätten. Thorpe werde sich um die Publikation kümmern. Scheuchzer erhalte 25 Exemplare des Werks, die Originale würden in London bleiben.[25] Aus der Korrespondenz Scheuchzers mit Woodward und Hans Sloane geht hervor, dass auch darüber diskutiert wurde, die Reiseberichte aus der Schweiz in Stücken in den *Philosophical Transactions* zu publizieren, wovon aber abgesehen wurde.[26] Studiert man die besagten Briefwechsel, ergibt sich ein recht verworrenes Bild der Vorgänge hinter den Kulissen und innerhalb der Royal Society rund um die Publikation von Scheuchzers *Itinera alpina*, das hier nicht entfaltet werden kann.[27] Aus den Briefen von Petiver vom 19. April 1706 und von Thorpe vom 7. Juni 1706 wird klar,[28] dass sich Isaak Newton, der damals als Präsident der Royal Society amtete, mit 20 Pfund an der Drucklegung beteiligte. Andere Mitglieder wie Lister, Petiver, Sloane oder Woodward übernahmen die Kosten für die teuren Kupferstiche. Ihre Namen finden sich jeweils am unteren Rand der Abbildungen verewigt. Das Frontispiz von Teil eins, das Scheuchzer als Naturforscher vor einer steilen Bergkette zeigt (Abb. 27), stammt von Johann Melchior Füssli, die Titelkupfer für die Teile zwei und drei von der Zürcher Künstlerin Anna Waser (1678–1714), einer Kusine zweiten Grades von Scheuchzer (Abb. 28).[29]

25 ZBZ, Ms H 296, S. 53–55.

26 Vgl. Sloane an Scheuchzer, 6. 3. 1705, ZBZ, Ms H 296, S. 53–55; Woodward an Scheuchzer, 8. 3. 1705, ZBZ, Ms H 294, S. 143–145.

27 Woodward äussert sich in seinen Briefen an Scheuchzer sehr negativ über Petiver, Sloane und Thorpe, wobei nicht klar wird, ob er unter gewissen neurotischen Zügen litt. Jedenfalls scheint er gerne gestritten zu haben, wie Levine (1977), S. 17, schrieb: «The Doctor rarely avoided a quarrel and almost always had the last word. (Whoever had won the battle, he was absolutely certain that he had won the war.) […] Dr. Woodward was too self-confident, too proud, too touchy, and too dogmatic. In this he was not unlike his colleague and admired associate, Sir Isaac Newton. But alas, although he thought himself an equal, he had not the same genius, and where the achievement of the one remain to astonish us, it is somehow mostly the crotchets of the other that have left their residue.» Wegen seines agressiven und verletzenden Verhaltens wurde Woodward 1710 aus der Royal Society ausgeschlossen. Vgl. auch Levine (1977), S. 85–92; Michel (2010), S. 106 f. Vgl. Woodwards negatives Urteil über Newton in seinem Brief an Scheuchzer vom 3. 7. 1710 (ZBZ, Ms H 294, S. 211–214) und vom 22. 12. 1719 (ZBZ, Ms H 294, S. 215–217). Vgl. auch Vasset (2013). Porter (1979) beschreibt ihn als Egomanen.

28 ZBZ, Ms H 295, S. 43; ZBZ, Ms H 296, S. 133–135.

29 Weber (1984), S. 74 f.

Abb. 27: Porträt Scheuchzers als Frontispiz von Scheuchzer (1708b), ZBZ, Abteilung Alte Drucke und Rara, 7.33.

Im Frühling 1708 lagen schliesslich die ersten gedruckten Exemplare der *Itinera alpina* vor.[30]

Bei der Besprechung von Scheuchzers Beziehungen zu England darf der Hinweis nicht fehlen, dass sein dritter Sohn, Johann Kaspar Scheuchzer (1702–1729), für den sein Vater besondere Pläne und Hoffnungen hegte, mehrere Jahre in London verbrachte.[31] Vermutlich wählte Scheuchzer London als Studienort für seinen Sohn aus, weil England zu den führenden Nationen in den Naturwissenschaften gehörte. Ausserdem konnte er sich dort unter den Fittichen seiner Korrespondenzpartner aufhalten und war nicht völlig auf sich

30 Vgl. Woodward an Scheuchzer, 26. 3. 1708, ZBZ, Ms H 294, S. 187.

31 Scheuchzer nannte sich und seinen damals fünfjährigen Sohn als Beobachter einer Sonnenfinsternis, die 1707 in Zürich sichtbar war und über die der Vater einen Beitrag in den *Philosophical Transactions* publizierte. Vgl. Steiger (1933), Nr. 33/2.

gestellt. Schliesslich sagte Woodward am 28. Februar 1720 zu, Scheuchzers Sohn mit Schreibarbeiten und Zeichnungen zu beschäftigen, wollte ihn aber nicht in seinem Haus aufnehmen.[32] Ein halbes Jahr später teilte Scheuchzer ihm mit, dass er seinen Sohn nun zu ihm schicken werde,[33] doch zögerte sich die Ankunft des jungen Mannes fast ein weiteres Jahr hinaus, sodass er erst im Sommer 1722 in der Stadt an der Themse ankam. Woodward ärgerte sich darüber, dass jener genau einen Tag, bevor er zu einer Kur nach Bath aufbrach, eintraf, weshalb er vorübergehend beim Botaniker William Sherard (1659–1728) unterkommen musste.[34] Nach seiner Rückkehr von der englischen Südküste informierte Woodward seinen Zürcher Kollegen über gewisse Randbedingungen für den Aufenthalt seines Sohnes: «Now, at my Return, I shall serve & assist Him all I can: &, if he pleases to be in my House, he shall be wellcome. I shall live at the other End of Town this Winter, but shall not remove my Library or other things from this Place, whither I think to return in ye Spring. He must not expect any subsidyes from ye Universityes, or the Royal Society, they never do any such Thing. Nor will any Man of Fortune or Quality here trust His son to ye Tuition of a Foreigner. As to Dr. Sloane, and Dr. Sherard, I do Him all ye good offices I can with them: and will be forward in every Thing that I think for his Good.»[35]

Im Sommer 1723 überwarf sich der junge Scheuchzer mit Woodward und fand bei Hans Sloane eine neue Bleibe, wo er sich nicht zuletzt um die 42 000 Bände zählende Privatbibliothek kümmerte. Sein englischer Mentor sorgte dafür, dass er eine solide medizinische Ausbildung erhielt und 1728 von der Universität Cambridge mit der medizinischen Doktorwürde ausgezeichnet wurde. Im gleichen Jahr erfolgte seine Aufnahme in die Royal Society, der er zusammen mit dem Darmstädter Johann Jakob Dillen (1687–1747) als Assistant Secretary for Foreign Correspondence diente. Sein Hauptwerk stellt die englische Übersetzung des deutschen Manuskripts von Engelbert Kaempfers (1651–1716) bedeutender japanologischer Arbeit mit dem Titel *Heutiges Japan* dar, das Sloane für 250 Pfund von den Erben erworben hatte. Eigentlich war der deutsche Jurist und Sekretär für ausländische Korrespondenz der Royal Society, Philip Henry Zollman († 1748),[36] dafür vorgesehen, doch konnte dieser die Aufgabe aufgrund anderer Verpflichtungen nicht wahrnehmen.[37] 1727/28

32 ZBZ, Ms H 293, S. 21–23. Man beachte, dass Scheuchzer zuvor Woodwards Buch *The State of physick and diseases* (1718) ins Lateinische übersetzt hatte. Vgl. Steiger (1933), Nr. 75.

33 ZBZ, Ms H 150c, S. 301.

34 ZBZ, Ms H 293, S. 39–42.

35 Ebd., S. 37.

36 Massarella (1992).

37 Delbourgo (2017), S. 226 f.

Abb. 28: Porträt von Anna Waser aus Scheuchzers Stammbuch, ZBZ, Handschriftenabteilung, Ms Z II 649, fol. 137 r

erschienen schliesslich die beiden Bände in London, wobei die Stadtbibliothek Zürich ein aufwendig gebundenes Exemplar als Geschenk erhielt (Abb. 29).[38] Der junge Scheuchzer arbeitete für die Übersetzung nicht nur die umfangreiche Japanliteratur in Sloanes Bibliothek durch, sondern verfasste für dieses Werk die erste Biografie über Kaempfer und veröffentlichte Karten von Japan, die bei verschiedenen Gelehrten wie etwa Louis Bourguet auf Interesse stiessen.[39] Schliesslich hatte dieses Werk «einen prägenden Einfluss auf das europäische Japanbild des 18. Jahrhunderts. Die Enzyklopädisten der Aufklärung schöpften aus ihm, ebenso die Dichter. Den Japanreisenden diente es zur Vorbereitung und die Forscher orientierten sich an ihm bei der Wahl ihrer Themen und der Darstellungsweise.»[40] Leider verstarb der junge Scheuchzer bereits am 24. April 1729. Sein Leichnam wurde auf dem Friedhof von Chelsea beigesetzt.[41]

38 Die beiden Bände befinden sich heute im Besitz der ZBZ und tragen die Signaturen Q 1 und Q 2. Vgl. Wieser (1989).

39 Bourguet an Scheuchzer, 2. 3. 1728, ZBZ, Ms H 336, S. 363–370.

40 Michel (2010), S. 102.

41 Bulinsky (2020), S. 63–66.

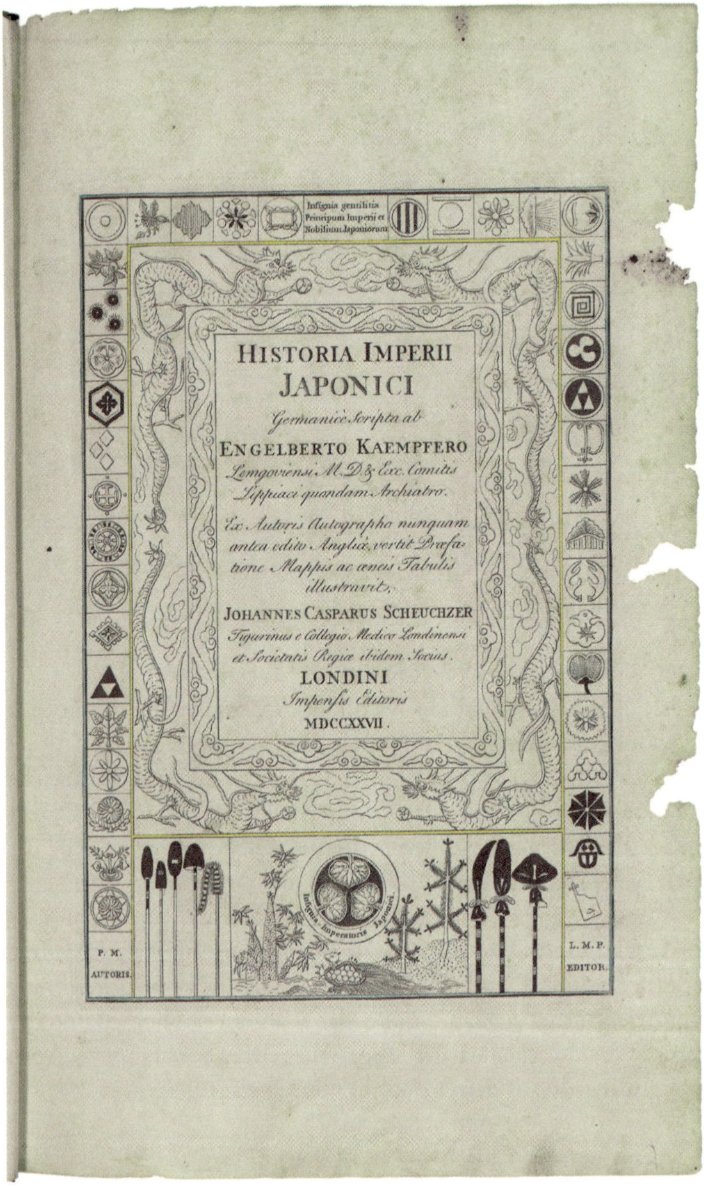

Abb. 29: Titelblatt von Johann Caspar Scheuchzers Übersetzung von Engelbert Kaempfers *History of Japan*, Bd. 1, London 1728, ZBZ, Abteilung Alte Drucke und Rara, Q 1.

13
Schweizer Karte

Scheuchzer trug sich bereits 1695 mit dem Gedanken, eine neue und bessere Schweizer Karte zu schaffen als die bis dahin vorhandenen. Dieser Plan dürfte auf seine Zeit in Altdorf und Nürnberg zurückgehen, handelte es sich doch um zwei Hochburgen der Astronomie und Kartografie.[1] Als Einzelkämpfer hatte er nicht die Möglichkeit, die neuen kartografischen Ansätze der[2] Franzosen zu verfolgen, die bereits damit beschäftigt waren, ein landesweites Triangulationsnetz aufzubauen und ihre Karten auf astronomisch-geodätischer Basis zu erstellen. Scheuchzer stützte sich auf verschiedene Vorarbeiten, vornehmlich diejenigen Hans Conrad Gygers (1599–1674), und sammelte alle möglichen Unterlagen. So erkundigte er sich am 13. Juni 1701 bei Theodor III Zwinger: «Wenn in Basel geometrisch ausgearbeitete Schweizer Karten vorhanden sind, die meinem Zwecke dienen können, bitte ich Sie, mir dies mitzuteilen.»[3] Wenige Jahre später sandte ihm Johann Heinrich Tschudi (1670–1729), Pfarrer in Schwanden, eine Manuskriptkarte des Glarner Landes, die Scheuchzer im dritten Band seiner *Beschreibung der Natur-Geschichten des Schweizerlands* publizierte. Es handelte sich dabei um die erste gedruckte Karte dieser Region.[4] Scheuchzer arbeitete und feilte über Jahre daran. Jean-Paul Bignon (1662–1743) etwa teilte ihm am 31. Dezember 1708 aus Paris mit, dass, was die geplante Schweizer Karte angehe, er es besser fände, wenn er sie als Kupferstich drucken und sachliche Kommentare nicht marginal anbringen, sondern gesondert publizieren würde.[5] Am 15. August 1709 wiederum antwortete er nach Zürich, dass er von der Karte des Wallis, die Scheuchzer erwähnt habe, keine Kenntnis habe, dass er ihm aber zwei Exemplare zukommen lassen werde, wenn er etwas darüber in Erfahrung bringen sollte.[6]

Anfang 1709 teilte Scheuchzer Gisbert Cuper in Deventer mit, dass er fast täglich auf dem Gebiet der Naturgeschichte der Schweiz arbeite und an einer Karte sitze, die auf eigenen Beobachtungen beruhe, die er auf seinen Schweizer Touren gemacht habe. Er tue das alles auf eigene Kosten, hoffe aber, damit auch

1 Dürst (1971), S. 20.
2 Schmid (2012), S. 58.
3 Portmann (1964), S. 220.
4 Schmid (2012), S. 60.
5 ZBZ, Ms H 309, S. 357 f.
6 Ebd., S. 387.

etwas Geld zu verdienen. Es gebe in Zürich nur wenige gebildete Leute. Er habe lange auf eine Professorenstelle mit gutem Salär gehofft, aber bis jetzt sei nichts daraus geworden. Vielleicht gelinge ihm dieser Sprung aufgrund seiner Publikationen doch noch.[7] Letzteres war vermutlich der Grund für die zahlreichen dünnen und inhaltlich nicht selten redundanten Veröffentlichungen. Bereits Valkenier wies ihn darauf hin, dass gewisse seiner Abhandlungen eher Prolegomena glichen als eigenständigen Arbeiten.[8] Offenbar war es das Ziel des jungen Scheuchzer, wie auch das mancher Nachwuchskräfte heute, durch viele Publikationen von der gelehrten Welt in verschiedenen Ländern Europas wahrgenommen zu werden.

Scheuchzer hatte auf seinen Alpenreisen nicht nur barometrische Höhenmessungen vorgenommen, sondern auch verschiedene Karten gezeichnet, so etwa des Gotthardgebiets (Massstab 1:120000),[9] des Aaretals zwischen Bern und Brugg, des Sarner und Lungernsees, des Laufs der Broye, der Rhone, der Limmat und der Thur. Letztere stellte die Grundlage für seine Karte der Landschaft Toggenburg (Massstab 1:100000) dar, die von Johann Heinrich Huber 1710 radiert wurde,[10] der zusammen mit Emanuel Schalch dann auch Scheuchzers Karte der Eidgenossenschaft mit dem Titel *Nova Helvetiae tabula geographica* besorgte.[11]

Scheuchzers Karte scheint Anfang 1710 ihr Endstadium erreicht zu haben, jedenfalls teilte er Bernoulli am 19. Juli nach Basel mit, dass er das Werk dem Kupferstecher übergeben habe. Sie bestehe aus vier Teilen, verfüge am Rand über ausgewählte Bilder zur Naturgeschichte der Eidgenossenschaft[12] und sei eine Synthese seiner kartografischen Recherchen, die er über sechzehn Jahre hinweg durchgeführt habe.[13] Die Vorzeichnung misst 154,5 × 111,5 cm (Massstab 1:230000) und war damit die grösste bis dahin bekannte gedruckte

7 Schelhorn (1738), S. 863–865.

8 Valkenier an Scheuchzer, 2. 12. 1701, ZBZ, Ms H 306, S. 11 f.

9 Es handelt sich dabei um eine hydrologische Manuskriptkarte des Gotthardgebiets mit einem barometrisch vermessenen Höhenprofil. Das Original befindet sich in der Abteilung Karten und Panoramen der ZBZ, MK 379. Vgl. Schmid (2012), S. 62.

10 Dürst (1971), S. 20; Bulinsky (2020), S. 107.

11 Dürst (1971), S. 26 f.

12 Diese von Johann Melchior Füssli (1677–1736) gezeichneten Randbilder zeigen folgende Motive: Glarner Zigermühle, Molkereigeräte, Teufelsbrücke in der Schöllenenschlucht, Calandarisee auf der Alp Anarosa (Schams), Torfstechen bei Rüschlikon, Rheinfall, Kristalle und Fossilien, den alten Gemmiweg von der Walliser Seite, Regenbogen am Wasserfall, Rhonegletscher, Herstellung von Lavezsteingefässen, Drachenstein von Luzern, Mondregenbogen am Vierwaldstätter See, niedergehende Lawine, Sturzbach, Kugelblitz im Gebirge und das Steilerhorn in Schams. Vgl. dazu Dürst (1971), S. 38–63.

13 https://ub-mediawiki.ub.unibas.ch/bernoulli/index.php/1710-07-19_Scheuchzer_Johann_Jakob-Bernoulli_Johann_I.

Schweizer Karte.[14] Eine weitere Besonderheit stellt die Verzeichnung von 4243 Ortsnamen dar, mehr als doppelt so viele, wie die bislang berühmteste helvetische Karte von Hans Conrad Gyger aufwies (1657).[15] Wenige Monate später, am 8. November, liess Scheuchzer seinen Basler Kollegen Bernoulli wissen, dass das Werk frühestens Ende Jahr erscheinen werde.[16] Im Frühling 1712 kursierten erste Vorabdrucke, weshalb Valkenier am 1. April schrieb: «A la fin le Marquis de Rochegude estant arrivé icy m'a rendu votre lettre du 9. Fevr. avec les Eschantillons de votre Carte de la Suisse.»[17]

Im Frühling 1713 lagen die ersten Exemplare der Schweizer Karte gedruckt vor, die im Lauf der kommenden ein bis zwei Jahre verschiedene von Scheuchzers Korrespondenzpartnern erreichten und grundsätzlich auf positives Echo stiessen (Abb. 30). Im September 1713 bedankte sich Cuper in Deventer dafür,[18] im März 1714 Vallisneri in Padua,[19] im April 1714 Baier in Altdorf, der gleichzeitig zwei bis drei Exemplare für einen Freund bestellte,[20] und im November 1715 Woodward in London.[21] Auch in seiner Heimatstadt erntete Scheuchzer Lob und Anerkennung. Er liess jedem der 200 Ratsmitglieder eine Karte zukommen, wofür er 500 Gulden erhielt, was aber lediglich den Verkaufswert abdeckte, denn das kolorierte Exemplar wurde für 2,5 Gulden, das unkolorierte für 2,25 Gulden veräussert.[22] Eine finanzielle Belohnung sollte noch folgen, liess aber bis März 1714 auf sich warten.[23] Einzig in Basel zeigte man sich nicht besonders glücklich über Scheuchzers Elaborat. Auf Anweisung von Theodor III Zwinger sandte Scheuchzer nicht dem gesamten Rat, bestehend aus 284 Mitgliedern, ein Exemplar, sondern nur einer ausgewählten Gruppe: «Was ihre chorographische Karte der Schweiz anbetrifft, glaube ich

14 Dürst (1971), S. 26.
15 Ebd., S. 64.
16 https://ub-mediawiki.ub.unibas.ch/bernoulli/index.php/1710-11-08_Scheuchzer_Johann_Jakob-Bernoulli_Johann_I.
17 ZBZ, Ms H 306, S. 250. Valkenier hatte Scheuchzer im vergangenen Herbst noch eine Karte Graubündens zukommen lassen, die in Holland gedruckt worden war. Vgl. ZBZ, Ms H 306, S. 241.
18 Schelhorn (1738), S. 1024.
19 Vallisneri (2006), S. 34.
20 Baier (1760), S. 102.
21 ZBZ, Ms H 294, S. 261–264.
22 Bourguet setzte sich dafür ein, dass Scheuchzers Schweizer Karte auch in Venedig verkauft wurde. Unter Berücksichtigung der Transportkosten verkaufte er sie für 16 Lire, was etwa 2,5 Gulden entsprach, aber in der Lagunenstadt wurde der Preis als zu hoch empfunden. Vgl. Bourguet an Scheuchzer, 24. 3. 1714, ZBZ, Ms H 336, S. 149. Vgl. auch die Preise für andere Karten, die von Coronelli in Venedig angeboten wurden (Verkaufsprospekte von Coronelli, in: ZBZ, Ms H 313, S. 17–92).
23 Dürst (1971), S. 31–37. Die Belohnung bestand in der erwähnten Gehaltsaufbesserung, um zu verhindern, dass er nach Russland abwanderte.

Abb. 30: Die von Scheuchzer um 1710 gezeichnete Schweizer Karte (etwa 1:220 000), 110 × 152 cm, ZBZ, Abteilung für Karten und Panoramen, MK 800.

nicht, dass es für Sie vorteilhaft ist, wenn Sie so viele Exemplare senden, als in Basel der Grosse Rat Mitglieder zählt, da mehr als zwei Drittel von ihnen nur Handwerker sind, die sehr wenig von dieser Sache verstehen, und die auch in ihren Häusern oder Häuschen keinen Platz haben, die Karte aufzuhängen.»[24] Schliesslich wurden 61 Exemplare nach Basel geschickt, wovon Zwinger eines für sich behändigte. Für die 60 Stück liess der Rat Scheuchzer 70 Taler zukommen. Zwinger bat ihn bei dieser Gelegenheit, 18 weitere den Professoren der Universität zukommen zu lassen, sie würden die Sendung mit 24 Talern entschädigen.[25] Beide Zahlungen deckten etwa den üblichen Verkaufspreis für die Karten. Drei Wochen später, nachdem Zwinger genügend Zeit gehabt hatte, das Blatt zu studieren, schrieb er seinem Zürcher Kollegen folgende

24 Portmann (1964), S. 264.
25 Ebd., S. 271.

vernichtenden Zeilen: «Inzwischen ist ihre Karte bei uns überprüft und, was das Basler Gebiet betrifft, als so fehlerhaft erfunden worden, dass es mich ausserordentlich wunder nimmt, woher sie die Darstellung unseres Gebietes genommen haben; wir haben nämlich einige allgemeine und auch spezielle Karten angeschaut, aber nirgends haben wir so viele Fehler gefunden wie in ihrer Karte. Die meisten Gemeinden finden sich in verkehrter Reihenfolge und Lage, jedoch sind sie so eingezeichnet, dass die einzelnen Fehler, wenn sie es wünschen, unschwer vom Graveur verbessert werden können. Wenn sie wollen, wird ihnen Herr Paravicini die Kopie einer Skizze unseres Gebietes verschaffen, worin alle Gemeinden und Dörfer unseres Gebietes eingezeichnet sind. An Hand dieser Kopie kann dann ihre Karte verbessert werden. Herr Dr. Staehelin sagt, er habe ihnen jene Skizze unseres Gebietes angetragen, mit deren Hilfe sie diese ohne Fehler hätten darstellen können, jedoch sei diese Skizze nicht von ihnen verlangt worden. Ich will gewiss nicht hoffen, dass sich auch in anderen Gebieten der schweizerischen Kantone so grosse Fehler finden. Ich hoffe auch nicht, dass es wahr sei, dass sie ein ganzes Tal des Berner Gebiets vollkommen ausgelassen haben, wie mir gestern gesagt wurde.»[26]

Trotz dieser offenbar berechtigten Kritik verkaufte sich die Schweizer Karte gut, vermutlich nicht zuletzt deshalb, weil eine Alternative fehlte und seit Jahrzehnten nichts Brauchbares erhältlich war. Bereits 1715, 1720 und 1730 erschienen Nachdrucke in Amsterdam. 1765 schliesslich erlebte die Karte eine Neuauflage in Zürich, die von Hauptmann Johannes Hofmeister (1721–1800) besorgt wurde. Er war von Beruf Buchbinder und unterhielt an der Rosengasse in Zürich eine Leihbuchhandlung. Das Frontispiz der beiden 1776 und 1777 gedruckten Kataloge, in denen sich die bei ihm ausleihbaren Bücher verzeichnet finden, gewährt einen Blick in seine öffentliche Bibliothek. In der Bildmitte konsultiert jemand ein Werk mit dem Titel *Scheuchzeri Helvetia*, wobei das Format des Werks darauf schliessen lässt, dass damit auf die von ihm neu aufgelegte Scheuchzer-Karte hingewiesen werden soll (Abb. 31). Diese wichtigste kartografische Leistung des Zürcher Universalgelehrten wurde erst Jahrzehnte später durch den *Atlas suisse* (1796–1802) von Johann Rudolf Meyer, Johann Heinrich Weiss und Joachim Eugen Müller abgelöst.

26 Ebd., S. 272.

Abb. 31: Titelblatt des Katalogs der *Hofmeisterischen Lees Bibliothec an der Rosengasse*, Zürich 1776, mit der Andeutung von Scheuchzers Neuauflage der Schweizer Karte, ZBZ, Abteilung Alte Drucke und Rara, DA 820.

14
Die *Natur-Histori des Schweitzerlands*

In den Jahren 1716–1718 erschienen drei Bände, die alle über den Untertitel *Natur-Histori des Schweitzerlands* beziehungsweise *Natur-Geschichte des Schweitzerlands* verfügen. Nach Scheuchzer bilden sie die Fortsetzung der erwähnten *Beschreibung der Natur-Geschichten des Schweitzerlands*: «Ich habe bereits / unter Gottes gnädiger Hilff / einiche Müsterlein hiervon gegeben A[nno] 1706, 1707 und 1708 in denen Natur-Geschichten des Schweitzerlands / worinnen sich allerhand zerstreute Observationes finden / welche weilen sie von der gelehrten Welt gönstig aufgenommen worden / habe mich entschlossen / nunmehr das mehrere / und zwahren in gewisser Ordnung / zur Ehr meines Vatterlands / und so wol zur Lust als zur Erbauung der Liebhaberen zuschreiben / doch also / daß dasjenige / was in oben bemeldten Naturgeschichten sich findet / nicht widerholen / sondern den gönstigen Leser dahin weisen werde; und überal dahin bedacht sein / wie wir die natürlichen Gaben / so Gott unseren Landen verliehen / nicht nur ansehen / und kennen / sondern auch nuzlich gebrauchen könnten / zu unterhaltung unsers Lebens / zu widerbringung der Gesundheit / zu allehand Künsten und Professionen.»[1] Es handelt sich hiermit um eine Weiterführung von Abhandlungen mit naturwissenschaftlichen Beobachtungen zur Schweiz und damit nicht um die Bände 1–3 eines neuen Werks, sondern eigentlich um die Bände 4–6 eines vor Jahren begonnenen Kompendiums zur helvetischen Naturgeschichte. Aus diesem Grund steht auf dem Titelblatt von Band 3 der *Natur-Histori des Schweitzerlands* die Bemerkung: «Ist der Dritte oder eigentlich der Sechste Theil der Natur-Geschichten des Schweizerlands.» Das Gesamtwerk war von Scheuchzer auf acht Bände angelegt:[2]

Bd. 1: Beschreibung der Natur-Geschichten des Schweitzerlands, Teil 1, Zürich 1706

1 Scheuchzer (1716), S. 3.

2 Vgl. die gedruckte Bemerkung auf der Rückseite des Inhaltsverzeichnisses von Scheuchzer (1716). Scheuchzers handschriftliche Materialsammlung zur Naturgeschichte der Schweiz umfasste 30 Bände. Vgl. Steiger (1933), S. 31–33, Nr. 83–102. Ich bezweifle, dass er ein Werk von 30 Bänden im Auge hatte, wie das von Dürst (1978), S. 23 f., dargestellt wird. Auch davon, dass ein gedruckter Band über den schweizerischen Menschen geplant war, wie Fischer (1973), S. 79, behauptet, ist mir nichts bekannt.

Bd. 2: Beschreibung der Natur-Geschichten des Schweitzerlands, Teil 2, Zürich 1707

Bd. 3: Beschreibung der Natur-Geschichten des Schweitzerlands, Teil 3, Zürich 1708

Bd. 4: Natur-Histori des Schweitzerlands (= Helvetiae stoicheiographia, orographia et oreographia oder Beschreibung der Elementen, Grenzen und Bergen des Schweitzerlands), Teil 1, Zürich 1716

Bd. 5: Natur-Histori des Schweitzerlands (= Hydrographia helvetica. Beschreibung der Seen, Flüssen, Brünnen, Warmen und Kalten Bäderen und anderen Mineral-Wasseren des Schweitzerlands), Teil 2, Zürich 1717

Bd. 6: Natur-Histori des Schweitzerlands (= Beschreibung der Lufft-Geschichten, Steinen, Metallen, und anderen Mineralien des Schweitzerlands, absonderlich auch der Uberbleibselen der Sündfluth), Teil 3, Zürich 1718

Bd. 7: Von den Gewächsen des Schweitzerlands, und deroselben vielfaltigem Gebrauch (wurde nie publiziert)[3]

Bd. 8: Von denen Thieren des Schweitzerlands (wurde nie publiziert)[4]

In der Vorrede zur *Helvetiae stoicheiographia* (= Bd. 4) betont er die empirische Grundlage seiner Arbeiten und die physikotheologische Ausrichtung seiner Studien: «Es ist die Untersuchung der Eigenschafften und Kräfften der Natur zu allen Zeiten gewesen eine der angenehmsten und nuzlichsten Bemühungen. Wie viel aber hierzu erforderet werde / wie viel Sorge / Fleiß / Unkösten / Hirn- und Leibesarbeit / insonderheit heut zu Tag / da diese Wissenschafft aufs höchste gestiegen / wissen dieienige am besten / welche mit Nuzen daran arbeiten. Ich sage mit Nuzen / und schliesse damit aus eine grosse Anzahl derjenigen Scribenten / welche auf dem Fuß der alten Schulweißheit die Natur nicht in der Natur / sondern in ihrem Gehirn suchen / und ganze Bücher anfüllen mit kahlen Worten / mit lähren Schalen / in welchen kein Kern / oder nur ein wurmstichiger Kern / oder nur nicht ein armes Würmlein sich findet / deßwegen von ihrer Arbeit wenig Ehr tragen. Wer in disem Studio etwas fruchtbarliches will außrichten / der muß nicht immer hinter dem Ofen sizen / und phantastische Grillen außbruten / sondern die Natur selbs einsehen / Berge und Thäler durchlauffen / alles aller Ohrten genau in acht nehmen / das / was er observirt / mit denen Mathematischen Gründsäzen vergleichen / weilen ja

3 Die zehnbändige handschriftliche Materialsammlung dazu mit dem Titel *Historia plantarum in Helvetia sponte nascentium* ist verschollen. Vgl. Steiger (1933), S. 32, Nr. 96 f. An botanischen Arbeiten vorhanden sind noch die *Historia plantarum Helveticarum* (Steiger [1933], S. 35, Nr. 108 = ZBZ, Ms Z VIII 22: a–e, g) sowie die *Icones stirpium imprimis rariorum Helvetiae* (Steiger [1933], S. 34, Nr. 110 = ZBZ, Ms Z VIII 2 & a).

4 Von den vier handschriftlichen Bänden zur Zoologie sind diejenigen über die Vögel, Fische und Insekten noch vorhanden, ZBZ, Ms Z VIII 602–604. Vgl. Steiger (1933), S. 32 f., Nr. 98–101.

die heutige Naturwissenschaft anders nichts ist / als eine Mathesis ad corpora naturalia, horumque vires applicata, eine auf die kräfte der Natur gerichtete Mathematic; weiters gute Bücher / nicht alte verlegene Plackereyen / schimlichte Stempeneyen wissen und lesen; alles genau abwägen / das gewisse von dem ungewissen / das falsche von dem wahrhaften unterscheiden; nicht von seinem eingebildeten Systemate, sondern von der Natur anfangen: insonderheit aber seine Gedanken und Arbeit dahin richten / das nicht so fast das Hirn mit allerhand eitelen Speculationen angefüllet / sondern Gott der ganzen Welt Urheber erkennet / geehret / und dessen unendtliche Eigenschafften / seine Allmacht / Weißheit und Güte verherrlichet werden. Also befleisse ich mich ins besonder dahin / wie nach 24 Jähriger Untersuchung der Naturwunderen / welche sich in dem Schweitzerland finden / meine Arbeit nicht nur Liecht geben könne denen / welche die Kräfte der Natur verstehen wollen / sondern anbey seye eine Theologia Naturalis, eine Einleitung zur Erkantnus Gottes auß der Natur.»[5]

Auf den ersten hundert Seiten behandelt Scheuchzer die geografische Lage, die klimatischen Randbedingungen und die Fruchtbarkeit der Schweiz und zeichnet ein idyllisches Bild des lange als rau und unzugänglich beschriebenen Alpenlandes. Seine Darstellung erinnert immer wieder an die prästabilierte Harmonie von Leibniz,[6] dass die Menschen nämlich in einer optimal geschaffenen Welt leben: «Wie für Leibniz so war auch für ihn [Scheuchzer] die Welt die beste aller möglichen Welten. Wäre die Erde aus weicherem Material, dann würde alles im Morast versinken. Wäre die Erde dagegen aus massivem Gold oder glänzenden Edelsteinen, so könnten weder Pflanzen noch Tiere und Menschen auf ihr leben. Stünde die Erdachse senkrecht zur Sonne, würde eine gleichförmige Wärme herrschen, und die Erde wäre unbewohnbar.»[7]

Es sei an dieser Stelle exemplarisch auf Scheuchzers Ausführungen über die Temperaturverhältnisse in der Schweiz hingewiesen. Obschon einige sich ein milderes Klima wünschten, mahnt er vor den Folgen, die damit verbunden wären: «Es bilden sich zwahr viel mit ihrer blöden Vernunft ein / es were besser / wir hetten einen mehreren Grad der Wärme / einen längeren Sommer / einen kürzeren Winter / weniger Eis und Schnee auf hohen Gebirgen; wann wir aber die Sach genau einsehen / so zeiget sichs klärlich / wie überal in dem ganzen grossen Weltgebäue / also auch hier / *das alles / was Gott gemachet hat / sehr gut.* Gen. I. 31. Lasset euch sein / zugefallen jener

5 Scheuchzer (1716), S. 1 f.

6 Scheuchzer studierte und exzerpierte die *Essais de théodicée sur la bonté de Dieu, la liberté de l'homme et l'origine du mal* (Amsterdam 1710) von Leibniz. Vgl. Steiger (1933), S. 39, Nr. 148.

7 Kempe (1997), S. 291.

unbesinnten Wünscheren / das unsere Schweitzerische Lande mehr Wärme hätten / als sie wirklich geniessen / was würde hieraus folgen? Namlich bey jetziger Beschaffenheit und Situation der Erden. Wahr ists / das jene berggrosse Eis- und Schneehäuffen wurden schmilzen; hierdurch / werden die Besitzer der hohen Alpen sagen / werden die Bergweyden erweiteret / und die Erde / welche jezt mit beständigem Schnee bedecket unfruchtbar lieget / verwandelt werden in grunende / graßreiche Gärten oder Wiesen / und werden wir eine grössere Anzahl Viehs können ernehren. Halt aber ein wenig inn / unvernügter Bergbaur. Von jenen hohen Eis- und Schneegebirgen kommet / wie an seinem Ohrt in mehrerem sol gezeiget werden / die Fruchtbarkeit der Alpen / und tieffer ligenden Thäleren / grosse Flüsse / eine unzehliche Menge Bäche / und Brünnen. Wann jene sollten zerschmilzen / so werden diese überlauffen / und mit solcher Gewalt ab denen Gebirgen sich hinunter stürzen / daß die untenliegende Thäler / und flache Länder darvon überschwemmet / mit Steinen und sandichten Schleim überführet / und die schönsten Matten und Äcker zugrund gerichtet werden / wie wir diß erfahren / und beklagen / wann etwan die Wasser durch anhaltende Hitz / oder starke Platzregen über die massen anlauffen / und etwan ganze Dörffer in Gefahr eines gänzlichen Untergangs gerahten: die Flüsse wurden überall ihre Gränzen überschreiten / und nicht nur uns Schweitzeren / sondern auch tiefferliegenden Franzosen / Teutschen und Italiänern einen entsetzlichen Schaden zufügen. Gesetzt / es wurden endtlich diese Wasser gemächlich / und ohne ungestümme fortfliessen / so wurde gleichwol das Meer mehr Wasser empfangen / als nun geschihet / und mehr / als es in ansehung seiner Weite wiederum von sich giebet. Hierdurch wurden die niedrigsten an das Meer gränzende Länder überschwemmet / und ganze Nationen aus ihren kostlichsten Landen vertrieben. Ich schreite noch weiter. Wann einmahl unsere hohe Alpfirsten vom Schnee entblösset / so werden die Flüsse / und Bäche / und Brunnen vertroknen / die dürstenden Gewächse und Thier ihrer Nahrung und Wassers beraubet / und unsers fruchtbare glükliche Schweitzerland in kurzer Zeit verwandelt werden in ein wüstes / sandichtes Arabien / und müßten auch wir Hof schleissen [das Feld räumen].»[8] Auch das Gegenteil, ein kälteres Klima, wäre der Schweiz nicht zuträglich: «Hetten hergegen unsere Schweitzerischen Lande einen geringeren Grad der Wärme / als sie haben / welches zwahr keiner von ienen Momis wünschete / so wurden jene Schneegebirge und Gletscher ihre Gränzen weiters ausbreiten / und um so weniger nicht nur des Winters / sondern auch im Sommer / schmilzen /

8 Scheuchzer (1716), S. 34 f. Scheuchzers Ausführungen beruhen auf einem Vortrag, den er Anfang 1708 der Royal Society zukommen liess und der anlässlich einer ihrer Versammlungen vorgelesen wurde. Das unpublizierte Manuskript befindet sich im Archiv der Royal Society und wurde unlängst von Barton und Miglietti (2015) herausgegeben.

hiemit auch die Flüsse / Bäche / und Brünnen abnehmen / die See und Flüsse weit in den Sommer hinaus von Eis starren / die Löchlein der Erden blieben verschlossen / die Dünste und Dämpfe / so zur zeugung der Wolken dienen / wurden hinterhalten / und innert denen Eingeweiden der Erde Erdbidem / und andere dergleichen Händel erwecken:[9] die Gewächse / insonderheit die Berg-Pflanzen / könten nicht gereichen zu ihrer Zeitigung / die Menschen und Thier müßten also ihrer Nahrung entraubet werden. Dieses alles sol uns billich veranlasen zu dem Lob des grossen / allgewaltigen / und gütigsten Schöpfers / der alles in gewisser Maß / Zahl / und Gewicht so ordentlich ausgetheilet hat / das auch der ungereimteste Tadelgern nichts censiren kan.»[10]

Die folgenden etwa hundert Seiten widmete Scheuchzer – modern gesprochen – der Geologie der Schweiz und publizierte eine berühmte Abbildung der stark gefalteten Felsschichten entlang des Urner Sees, die sein Bruder Johannes 1710 angefertigt hatte (Abb. 32).[11] Der Zürcher Polyhistor interpretiert die imposante Stratigrafie auf dem Hintergrund des woodwardschen Sintflutmodells: «Aus obigem ist bekannt / daß die Lager der oberen Erde gegen dem end der Sündfluth durch das Göttliche Fiat erhoben worden / und ist wiederum deme / der die Natur einsihet / klar / das diese erhebten Lager hier und da wiederum eingesunken / einiche zwahr in tieffe Hölen / andere aber haben sich nicht so tieff gesenket.»[12] Danach berichtet Scheuchzer über verschiedene Bergstürze, besonders über die fast völlige Verschüttung des Ortes Plurs bei Chiavenna am 25. August 1618. Den ersten Band beschliesst er mit verschiedenen historischen und aktuellen Berichten über die Alpen von Conrad Gessner, Johannes Rhellikan, Theodor Zwicky, Rudolf von Rosenroll, Johannes Leonhardi und anderen.

Im zweiten beziehungsweise fünften Band mit dem Titel *Hydrographia helvetica* beschreibt Scheuchzer die Gewässer der Schweiz. Den breitesten Raum nimmt ein 90 Seiten umfassendes Verzeichnis der Seen, Flüsse und Bäche der Eidgenossenschaft in alphabetischer Reihenfolge ein sowie eine mehr als 300 Seiten zählende Beschreibung der Mineral- und Heilbäder, die

9 Vgl. zur Entstehung von Erdbeben Scheuchzer (1706), S. 117: «Wer die Beschaffenheit / und verschiedene gestaltsame der Landen in betrachtung zeuhet / der wird leicht sehen / das alle Bergichte Ohrte vor anderen auß denen Erdbeben unterworffen; weilen in ihren hölenen und krusten sich aufhalten und samlen können allerhand schwefelichte / Salpetrische / und andere entzündliche Dünste / welche / so sie in eine Flamm gerahten / nothwendig die Wände / und felsichten Decken / solcher natürlichen / von dem Schöpfer der Natur selbs angelegten Minen / wo nicht aufheben / doch in eine zitterende bewegung bringen.»

10 Scheuchzer (1716), S. 36. Vgl. das apokryphe *Buch der Weisheit* 11, 21: «Du [Gott] aber hast alles nach Mass, Zahl und Gewicht geordnet.»

11 Schmid (2012), S. 65; vgl. auch Koch (1952).

12 Scheuchzer (1716), S. 113.

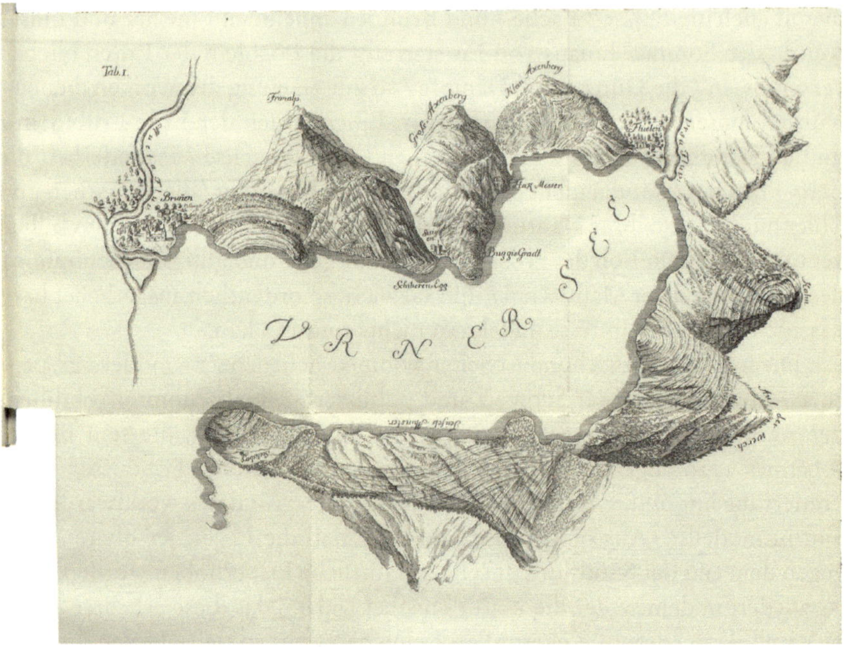

Abb. 32: Stark gefaltete Schichtpakete am Vierwaldstättersee, in: Scheuchzer (1716), Taf. 1, ZBZ, Abteilung alte Drucke und Rara, 6.50.

für Scheuchzer als Mediziner von besonderem Interesse waren. Verschiedene dieser Bäder in Leukerbad, Pfäfers oder St. Moritz hatte er selber besucht und die Wirkstoffe analysiert.[13] Im dritten beziehungsweise sechsten Band *Meteorologia et oryctographia helvetica* geht der Verfasser zunächst auf verschiedene Erscheinungen in der Atmosphäre ein wie Witterung oder optisch wahrnehmbare Phänomene (zum Beispiel Regenbogen) und bringt nachher auf etwa 200 Seiten ein Verzeichnis von Schweizer Mineralien und Fossilien.

Es ist bedauerlich, dass die Bände zur Schweizer Flora und Fauna nicht erschienen sind, waren doch Scheuchzer wie auch sein Bruder Johannes[14] hervorragende und versierte Botaniker. So gestand Woodward ihm gegenüber ein, dass es in England, aber auch in anderen Ländern nicht viele Gelehrte gebe, die etwas von Botanik verstünden, ausser Scheuchzer, Tournefort und Rivinus.[15] Auch für den Mediziner Vallisneri in Padua war Scheuchzer eine wichtige Adresse in botanischen Fragen. Er schickte ihm beispielsweise am

13 Fischer (1973), S. 117–122.

14 Vgl. Scheuchzer (Agrostographia, 1708) sowie Pignotti et al. (2015).

15 Woodward an Scheuchzer, 9. 1. 1706, ZBZ, Ms H 294, S. 157–160.

26. Januar 1709 Zeichnungen von fossilen Pflanzen vom Monte Bolca, die er als «botanologus celeberrimus» sicher bestimmen könne.[16]

Bereits während seiner Studienzeit wandte Scheuchzer viel Zeit für das Botanisieren auf, zumal Kenntnisse der Gewächse, insbesondere der Medizinalpflanzen, für einen Arzt unabdingbare Voraussetzung darstellten, um seinen Beruf ausüben zu können. Interessant ist in diesem Zusammenhang ein Schreiben an einen Schüler von ihm, in welchem er erklärt, wie man Pflanzen für ein Herbar pressen kann, ohne dass sie ihre natürlichen Farben verlieren: «Was das Kunststück anbetrifft, Pflanzen in ihrer natürlichen Farbe zu konservieren, so handelt es sich dabei mehr um ein zufälliges Gelingen. Die folgenden Angaben mögen Dir das Geheimnis offenbaren: Lege frisch geschnittene Orchideen (mit solchen, nicht mit andren Pflanzen habe ich das Experiment gemacht; ich zweifle nämlich, dass sich der gewünschte Erfolg mit andern saftigen Kräutern erzielen lässt) zwischen feuchtem Papier 1 oder 2 Tage in die Presse. So vorbereitet, nimm sie aus der Presse und lege sie aneinandergereiht in eine Schachtel oder in einen Schachteldeckel (wiederum auf feuchtes Papier), überstreue sie mit einer 1 oder 2 Finger dicken Schicht von feinem trockenem Sand und lasse das Ganze an einem Orte stehen, wo es der Sonne oder einem warmen Luftzug ausgesetzt ist. Wenn die Pflanzen getrocknet sind, wirst Du sie mit unversehrten Farben herausnehmen und nach gewohnter Weise dem Herbar einverleiben können – vorausgesetzt natürlich, dass Dir das Experiment ebensogut wie mir gelingt.»[17]

Auch seine Privatschüler führte Scheuchzer in die Botanik ein. Zu diesem Zweck orientierte er sich am System von Joseph Pitton de Tournefort (1656–1708), der die Pflanzen nach ihren Blumenkronen und Früchten einteilte. Am 11. März 1700 berichtete er in diesem Zusammenhang an Zwinger in Basel: «Diese Frühlingszeit lädt uns ein zum Studium der Botanik; ich unterrichte meine Schüler, Kollegen und auch mich selbst mit Gottes Hilfe in der neuen Methode Tourneforts, die auch viel genauer als die übrigen Methoden ist. Ich habe Tourneforts Werk aus dem lateinischen Exemplar, das wohl noch nicht gedruckt vorliegt, um unserer Pflanzenfreunde willen lateinisch wiedergegeben und auf kurzen Tafeln zusammengefasst.»[18]

In einem Brief an Woodward vom 4. Oktober 1717 geht Scheuchzer kurz auf den geplanten Band über die Schweizer Botanik ein und erwähnt, dass er das Material dazu über 24 Jahre hinweg auf verschiedenen Reisen zusammen-

16 Vallisneri (1991), S. 452.

17 ZBZ, Ms H 345, S. 218, zitiert nach Steiger (1927), S. 132.

18 Portmann (1964), S. 208. Vgl. auch den Brief an Zwinger vom 3. 5. 1705 in Portmann (1964), S. 253. Vgl. auch Scheuchzers *Pharmacia contracta* als mögliches Lehrmittel gemäss Büchi (1982).

getragen habe.[19] Sechs Jahre später, 1723, ermutigte ihn sein Basler Kollege Zwinger, das Werk abzuschliessen und zu publizieren,[20] doch war es acht Jahre danach immer noch nicht fertig, wie Scheuchzer am 31. September 1731 seinem Kollegen Baier mitteilte.[21] Zwölf Tage vorher publizierte er im Nürnberger *Commercium litterarium* einen Brief an den Stadtarzt Christoph Jakob Trew (1695–1767), in welchem Scheuchzer die gelehrte Welt zur Mitarbeit an der *Historia plantarum helveticarum*, gewissermassen einem Kompendium der Alpenpflanzen, einlud. Er erbat im Sinn des *Einladungsbriefs* von 1699 Informationen, Abbildungen oder getrocknete Pflanzen jeder Art, die das Werk vervollständigen halfen.[22] Wie schon sein Vorgänger und sein Vorbild Conrad Gessner starb auch Scheuchzer über seinem grossen Pflanzenwerk, von dem nur Vorstudien überliefert sind.

Im Scheuchzer-Nachlass in der ZBZ erhalten geblieben sind die handschriftlichen Bände 1–6 und 8 der *Historia plantarum helveticarum*.[23] Darin finden sich Notizen zu rund 2000 Pflanzen aus der Schweiz und unerwarteterweise Originalholzschnitte aus der *Historia stirpium* (1542) von Leonhart Fuchs. Die Gewächse sind alphabetisch nach Geschlechtern geordnet. Der Charakter dieser Bände entspricht dem, was Scheuchzer in seinem offenen Brief an Trew geschrieben hatte, nämlich dass das geplante Werk die Form eines Lexikons habe, in dem die Pflanzen alphabetisch nach *Genera* verzeichnet und mit den gängigen Synonymen versehen seien.[24] Darüber hinaus hat ein zweites «Scheuchzer»-Manuskript überlebt, und zwar ein unter seiner Anleitung vom Maler Hans Konrad Bernhauser angefertigtes, gemaltes Herbar[25] für das eschersche Naturalienkabinett im Gelben Seidenhof (Abb. 33).[26] Zu erwähnen sind zudem Relikte aus Scheuchzers Herbar, die in der Sammlung von Johannes Gessner aufgegangen sind und im Botanischen Garten der Universität Zürich aufbewahrt werden.[27]

Was den geplanten Band über die Schweizer Tierwelt angeht, so findet sich im Scheuchzer-Nachlass der ZBZ nur ein Torso von drei handschriftlichen

19 ZBZ, Ms H 150: c, S. 152.
20 Zwinger an Scheuchzer, 26. 6. 1723, in: Portmann (1964), S. 204.
21 Baier (1760), S. 108 f.
22 Scheuchzer (1731). Interessant ist auch die Bemerkung, dass er Holzschnitte aus der *Historia stirpium* (1542) des Tübinger Botanikers Leonhart Fuchs (1501–1566) besitze, die er rechtmässig erworben habe.
23 ZBZ, Ms Z VIII 22: a–e, g.
24 Scheuchzer (1731), S. 297.
25 ZBZ, Ms Z VIII: 2 & a.
26 Vgl. die handschriftliche Einleitung zu Ms Z VIII: 2. Gelber Seidenhof: heute Sihlstrasse 5 und 7 in Zürich.
27 Jäggi (1885), S. 381 f. Auch einige Gräser aus der Sammlung des Bruders Johannes Scheuchzer befinden sich dort.

Abb. 33: Gemaltes Herbar von Hans Konrad Bernhauser, das unter Mitarbeit Scheuchzers entstanden ist. Bergahorn, ZBZ, Handschriftenabteilung, Ms Z VIII 2, fol. 5 r.

Codices mit Materialien zu Vögeln, Vierfüssern, Insekten und Fischen der Schweiz, darunter auch Notizen zu einigen Tiersektionen.[28] Die zahlreichen zoologischen Tafeln in der vierbändigen *Physica sacra*, die von 1731 bis 1735 erschien, und die dazugehörigen Kommentare beweisen, dass Scheuchzer über weitläufige und gründliche Kenntnisse der in- und ausländischen Fauna verfügte, sodass auch in diesem Fall nur bedauert werden kann, dass der Band nie erschienen ist.

Die Nachfrage nach Scheuchzers naturgeschichtlichen Darstellungen hielt über seinen Tod hinaus an, sodass 1723, 1746 und 1752 weitere Auflagen seiner Naturgeschichte publiziert wurden. Scheuchzer prägte nicht zuletzt im Ausland das Bild der Schweiz nachhaltig: «Die *Natur-Histori des Schweitzerlands* erregte Aufsehen und wurde, zusammen mit seiner Wochenschrift, zu einer wichtigen Informationsquelle über die Schweiz, unentbehrlich für Wissenschafter wie für geografisch und naturwissenschaftlich Interessierte. Man kann wohl sagen, dass Scheuchzer das Bild der Schweiz, wie man es im Ausland sah, entscheidend mitgestaltet hat. So wissen wir, dass Friedrich von Schiller seine erstaunlichen Kenntnisse der Waldstätte, wie sie im *Wilhelm Tell* zum Ausdruck kommen, unter anderem auch Scheuchzers Naturgeschichte verdankte, und Schillers Wendung ‹Der graue Talvogt kommt› für eine Regen verkündende, aufziehende Wolkenbank, ist wörtliches Zitat. Wohl wenige haben zu jener Zeit so viel getan wie Scheuchzer, um in Europa das Interesse an den Naturschönheiten unseres Landes zu wecken und es damit, ohne dies bewusst anzustreben, dem beginnenden Tourismus zu öffnen.»[29]

28 ZBZ, Ms Z VIII: 602–604.
29 Dürst (1978), S. 32–34.

15

Pionier der instrumentellen Meteorologie in der Schweiz

Scheuchzers Interesse an meteorologischen Forschungen geht bereits aus dem Einladungsschreiben von 1699 hervor, in welchem der erste Block mit fünfzehn Fragen sich mit Luft, Klima und Witterung beschäftigt. Scheuchzer wollte von seinen Korrespondenten etwa wissen: «Wie schwer die Luft seye in verschiedenen Höhenen der Alpen / oder auch in den Thäleren? Die Wind ob sie regular und ordenlich zu gewüssen Zeiten wehen / oder unordenlich? Was vor sonderbare Würckungen sie haben in der Saat, Gebäuen, Bäumen etc.? Ob man ein vorstehendes Ungewitter könne vorher sagen auß etwelchem Getöß / oder Brumlen in den unterirdischen Klüfften / auß der Helle / Farb und Gestalt der Wolcken etc.? Ob die Wolcken würcklich gesehen werden under den Gipflen der höchsten Bergen / ob sie auch durch ihre Veränderung / auf oder absteigen / Farb etc. können Ungewitter / Regen etc. vorbedeuten?»[1]

Eine mögliche Wettervorhersage aufgrund der Lage der Wolken an einem Berg war eines der ersten Themen, die Scheuchzer und Woodward in ihrem Briefwechsel erörterten. Der Engländer schrieb am 31. März 1702 an seinen Zürcher Kollegen: «The Thing I am at present most desirous of is to know whether in those Parts there [of Switzerland] do not sometimes happen Extraordinary Eruptions of Water out of ye Mountains: & whether before great Rains & Storms Clouds of Fogs are not observed arising out of ye lops of ye highest Mountains. These are so certain upon ye lops of ours [in][2] the County. People can make Praesages of ye Weather from them.»[3] Scheuchzer antwortete ihm am 8. Juni, dass es zum Teil, wie etwa im Fall des Piz da Stierva in Graubünden, tatsächlich der Fall sei, dass eine Wolkenbildung um die Bergspitze herum auf bevorstehende Niederschläge hinweisen könne.[4]

Während Wettertagebücher seit der Antike und aus verschiedenen Kulturen bekannt sind,[5] begann die empirische Erhebung von Wetterdaten in der

1 Scheuchzer (1699), S. 4 f.
2 Im Original findet sich hier wohl ein Verschreiber «yt».
3 ZBZ, Ms H 294, S. 81 f.
4 ZBZ, H 150a, S. 116 f. Diese Information stammte von Johannes Leonhardi aus Nufenen, vgl. Boscani Leoni (2019), S. 109.
5 Pfister und White (2018), S. 53.

Schweiz mit den Messreihen Scheuchzers, von dem entsprechende Datenfolgen von 1708 bis 1712 und von 1717 bis 1731 vorliegen.[6] Frühe monatliche Temperaturmessreihen stammen auch aus Paris (seit 1658), Zentralengland (seit 1659), Berlin (1701), De Bilt (seit 1706), Bologna (seit 1715), Uppsala (1722) und Padua (seit 1725). Die ältesten lückenlosen Niederschlagsmessungen existieren aus Paris (ab 1688) und London (ab 1697).[7]

Scheuchzer war nicht der Erste in Zürich, der sich der Wetteraufzeichnung widmete, vor ihm notierten bereits der Propst am Grossmünster Wolfgang Haller (1525–1601) oder Chorherr Johann Heinrich Fries (1639–1718) ihre Beobachtungen,[8] aber die Qualität von Scheuchzers Aufzeichnungen wird sofort ersichtlich, wenn man die Einträge vergleicht. So hielt Fries etwa zum Juni 1718 handschriftlich fest: «Juni den 1. schöner tag; 2. auch also; 3. morgens um 4 uhr geregnet und gedonnert, zu Meilen hat dießmal in einen nußbaum so nahe an einem hause gestanden, geschlagen; 4. schön und heiss!; 5./6. schöne tag, aber daran küler wind; 7. auch so und 8.; 9. morgens vor 3 uhr gewitterleuchtet, in hohem luft getonneret und etwas geregnet, im übrigen ein feiner tag; 10. vor tag vil gewindet: ein feiner tag; 11. schön und heiss; 12./13. auch also; 14. auch heiss bis gegen abend, da es angefangen blizen, donnern und regnen, doch nicht zornig; 15. widerum schön, gegen abend wolkicht; 16. nach bettglog [Glocke zum Gebet] geregnet: item abends um 4 uhr; 17. morgens geregnet, etwan hat die sonne geschinen, dabei ein külne lufft; 18. morgens frü ein schutz geregnet: im übrigen heissen sonnenschein, bisweilen regentröpflein; 19. ein heisser warmer windstiller tag; 20. sehr heiss und schön bis da es um 4 uhr gedunkelt und in der hohe gedonneret, nach fürüber gangnem tonner widerum schön: in der nacht regen zu mittnacht, etwas getonnert, gegen tag geregnet; 21. brünstig heiss; 22. morgens vor tag wind: dises tags um 2 bis 4 uhr zimlich geregnet, nachts um 12 uhr angefangen zuregnen, so ge[.?] bis 8 uhr den 23. Juni; 24. in voriger nacht regen. Dises tags vilmal regen [.?.]; 25. auch also; 26. auch so; 27./28. abwechslung regens und sonnscheins, in der nacht und vor tag regen; 29. abwechslung von regen und sonnenschein; 30. vor tag geregnet und gewindet. War ein küler tag, davon es vil geregnet.»[9]

Fries versuchte die Wetterlage vor Ort in knappen Worten auszudrücken, verfügte aber über keinerlei vergleichende Informationen aus anderen Gegenden und auch über keine Instrumente für exakte Messungen. Scheuchzers Darlegungen zum Juni 1718 hingegen basieren auf Daten aus einem meteorologischen Netz, das bis nach Luzern und Württemberg reichte: «Am 16. Juni

6 Pfister (1978); Brugnara et al. (2021).
7 Pfister et al. (2018), S. 272.
8 Vgl. Pfister (1977), S. 448 f.; Klemm (1974).
9 ZBZ, Ms B 186: f, S. 341 f.

früh und nachmittags zog ein Unwetter auf, es wurden Donner gehört und Blitze gesehen. Um 5 Uhr regnete es mit grossen Tropfen, aber nur kurz. Es zuckte ein Blitz in Eckbühl, etwa eineinhalb Stunden weg von Zürich. In Hitzkirch im Freiamt hagelte es stark. Am 20. Juni gingen grosse Hagel nieder in Birmensdorf, Ringlikon, Albisrieden und Wipkingen, die Schäden anrichteten. Am 16. Juni hagelte es auch stark bei Hohentwiel in Württemberg, so dass die Erde vom Hagel wie von Schnee bedeckt war. [...] Am 22. Juni war der Himmel bei uns vormittags schwül, am Mittag kam es dann zu Donner und Regen. Ein Blitz setzte in Wurmsbach einen Turm in Brand und zerstörte ihn. Viele in Stadt und Land stecken sich mit den Masern an. Bei den Appenzellern grassieren zudem Fieber, vor allem in Gais und Teufen.» Nach den monatlichen Wetterberichten folgen jeweils Messungen von Luftdruck, Niederschlagsmenge und Pegelstand der Limmat (Abb. 34).[10]

Scheuchzer erhob seine Daten mit verschiedenen Messgeräten. Eine Weiterentwicklung der Hochwassermarken stellen die Pegel dar. 1708 liess er einen an der Wasserkirche anbringen, beim Ausfluss des Zürichsees in die Limmat.[11] Was seine barometrischen Messungen angeht, so besass er nicht nur sein berühmtes, in einen Spazierstock integriertes Gerät, das aus einem vermutlich etwa 80 Zentimeter langen Glasrohr bestand, zu dem er das Quecksilber in einem gesonderten Gefäss mittrug,[12] sondern er verfügte noch über ein zweites Instrument, das zu Hause aufgestellt war. Vor dem Antritt einer Reise stimmte er die beiden Geräte aufeinander ab: «Die Sicherheit und Kommlichkeit bestehet in dem / daß disen Meßstab gebrauchen kann in Form eines Spazierstocks [...] dessen länge ist ohngefahr 3 ½ Schuhe. Der Stab selbs bestehet auß zweyen / der länge nach zerschnittenen / halben Cylinderstucken / in deren Mitte ein hole Kehle oder Krinen zu fassung des Gläsernen Röhrleins. Oben und unten werden dise zwey Holzstücke fest zusamen geschraubet durch Schraubdekel / welche auß Horn gedrechßlet / und innwendig außgehölet / theils zu logierung des Glases / theils zur fassung des Queksilbers; in mitten werden über diß angelegt zwey oder drey Ringe / oder Zwingen / so auch von Horn. Nebst disem Stab versihe mich mit genugsamem Queksilbers / eisernen Drat / einem subtilen Trichter von Horn / gelbem Leder / und zweyen / oder drey Gläsernen Röhrlein / damit / wann eins sollte brechen / ein anders bey der Stell seye. Dieser Gläseren halb aber ist zu wissen / daß sie / wo möglich / seyen von gleicher öffnung / wol auf der Glaßhütten gezogen / und durch genugsame / zu Hauß gemachte / Proben in Vergleichung gesetzet mit einem guten / in der Studierstube bleibenden Barometro, damit die Bewegung des

10 Übersetzung des Autors aus dem Lateinischen, Originaltext in ZBZ, Ms Z VIII 1, S. 277.
11 Pfister (1999), S. 217.
12 Ebd., S. 27.

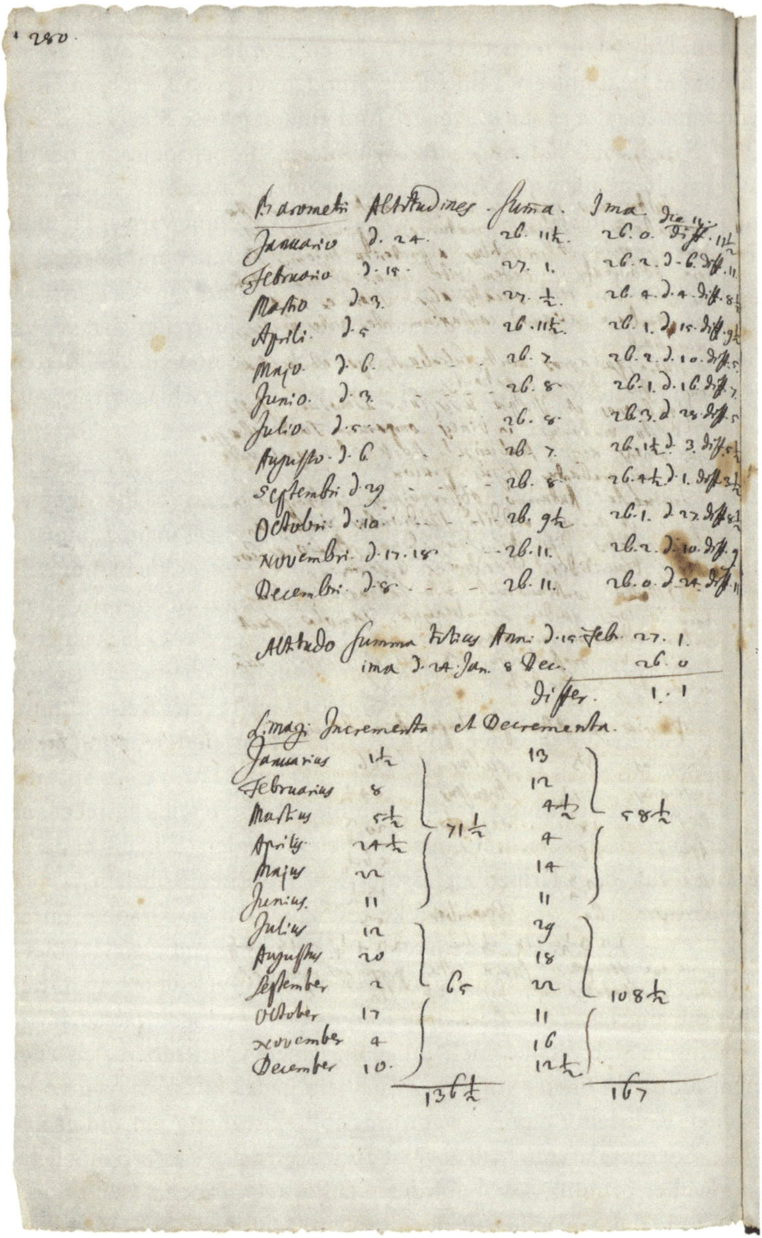

280.

Barometri Altitudines	Summa	Ima
Januario d. 24.	26. 11½.	26. 0. die 17. diff. 11½
Februario d. 15.	27. 1.	26. 2. d. 6. diff. 11
Martio d. 3.	27. ½.	26. 4. d. 4. diff. 8½
Aprili d. 5	26. 11½.	26. 1. d. 15. diff. 9½
Majo d. 6.	26. 7.	26. 2. d. 10. diff. 5
Junio d. 3.	26. 8.	26. 1. d. 16. diff. 7
Julio d. 5.	26. 8.	26. 3. d. 23. diff. 5
Augusto d. 6	26. 7.	26. 1½ d. 3. diff. 5½
Septembri d. 29	26. 8.	26. 4½ d. 1. diff. 3½
Octobri d. 10.	26. 9½	26. 1. d. 27. diff. 8½
Novembri d. 17. 18.	26. 11.	26. 2. d. 10. diff. 9
Decembri d. 8.	26. 11.	26. 0. d. 24. diff. 11

Altitudo summa totius Anni d. 15. Feb. 27. 1.
ima d. 24. Jan. 8 Dec. 26. 0
differ. 1. 1

Summa Incrementa			et Decrementa	
Januarius	1½	71½	13	58½
Februarius	8		12	
Martius	5½		4½	
Aprilis	24½		4	
Majus	22		14	
Junius	11		11	
Julius	12	65	29	108½
Augustus	20		18	
September	2		22	
October	17		11	
November	4		16	
December	10.		12½	
		136½		167

Abb. 34: Meteorologische Messdaten Scheuchzers zum Juni 1718, ZBZ, Handschriftenabteilung, Ms Z VIII 1, S. 280.

Queksilber / und die Grad des Maßstabs / einander ordentlich entsprechen. Mit disem Barometrischen Rüstzeug begibe mich auf die Reise / und an dem Fuß des ersten Bergs / wie auch in allen Wirtshäuseren / Flecken / Dörfferen / Bergen / da mich in etwas aufhalte / bereite mein Experiment auf folgende Weise. Ich schraube den Stab oben und unten auß / lege dessen zwey theil von einander / ergreiffe denjenigen / an welchem das Glaß mit Riemlein / oder Faden / an zwey oder drey Ohrten / angeheftet / stosse einen geraden eisernen Drat in das Glaß hinein / daß er am zugeschmolzenen End anstehet / giesse durch das Trichterlein das Queksilber allgemach hinein / gibe aber wol achtung / daß durch Mittel zuweiliger bewegung des Drats keine Luftbläßlein sich zwüschen dem Queksilber setzen: wann dann das Röhrlein angefüllet / so schraube den einten Knopf des Stabs widerum ein / ruke das Glaß in denselben hinauf / daß es anstehet; in solcher Postur halte das Röhrlein mit den Fingeren der linken Hand an dem Stab fest / und kehre denselben um / so wird das Queksilber auf seine / der Beschaffenheit des Ohrts angemessene / Höhe sich herab lassen / geschwind aber fülle unten den Knopf mit Queksilber völlig an / bis an das Rand / alsdann gewahre den Zoll und Scrupel / in welchem das Queksilber stehet / und zeichne denselben auf / nebst der Beschaffenheit der Witterung / auß deren dann zugleich von enderungen des Wetterglases ein desto besser Urtheil gefället werden kann.»[13]

Auch der in Paris tätige Astronom und Mathematiker Giacomo Filippo Maraldi wusste um Scheuchzers technische Ausrüstung: «Monsieur Scheuchzer a envoyé à l'Academie un Memoire où sont diverses Observations qu'il a faites à Zurich pendant les six premiers mois de l'année 1708. Ce sont les Observations du Barometre, du Thermometre, des Vents, de la constituion de l'Air, de la quantité de Pluie qui est tombé, & de l'augmentation & diminution du Limat, qui est une riviere qui passe à Zuric, faites à chaque jour du mois, & souvent deux fois le même jour. A toutes ces Observations il en ajoûte d'autres à la fin de chaque mois sur les maladies qui ont regné pendant le mois.[14] Pour les Observations du Barometre il s'est servi de deux tuyaux, l'un droit, l'autre incliné, dans lequel le mouvement du mercure est le double plus sensible que dans le droit. Ces hauteurs sont divisées en pouces & en lignes du pied de Paris. Ces deux Barometres s'accordent souvent ensemble, mais quelquefois il y a une difference de 4 lignes. Dans la comparaison que nous avons fait de ces Observations avec les nôtres, nous nous sommes servi du Barometre droit.

13 Scheuchzer (1708), S. 162 f.

14 Scheuchzer verwies in seinen handschriftlichen Wetternotizen wiederholt auf die Zunahme von wetterbedingten Krankheiten wie Fieber oder Grippe bei kalter Witterung. Der Zusammenhang von Krankheiten und Klima wird bis heute diskutiert, wenn auch unter anderen Prämissen, vgl. Webb (2018).

Pour mesurer de pluie, il dit s'être servi de la methode de l'Academie, & de la mesure de Paris. C'est aussi la même mesure qu'il a emploiée pour connoître l'augmentation & la diminution de l'eau du Limat.»[15]

Beim erwähnten Thermometer handelte es sich vermutlich um ein sogenanntes Luftthermometer in der Bauart des französischen Physikers Guillaume Amontons (1663–1705),[16] das etwa einen Fuss (etwa 32,5 cm) lang war.[17] Dabei enthielt ein Glasgefäss Quecksilber, das mithilfe von kochendem Wasser kalibriert wurde.[18] Scheuchzers «Pluviometer entsprach dem von de la Hire verwendeten Instrument, das, wie wir wissen, aus einem viereckigen Auffangbecken aus Blech von zwei Fuss (65 cm) Seitenlänge und einem halben Fuss Höhe (16 cm) bestand. Dieses ergoss sich in ein kubisches Speichergefäss von 3 Zoll (8 cm) Seitenlänge, wo man die Höhe des gefallenen Niederschlags mit mehr als genügender Präzision feststellen konnte. Scheuchzers Instrument wies eine Auffangfläche von rund 900 cm^2 auf. Gefallener Schnee wurde eingeschmolzen; das Gefäss mit dem Regen- und Schneewasser in der Regel ein- bis zweimal täglich, in Ausnahmefällen in grösseren Zeitabständen geleert. In dieser Beziehung dürften die Messungen den heutigen Normen einigermassen entsprochen haben. Über die Aufstellung des Instruments hüllt sich Scheuchzer in Schweigen. Wir müssen annehmen, dass er sich in diesem wesentlichen Punkt an den von ihm zitierten französischen und englischen Vorbildern orientiert: De la Hires Auffangbecken befand sich auf einer Terrasse des Pariser Observatoriums, also in einer beträchtlichen Höhe. Dadurch dürften 10–20 Prozent zu wenig gemessen worden sein. Alle aus der Zeit vor 1760 bekannten englischen Pluviometer befanden sich entweder auf einem Dach oder auf einer Mauer. Derham in Upminster (Essex) und Townley in Townley Hall (Lancashire) befestigten ihre Geräte auf dem Dach ihres Hauses und leiteten das Regenwasser durch ein Rohr ins Innere des Gebäudes in ein Speichergefäss. Falls Scheuchzer sein Gerät entsprechend aufstellte, dürfte sein Regenmesser im Vergleich mit heutigen Geräten zu wenig aufgefangen haben. Immerhin sind wir weniger an der absoluten Menge des im 18. Jahrhundert gefallenen Regens als an den relativen Grössenordnungen und der Verteilung auf die verschiedenen Jahreszeiten und Monate interessiert.»[19]

Auffällig sind in der ersten Messreihe (Grafik 1) die Niederschlagsmenge von Februar 1711, die Scheuchzer mit den Worten kommentierte, dass es oft geschneit und geregnet habe und sich verschiedene Überschwemmungen

15 Maraldi/Scheuchzer (1711), S. 20 f.
16 Vgl. Middleton (1969), S. 70 f.
17 Derham/Scheuchzer (1710), S. 343.
18 Brugnara et al. (2021), S. 160.
19 Pfister (1978), S. 57.

Grafik 1: *Monatliche Niederschlagsmengen, 1708–1712*

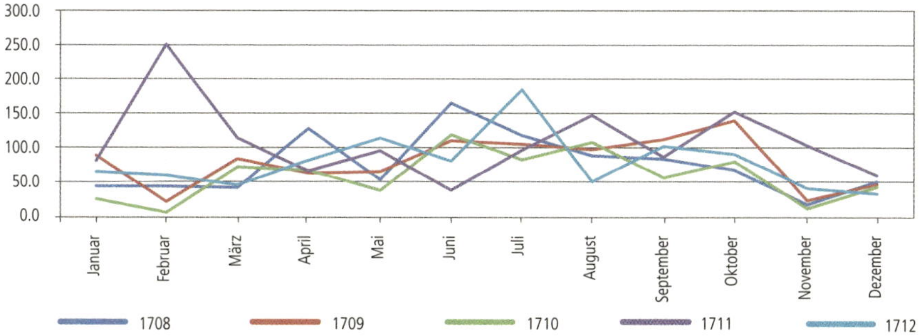

Quelle: Datengrundlage sind die von Scheuchzer erwähnten und von Pfister (1978), S. 58 f., in Millimeter umgerechneten Niederschlagsmengen.

Grafik 2: *Monatliche Niederschlagsmengen, 1717–1731*

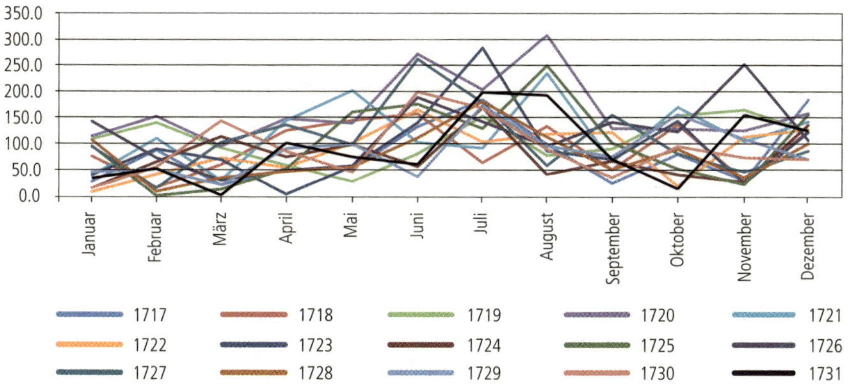

Quelle: wie Grafik 1.

ereignet hätten,[20] in der zweiten (Grafik 2) die heftigen Niederschläge im Juni/August 1720, insbesondere nachdem 1719 der wärmste Sommer des Jahrhunderts zu verzeichnen war.[21] Scheuchzer hielt zum August 1720 fest: «Fatalis hic mensis exundationibus». In verschiedenen Teilen der Schweiz hätten sich

20 ZBZ, Ms VIII Z 1, S. 244. Mitte Februar führten die Niederschläge auch zu Hochwassern am Rhein, vgl. Glaser (2008), S. 178.

21 Pfister/Wanner (2021), S. 244. Vgl. zur Auswirkung der Trockenheit in Europa auch Glaser (2008), S. 180.

Grafik 3: *Durchschnittliche Regenmengen in Zürich für drei historische Zeiträume (in Millimetern)*

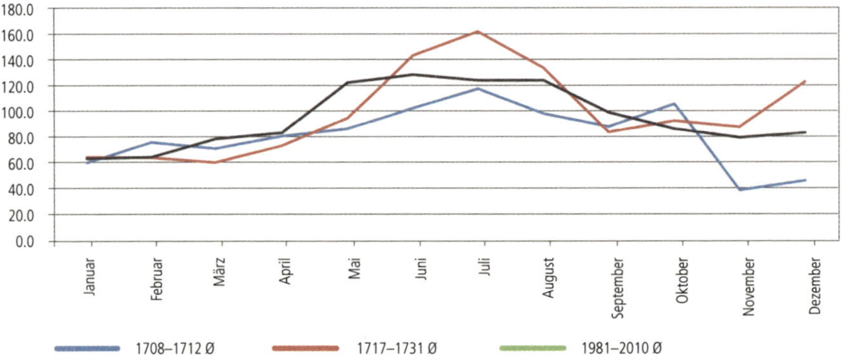

tragische Überschwemmungen ereignet. In Zürich sei das Doppelte der jährlichen Niederschlagsmenge von Paris zu verzeichnen gewesen.[22]

In Mitteleuropa und somit auch in Zürich scheinen die Sommer der 1720er-Jahre feuchter gewesen zu sein, als wir uns das heute gewohnt sind (Grafik 3),[23] wobei die 1976 Millimeter Jahresniederschlag von 1720 als ausserordentlich zu bezeichnen sind. Der Augustwert von 1720 mit 308 Millimetern stellt die dritthöchste je in Zürich gemessene Monatsrate an Niederschlägen dar.[24] Mit Blick auf Mitteleuropa wurde festgestellt: «Warme und ausreichend beregnete Sommer liessen in den späten 1720er-Jahren überreiche Weinernten in mehreren aufeinanderfolgenden Jahren heranreifen, wodurch die Preise zusammenbrachen. Das Jahr 1740 – in Paris das mit Abstand kälteste seit 1659 und in Mitteleuropa seit 1500 – markiert das Ende dieser Periode.»[25]

Über die besprochenen Instrumente hinaus besass Scheuchzer ein Mikroskop, mit dem er unter anderem Schneeflocken untersuchte. 1722 publizierte er eine Arbeit über 41 verschiedene Formen, die er mithilfe von starken Vergrösserungen studierte und abzeichnete.[26] Was mit der Maschine zur Wettervorhersage gemeint sein könnte, die Laurenz Zellweger gegenüber Scheuchzer in einem Brief vom 19. Juni 1716 erwähnt, lässt sich nicht eruieren.[27] Abgesehen

22 ZBZ, Ms Z VIII 23, fol. 38 v, 39 v. Das nasse Wetter verursachte schlechte Ernten und führte zu einer Verteuerung der Lebensmittel, vgl. Glaser (2008), S. 180.

23 Glaser (2008), S. 180 f.

24 Pfister (1978), S. 61.

25 Pfister/Wanner (2021), S. 248.

26 Scheuchzer (1722).

27 Bulinsky (2020), S. 162.

davon besass Scheuchzer weitere physikalische Geräte und astronomische Instrumente, die er beim Nürnberger Erfinder Gottfried Hautsch bestellte.[28] Auch der Basler Kollege Theodor III Zwinger liess ihm am 31. Mai 1713 nicht genauer beschriebene mathematische Geräte zukommen.[29] Möglicherweise beherbergte der Zürcher Polyhistor sogar eine Planetensphäre nach dem Weltbild von Kopernikus. Jedenfalls teilte ihm Valkenier am 10. Februar 1708 mit, dass derartige Sphären in Amsterdam 25 Gulden kosten würden.[30]

Meteorologische Netzwerke

Wetterdaten werden erst dann richtig interessant, wenn sie gleichzeitig an verschiedenen Punkten der Erde erhoben werden und miteinander verglichen werden können. Daraus lassen sich Abläufe, Bewegungen und Gesetzmässigkeiten ableiten, die für die Wetterprognose hilfreich sind. Scheuchzer hielt dazu fest: «Wer sich die Mühe will geben, selbst Hand anzulegen, genaue Observationes an seinem Orth zumachen, mit anderen auch entfehrnten Freunden hierüber zu correspondiren, der wird finden, daß die Lufft- und Wetter-Änderungen nicht ohne eine gewisse Ordnung sich zutragen, sondern offt in entfehrnten Orthen gleichläuffig sind. Ich könnte diß beweisen mit dem Exempel von Paris, Turin, Nürenberg, Zürich, anderen Orthen mehr.»[31] Mit Blick auf die von Scheuchzer 1728 eingerichtete und vom Kapuzinerpater Joseph de Sessa[32] betreute Wetterstation auf dem Gotthardpass stellte der Zürcher Universalgelehrte fest, dass meteorologische Vorgänge an zwei unterschiedlichen geografischen Punkten mit einer gewissen Verzögerungen eintreten können: «Zuweilen tragt es sich zu, daß die Bewegung oder Änderung des Barometers auf dem Gotthard just entgegen stehet deren zu Zürich, oder entgegen zustehen scheinet, dort ein Steigen, hier ein Fall, weilen die einte Änderung früher kommt, die andere später.»[33] Barometrische Messungen an unterschiedlichen Standorten können so der «Vorsehung der Wetter-Änderungen» dienen.[34] Die Station auf dem Gotthard, die älteste im Hochgebirge,[35] war nicht lange in Betrieb: «Diß ware die Ursach, daß Anno 1728 im Augustmonat

28 Steiger (1927), S. 99.
29 Portmann (1964), S. 272, Nr. 216.
30 ZBZ, Ms H 306, S. 67 f.
31 Scheuchzer (1732), S. 29.
32 Joseph de Sessa wird erwähnt in Scheuchzer (1731a), S. 4.
33 Scheuchzer (1732), S. 30.
34 Ebd., S. 29.
35 Erst der deutsche Kurfürst Karl Theodor von der Pfalz richtete in den 1780er-Jahren wieder eine Wetterstation auf dem Gotthard ein. Vgl. Pfister/Wanner (2021), S. 109.

einen Barometer habe aufrichten lassen bey denen PP. Capucineren auf dem Gotthard, welche mir ihres Tag-Register eingesendet biß in den October 1731, da das Wetter-Glas verunglücket worden bey Anlas eines Baus.»[36]

Kein Wunder, war Scheuchzer am Austausch von meteorologischen Daten interessiert, hatte er doch vermutlich bereits bei Johann Christoph Sturm in Altdorf erste Eindrücke davon erhalten, wozu diese nützlich sein können.[37] Sturm kämpfte seit den 1660er-Jahren gegen die verbreitete Auffassung, dass das Wetter mittels astrologischer Regeln vorausgesagt werden könne. 1669 betonte er in einer volksnahen Publikation die Unmöglichkeit der Wettervorhersage aus den Sternen und den Läufen der Planeten und betonte, «es wäre also wol zu wünschen / daß z. e. eine General-Correspondentz zwischen denen Naturkündigen / an vielen unterschiedlichen Orten in Europa angestellet würde / daß auf alle Tage im gantzen Jahr / ein jedweder / was für Witterungen und für Winde / jederzeit an einem Ort regieren / fleissig aufzeichnete / und einer dem andern solche seine tägliche Anmerckungen communicierte; um etwan auf diese Weise hinter die Ursachen solcher Unbeständigkeit in Wind und Wetter mehr und mehr zu kommen.»[38]

Das älteste Netz zur Erhebung von Wetterdaten wurde von Grossherzog Ferdinand II. (1610–1670), einem Schüler von Galileo Galilei (1564–1641), in der Toskana aufgebaut. An folgenden Stationen wurden alle drei bis vier Stunden Temperaturmessungen vorgenommen: Florenz (1654–1670), Vallombrosa (1656–1670), Pisa (1657/58), Cutigliano (1658/59), Bologna (1654–1656), Parma (1654–1660), Mailand (1655/56), Innsbruck (1655), Warschau (1655), Osnabrück (Zeitraum unbekannt) und Paris (1658–1660). Das Medici-Netz wurde 1667 offiziell aus politischen Gründen geschlossen, weil es von der Kirche in der geistesgeschichtlichen Umgebung von Galileo Galilei angesiedelt wurde und man befürchtete, dass solche Leute mehr ihren Instrumenten als der Bibel vertrauten: «Galilei untersuchte meteorologische Prozesse mit mathematischen Methoden und verstiess damit gegen das kirchliche Dogma der göttlichen Lenkung des Wetters.»[39] Nur in Florenz (Santa Maria degli Angeli) und in Vallombrosa wurde bis zum Tod des Grossherzogs weitergemessen.[40] Weitere Netze wurden 1717 vom Mediziner Johann Kanold (1679–1729) in Breslau und 1724 von James Jurin (1684–1750), dem Sekretär der Royal Society

36 Scheuchzer (1732), S. 29.

37 Zu Sturms Anweisungen zur Erstellung von Klimakarten beziehungsweise Klimatabellen vgl. sein Manuskript *Geographia quadripartita*, Stadtbibliothek Nürnberg, Will.V.507, S. 120 f. Vgl. dazu Geiger (1908), S. 16; Winkler (2020), S. 126.

38 Zitiert nach Herbst (2021), S. 50.

39 Pfister/Wanner (2021), S. 105.

40 Camuffo/Bertolin (2012).

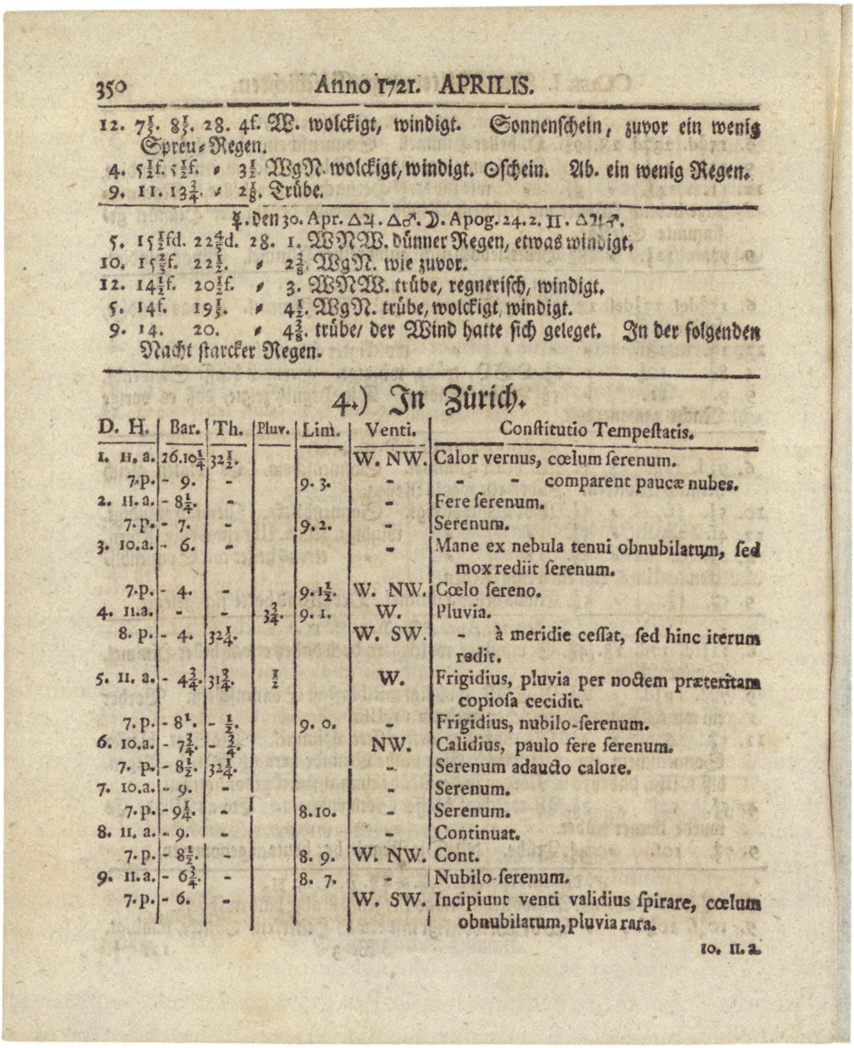

350 Anno 1721. APRILIS.

12. $7\frac{1}{5}$. $8\frac{1}{5}$. 28. 4f. W. wolckigt, windigt. Sonnenschein, zuvor ein wenig Spreu-Regen.
4. $5\frac{1}{2}$f. $5\frac{1}{2}$f. „ $3\frac{1}{2}$ WgN. wolckigt, windigt. ⊙schein. Ab. ein wenig Regen.
9. 11. $13\frac{3}{4}$. „ $2\frac{1}{8}$. Trübe.

☿. den 30. Apr. △♃. △♂. ☽. Apog. 24. 2. II. △♃♂.
5. $15\frac{1}{2}$fd. $22\frac{4}{5}$d. 28. 1. WNW. dünner Regen, etwas windigt.
10. $15\frac{2}{3}$f. $22\frac{1}{2}$. „ $2\frac{3}{8}$. WgN. wie zuvor.
12. $14\frac{1}{2}$f. $20\frac{1}{2}$f. „ 3. WNW. trübe, regnerisch, windigt.
5. 14f. $19\frac{1}{5}$. „ $4\frac{1}{2}$. WgN. trübe, wolckigt, windigt.
9. 14. 20. „ $4\frac{3}{8}$. trübe/ der Wind hatte sich geleget. In der folgenden Nacht starcker Regen.

4.) In Zürich.

D. H.	Bar.	Th.	Pluv.	Lim.	Venti.	Conſtitutio Tempeſtatis.
1. 11. a.	26.$10\frac{1}{4}$	$32\frac{1}{2}$.			W. NW.	Calor vernus, cœlum ſerenum.
7. p.	- 9.	-		9. 3.	-	- - comparent paucæ nubes.
2. 11. a.	- $8\frac{1}{4}$.	-			-	Fere ſerenum.
7. p.	- 7.	-		9. 2.	-	Serenum.
3. 10. a.	- 6.	-			-	Mane ex nebula tenui obnubilatum, ſed mox rediit ſerenum.
7. p.	- 4.	-		9. $1\frac{1}{2}$.	W. NW.	Cœlo ſereno.
4. 11. a.	-	-	$3\frac{3}{4}$.	9. 1.	W.	Pluvia.
8. p.	- 4.	$32\frac{1}{4}$.			W. SW.	- à meridie ceſſat, ſed hinc iterum redit.
5. 11. a.	- $4\frac{3}{4}$.	$31\frac{3}{4}$.	$\frac{1}{2}$		W.	Frigidius, pluvia per noctem præteritam copioſa cecidit.
7. p.	- 8^{1}.	- $\frac{1}{2}$.		9. 0.	-	Frigidius, nubilo-ſerenum.
6. 10. a.	- $7\frac{3}{4}$.	- $\frac{3}{4}$.			NW.	Calidius, paulo fere ſerenum.
7. p.	- $8\frac{1}{2}$.	$32\frac{1}{4}$.			-	Serenum adaucto calore.
7. 10. a.	- 9.	-			-	Serenum.
7. p.	- $9\frac{1}{4}$.	-		8. 10.	-	Serenum.
8. 11. a.	- 9.	-			-	Continuat.
7. p.	- $8\frac{1}{2}$.	-		8. 9.	W. NW.	Cont.
9. 11. a.	- $6\frac{3}{4}$.	-		8. 7.	-	Nubilo-ſerenum.
7. p.	- 6.	-			W. SW.	Incipiunt venti validius ſpirare, cœlum obnubilatum, pluvia rara.

10. 11. a.

Abb. 35: Meteorologisches Datenblatt Scheuchzers für April 1721, publiziert in: *Sammlung von Natur- und Medicin- wie auch hierzu gehörigen Kunst- und Literatur-Geschichten*, Winter Quartal 1721, Leipzig und Bautzen 1722, S. 350, ZBZ, Abteilung Alte Drucke und Rara, NA 3007 (D. H. = Tageszeit; Bar. = Barometer; Th. = Thermometer; Pluv. = Pluviometer; Lim. = Wasserspiegel der Limmat; Venti = Winde).

in London, aufgebaut.[41] Dem erstgenannten (ab 1729 seinem Nachfolger Andreas Elias Büchner) liess Scheuchzer seine Wetterdaten von 1718 bis 1731 zukommen. Sie wurden regelmässig in der Breslauer Zeitschrift *Sammlung von Natur- und Medicin- wie auch hierzu gehörigen Kunst- und Literatur-Geschichten* publiziert. Scheuchzers Tabellen beinhalten den Zeitpunkt der Datenerhebung,[42] Messungen von Luftdruck, Temperatur, Niederschlag, Wasserstand der Limmat und Windrichtung und eine Kurzbeschreibung der Wetterlage (Abb. 35). Kanold sammelte auch Angaben aus Breslau, Kauer, Medzibor, Liegnitz, Rankau, Mallmitz, Leipzig, Pritzwalk, Danzig, Angerburg und Eperies.[43]

Scheuchzer tauschte zudem Wetterdaten mit Gelehrten in Nürnberg aus und zeichnete beispielsweise für 1720 barometrische Vergleichskurven für beide Standorte (Abb. 36).[44] Auch mit dem Arzt Ludovicus Ferro in Venedig unterhielt er mindestens von 1718 bis 1720 einen entsprechenden Briefwechsel und erstellte analoge Tabellen, um die Messresultate besser vergleichen zu können.[45] Die meteorologische Zusammenarbeit mit William Derham (1657–1735), Pfarrer in Upminster bei London, führte 1710 zu einer gemeinsamen Publikation, in der sie Wetterdaten aus Lancashire, London, Padua, Paris und Zürich miteinander verglichen.[46] Sie stellten fest, dass im Winter in London mehr warme Tage vorkämen als in Zürich. Tiefe Temperaturen hätten sich in Zürich immer fünf oder mehr Tage vorher eingestellt als in London, wobei noch unklar sei, ob das Wetter an beiden Orten durch ähnliche Umstände beeinflusst werde oder nicht. Erstaunen mag die Bemerkung, dass London zwar mehr Regentage habe als Pisa und Zürich, dass die jährliche Niederschlagsmenge an den beiden letztgenannten Orten aber höher sei als an der Themse. Ausserdem realisierten sie, dass der Barometerstand das ganze Jahr in Zürich etwa einen halben Zoll tiefer sei als in London, woraus geschlossen werden könne, dass die Limmatstadt etwa eine Viertelmeile höher liege. Tatsächlich wird London heute auf rund 15, Zürich auf 393 Metern über Meer positioniert.

Auf die Zusammenarbeit mit dem in Paris tätigen Astronomen Maraldi wurde bereits hingewiesen. Darüber hinaus verfasste Scheuchzer mit dem

41 Pfister, L. et al. (2019), S. 1346 f.

42 Scheuchzer mass zweimal am Tag, einmal morgens, einmal nachmittags. Bei Abwesenheit übernahmen Familienmitglieder diese Aufgabe. Vgl. Bulinsky (2020), S. 57.

43 Dazu exemplarisch Kanold (1719).

44 ZBZ, Ms Z VIII 25, S. 50–61. Der Nürnberger Peter Kolb (1675–1726), der von 1705 bis 1713 als astronomischer Beobachter am Kap der Guten Hoffnung tätig war, informierte Scheuchzer in einem Brief vom 19. 10. 1714 über die Wetterverhältnisse am südafrikanischen Kap. Vgl. ZBZ, Ms H 298, S. 77–84.

45 Briefwechsel Ferro/Scheuchzer in: ZBZ, Ms H 310, S. 11–54.

46 Derham/Scheuchzer (1710).

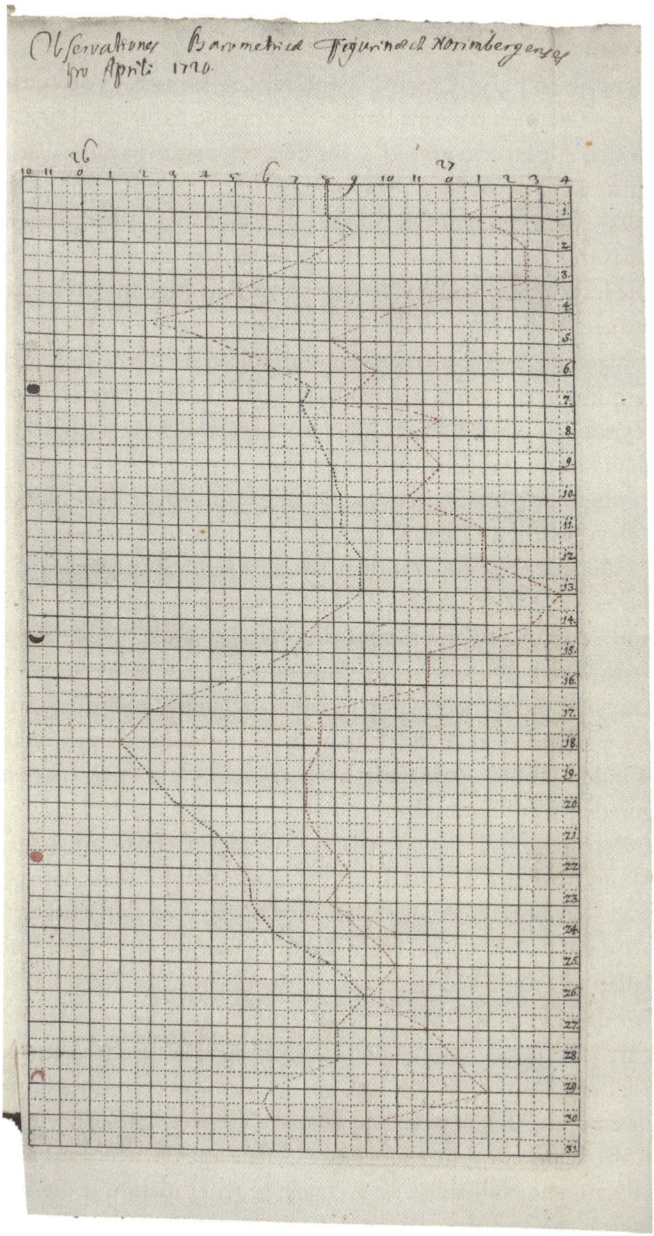

Abb. 36: Barometrische Kurven Scheuchzers für Nürnberg und Zürich für April 1720, ZBZ, Handschriftenabteilung, Ms Z VIII 25.

Pariser Mathematiker Philippe de La Hire († 1718) gemeinsame Publikationen. In einer Arbeit von 1712 findet sich die Bemerkung, dass es in Zürich mehr regne als in Paris. Es wird festgestellt, dass auch Lyon stärkere Niederschläge zu verzeichnen habe als Paris. Als Ursache dafür wird richtigerweise die Nähe zu den Alpen erkannt: «J'avois déja remarqué par les observations de la pluie faites à Lyon, qu'il y pleuvoit bien plus qu'à Paris, & j'en avois attribué la cause aux montagnes de Suisse qui n'en sont pas fort éloignées; & c'est ce qui se trouve confirmé par ces dernières observations. Car on ne peut pas douter que les vapeurs qui sont soutenues en l'air dans un pays plat & qui se trouvent beaucoup au dessous des hautes montagnes, lorsqu'elles viennent à les rencontrer, s'y arrêtent & s'y condensent en forme de nège dans un temps froid, ce qui doit produire beaucoup plus d'eau, étant poussées par les vents contre ces rochers, que dans les lieux où elles ne s'arrêtent point; & si l'air est assez chaud pour empêcher ces vapeurs de se geler, elles s'y amassent ensemble & y tombent en pluie, outre que les nèges qui se fondent alors & dont une partie s'éleve aussi en vapeurs, y cause des pluies très abondantes.»[47]

Scheuchzer war mit dem Wasserkreislauf vertraut und wusste, dass dort, wo es viele Berge gibt, sich Niederschläge einstellen.[48] Wichtiges Transportmittel für die Wolken sind die Winde, die das über der Meeresoberfläche verdunstete Wasser ins Landesinnere transportieren: «Wie könten wol die Dünste / die Wolken / von einem Orth und Land in das andere / von unseren Schweitzerischen Landen in andere angränzende gebracht werden ohne die Winde? Müßten jene nicht eben an dem Orth / wo sie gestiegen / wiederum geraden Wegs hinunterfallen / also unser Schweitzerland an Wasser Uberfluß / andere hergegen / von welchen wenige Dünste aufsteigen / einen grossen Mangel haben? Worzu dienete die unbeschreibliche Menge der Wasser-Dünsten / welche alle Augenblick aus den Meeren aufgezogen werden / anderst / als dazu / daß sie geraden Wegs wiederum in ihrer Muter Schooß zurück fallen wurden? Wo bliebe dann der so nöhtige Kreyßlauff der Wasseren? Ja wo das Leben der Menschen / Thieren und Gewächsen? Müßten nicht jene herrliche Länder unter dem heissen Gürtelstrich [Äquator] / welche durch sonderliche Vorsorg Gottes mit grossen Meeren überall umflossen werden / in eine unfruchbare Wüste verwandelt werden? Mit einem Wort: eine stille Lufft wäre ein durchgehendes Gifft / gleich wie die bewegte Lufft ist eine allgemeyne Nahrung und Arzney.»[49] Aber nicht nur die Winde, sondern auch

47 La Hire/Scheuchzer (1712), S. 145 f.
48 Maraldi/Scheuchzer (1711), S. 25.
49 Scheuchzer (1718), S. 1 f.

die Wolken sind ein wunderbares Werk Gottes, das Scheuchzer zum Lobpreis des Schöpfers bewog.[50]

Gletscher und Katastrophen

Scheuchzer interessierte sich für jegliche Art von Wetterphänomenen, nicht zuletzt auch für das Wachstum der Gletscher und für Unwetterkatastrophen. Während der Kleinen Eiszeit (1300–1850) erfreuten sich die Eismassen in Alaska, Zentraleuropa und Südtibet ihrer grössten Ausdehnung, wobei speziell während der Jahre 1675–1715 infolge geringer Sonnenfleckentätigkeit ein markanter Temperaturrückgang zu verzeichnen war (Maunder-Minimum).[51] Von 169 erforschten Gletschern waren die meisten um 1800 am mächtigsten. Ihr Wachstum ist primär von der Temperatur und sekundär von der Niederschlagsmenge abhängig.[52] Scheuchzer tappte bei der Beantwortung der Frage nach den Ursachen des Gletscherwachstums noch im Dunkeln: «Merkwürdig ist ihr Zu- und Abnehmen / weßhalben die Älpler sich bereden / daß sie 7 Jahr zu- und gleich so vil widerum abnehmen / welches so es solte sein / an die hand könnte geben eine Vorzeig [ein Omen] der Jahrs-Witterungen / wie sie beschaffen / weilen das Zunehmen der Gletscheren zu seiner Ursach hat ein mehrere Jahrs-Kälte / das Abnemen hingegen ein grössere Wärme. Hiervon aber habe ich noch keine Gewißheit. Das ist gewiß / daß die Gletscher in die Höhe wachsen in forma stratorum, lagerweise / also daß der den Winter über auff den Gletscher gefallene Schnee bei ankommender Frühlings- und Sommerswärme erstlich verschmilzet / bald darauf aber in Eis verwandelt wird / da dann die untermischte Irdische Theil an den Boden des neuen Strati sich senken / und einen schwarzlechten Strich formieren / welche Strich parallel übereinander also stehen / daß man darauß / gleich als auß denen so genannten Jahren der Bäumen / von dem Alter urtheilen kan.»[53] Besondere Beachtung

50 Ebd., S. 11 f.; Büttner (1964), S. 171 f.

51 Glaser (2008), S. 203.

52 Pfister et al. (2018), S. 268.

53 Scheuchzer (1708), S. 108. Scheuchzers Glaziologie beruhte zum Teil auf Johann Heinrich Hottingers *Montium glacialium helveticorum descriptio* (1703). So finden sich bei Scheuchzer verschiedene, erstmals von Hottinger formulierte Elemente. Vgl. De Beer (1950), S. 327: «In this manner he [Hottinger] was able to distinguish between glaciers and firn or snow-fields, to deny any difference between glacier-ice and ice formed in other manners; to deny any conversion of glacier-ice into rock-crystal; to ascribe the cleanliness of such glaciers as are clean, not to any dirt-repelling property inherent in such glaciers, but to the absence of stones and gravel on the mountains surrounding these glaciers. He recognized that glaciers increased in mass at the expense of the snow-fields lying above them, and he was probably the first to

fand zu Scheuchzers Zeit das Wachstum des Grindelwald-Gletschers, der die Petronella-Kapelle unter sich begrub.[54]

Auch Unwetterkatastrophen wurden von Scheuchzer und seinen Zeitgenossen sorgfältig beobachtet, konnten sie die Menschen doch innerhalb kürzester Zeit um Hab und Gut bringen. Er sammelte Berichte aus allen Gegenden Europas und der Schweiz und veröffentlichte 1733 eine Liste der entsprechenden Ereignisse, die sich zwischen 1271 und 1730 in der Eidgenossenschaft zugetragen hatten, unter dem Titel *Cataclysmographia helvetica*.

Bei allen meteorologischen und insbesondere barometrischen Studien wies Scheuchzer immer wieder auf die Güte und die Weisheit des Schöpfers im Sinn der leibnizschen prästabilierten Harmonie hin. So führt er beispielsweise zum Luftdruck aus, dass der Mensch optimal geschaffen sei und verschiedene Luftdrücke aushalten könne und dass der höhenabhängige Luftdruck sich auf der Erde in einem Rahmen bewege, der für den Menschen auszuhalten sei: «Wir müssen aber hier mit heiliger Bewunderung verehren die vorsichtige Gütigkeit des Herren unsers Gottes, daß wir Erden-Bewohnere so entsetzlich grosse Lufft-Änderung außhalten können ohne mercklichen Nachtheil unserer Gesundheit; ja selbs die bald täglichen Abänderungen der truckenden Lufft, oder das Steigen und Fallen des Barometers ansehen als ein höchst-weislich angeordnetes Mittel, dessen sich der gütige Schöpfer hat bedienen wollen, unsere der Menschen Gesundheit zuerhalten. Solte, mercket es wol, der Barometer nur einen einigen Monat hindurch immer fallen, so wurden unsere Zäsern [Fasern] so schlapp und lucker, daß sie sich kaum wider erholen könnten, die Durchdämpfung und also auch andere Scheidungen wurden immer zunehmen / unsere flüssige Theile wegfliegen oder wegfliessen. Da hergegen bey Monatlich beständigem Steigen unsere Leiber eine allzustarcke Truckung außzustehen hätten, der Kreiß-Lauff des Geblüts wurde gehemmet, die Säffte verdickeret, widerum zu grossem unserem Schaden.»[55]

discern the stratification resulting from the yearly accumulations of deposits of snow in the snow-fields, which stratification he traced down into the glaciers.»

54 Scheuchzer (1708), S. 109.

55 Scheuchzer (1732), S. 4 f.

16
Fossilien und Sintflut

Neben der Erforschung der Alpen und meteorologischen Studien war Scheuchzers drittes wissenschaftliches Standbein das Studium der Fossilien.[1] Er ging als Vater der Paläobotanik[2] sowie als Bahnbrecher für das Verständnis des organischen Ursprungs der Fossilien in die Geschichte der Erdwissenschaften ein. Zeit seines Lebens beschäftigte er sich mit paläontologischen Fragestellungen und legte im Zeitraum von 1697 bis 1731 verschiedene wichtige Arbeiten vor. Die Nachwelt mass ihn fälschlicherweise immer wieder an seinem 1726 publizierten Irrtum, der Identifikation eines fossilen Riesensalamanders (*Cryptobranchus scheuchzeri*) mit dem Skelett eines in der Sintflut ertrunkenen Menschen. Sein Biblizismus schliesslich war den französischen und deutschen Aufklärern ein Dorn im Auge, weshalb Georges Louis Leclerc de Buffon (1707–1788) im 1749 erschienenen ersten Band seiner *Histoire naturelle* über ihn urteilte: «Dieser Schriftsteller hat mehr, als alle andere, den Fehler gehabt, die Naturlehre mit der Theologie zu vermischen, und ohnerachtet er uns einige gute Beobachtungen mitgetheilet hat, so ist gleichwol der systematische Theil seiner Werke noch schlechter, als aller derer, die vor ihm gewesen sind. Er hat so gar hin und wieder Predigten und einen abgeschmackten Spaß über diese Materie angestellet. Man sehe die Klagen der Fische, piscium querelae etc. ohne von seinem großen Buche in verschiedenen Bänden in folio zu reden, das den Titel führet: Physica sacra, welches ein kindisches Werk ist, das nicht so wol geschrieben zu seyn scheint, erwachsene Personen zu beschäfftigen, als Kinder, durch Kupferstiche und Bilder, die mit Fleiß und ohne Nothwendigkeit darinn angehäufet sind, zum Zeitvertreibe zu belustigen.»[3]

Auf diesem «aufgeklärten» Hintergrund blieben Scheuchzers wahre paläontologischen Leistungen sowie die Qualität seiner naturwissenschaftlichen Arbeiten vielfach unerkannt, obschon insbesondere die Paläontologie ihm einiges zu verdanken hat,[4] war er doch der wichtigste Naturforscher im deutschsprachigen Raum, der die Sintfluttheorie des Engländers John Woodward rezipierte und sich auf deren Grundlage für den organischen Ursprung

1 Dieses Kapitel ist eine überarbeitete Fassung von Leu (1999), S. 24–48.

2 Mägdefrau (1992), S. 313–316.

3 Buffon (1759), S. 112.

4 Vgl. zu Scheuchzers paläontologischen Arbeiten unter anderem Furrer und Leu (1998), S. 22–48; Leu (1999), S. 11–76; Leu und Sulser (2000); Kempe (2003).

aller Fossilien aussprach. Die Gelehrten waren sich bis ins 18. Jahrhundert nicht einig, wie Versteinerungen entstanden, und betrachteten sie nicht selten, wie etwa Scheuchzers Zeitgenosse Karl Niklaus Lang (1670–1741) in Luzern,[5] als Naturspiele, die ähnlich wie Mineralien in der Erde gewachsen oder durch eine Art Samen im Schoss der Erde ausgebrütet worden seien.

Bereits Agostino Scilla (1639–1700) war der Überzeugung, dass die Fossilien verschüttete Lebewesen der Sintflut seien, doch fand sein 1670 gedrucktes Werk nur geringes Echo.[6] Weit wichtiger für die Verbreitung des Sintflutgedankens war das 1695 erschienene Werk des englischen Arztes und Naturforschers John Woodward mit dem Titel *An Essay towards a Natural History of the Earth*. Darin vertrat er die Ansicht, dass die Erdrinde zur Zeit der Sintflut zerborsten sei, das Wasser der Meere und unterirdischer Speicher habe sich über das Land ergossen und selbst die höchsten Berge seien überflutet worden. Alle festen Gesteine hätten sich aufgelöst, nur Fossilien und Mineralien seien fest geblieben, wobei die Fossilien Reste von Tieren und Pflanzen darstellten, die durch die Flut transportiert worden seien. Nach der grossen Überschwemmung habe sich eine neue Rinde von Gesteinen gebildet, in der die Erze, Mineralien und Fossilien nach ihrem spezifischen Gewicht abgelagert worden seien. Aufgrund von Erdbeben und gewaltigen tektonischen Bewegungen habe die Orogenese stattgefunden und hätten sich Höhlen gebildet, wohin die Wasser der Flut abgeflossen seien. Seit der Sintflut sei das System Erde weitgehend stabil geblieben.[7]

Bereits während seiner Studienzeit an der Universität Altdorf legte sich Scheuchzer eine beachtliche Fossiliensammlung an und beschäftigte sich mit der Entstehung der Versteinerungen. Sein Lehrer Johann Christoph Sturm verfügte ebenfalls über eine entsprechende Sammlung, unternahm zu deren Vermehrung in Begleitung seiner Studenten öfters Exkursionen und diskutierte mit ihnen die Herkunft dieser Naturwunder. Selbst ein Mann wie Sturm erklärte sich die Bildung der Ammoniten auf rein mechanische Weise. Er nahm an, dass vom Wind bewegtes Wasser auf dem Untergrund wellige Spuren hinterliess. Diese seien wiederum durch Wasserwirbel zu gewellten Spiralen beziehungsweise zu «Ammoniten» umgeformt worden.[8] Es erstaunt daher nicht, dass auch Scheuchzers frühe paläontologische Arbeiten derartigen

5 In der Royal Society in London machte man sich lustig über Langs abenteuerliche Thesen, vgl. Woodward an Scheuchzer, 15. 5. 1707, ZBZ, Ms H 294, S. 169–171. Zu Lang und Scheuchzer vgl. Bulinsky (2012).

6 Rudwick (1985), S. 56–59.

7 Scheuchzer vertrat die woodwardsche Fluttheorie sein Leben lang, vgl. dazu seine Äusserungen gegen Ende seines Lebens in: Scheuchzer (1731–1735), Teil 1, S. 62 f.

8 Steiger (1927), S. 41.

Betrachtungsweisen verpflichtet waren. 1697 veröffentlichte Scheuchzer einen Aufsatz,[9] in dem er den anorganischen Ursprung fossiler Muscheln verfocht, und noch im Jahr 1700 setzte er sich für eine mineralische Bildung nicht nur der Dendriten, sondern auch pflanzlicher Fossilien ein.[10]

Vermutlich ab etwa 1701 zog er die Fluttheorie Woodwards, mit dem er seit damals im Briefkontakt stand, immer mehr in Betracht. Im folgenden Jahr stellte Scheuchzer in seiner Schrift *Specimen lithographiae Helvetiae* die These von der Entstehung der Figurensteine durch ein chemisch-physikalisches Spiel der Natur gleichwertig neben die Interpretation der Fossilien als Relikte einer weltweiten Sintflut. Seit Herbst 1703 bekannte er sich dann eindeutig zur Diluvialthese und gab eine lateinische Übersetzung von Woodwards Buch heraus, die 1704 in Zürich erschien.[11] Vier Jahre später folgte mit den *Piscium querelae et vindiciae* beziehungsweise der im gleichen Jahr erschienenen deutschen Kurzfassung der *Bildnissen verschiedener Fischen, und dero Theilen, Welche in der Sündfluth zu Grund gegangen* eine Monografie zum Thema.[12] Scheuchzer leitet die *Bildnissen*, die mit einer separaten Einleitung versehen sind, mit den Worten ein: «Es wird die gelehrte / und ungelehrte Welt von allerhand Meinungen über die versteinerte Muschelen / Schnecken / Fische / Krebs / Pflantzen / welche hier und da auß der Erde hervor gegraben / und in curiosen Cabinetten aufbehalten werden / so sehr umher getrieben / daß sie bald nicht weißt / was sie glauben sol. Bald komt einer daher / welcher vor den Zeugvatter dergleichen figurirten Steinen haltet die wundersam spilende Natur / dorther ein anderer mit einem schwarm Idearum, oder kleinsten in der Luft schwebenden Fischlein / Schnecklein / welche zwar unter unser Gesicht nicht kommen / in denen Eingeweiden der Erde aber / als in einer Bärmuter [Gebärmutter] außgebrutet werden / und bis auf einen gewissen Grad der Grösse zunemmen. Ich war ehemals auch der Meinung / das dergleichen Figuren anzusehen seyn / als Spiele der Natur / und hervor gebracht werden können nach denen von Gott geordneten Natur-Gesätzen / in dem Lett [Lehm] / ohne Zuthun eines Männ- oder Weibleins von gleicher Art; nachdeme aber eine grosse Menge dergleichen gebildeten Steinen von allerhand Orten her gesamlet / und mehrere observationes [Beobachtungen] gemachet / sein mir die Augen in Erforschung der Wahrheit in so weit aufgegangen / das nun ganz klärlich sihe den Ursprung dergleichen versteinerten Sachen von der Sündfluth.»[13]

9 Scheuchzer (1697).
10 Scheuchzer (1700).
11 Siehe oben, S. 112.
12 Vgl. die Neuausgabe von Gaudant (2008).
13 Scheuchzer (1708a), S. 2 f.

Abb. 37: Fossiler Hecht aus Öhningen (*Esox lepidotus*), der unter dem Namen *Lucius antediluvianus* in Scheuchzers *Piscium querelae* (1708, Taf. 1) als Kupferstich abgebildet ist und im Text Auskunft über seine wahre Natur als katastrophisch verschüttetes Lebewesen gibt. Das Originalfossil aus Scheuchzers Sammlung wird im Paläontologischen Museum der Universität Zürich aufbewahrt, Inv.-Nr. A/I 3595. Bild: Dennis Hansen, Zoologisches Museum der Universität Zürich.

Scheuchzers *Piscium querelae et vindiciae* beziehungsweise *Bildnissen* enthalten Radierungen von 45 verschiedenen Versteinerungen, etwa zwei Drittel davon Fischfossilien. Darunter befinden sich die ältesten Abbildungen von versteinerten Glarner Fischen und von Wirbeltierfossilien aus Nordamerika sowie die erste Darstellung eines fossilen Tieres – eines Hechts aus dem Miozän von Oehningen –, auf der sich anatomische Einzelheiten eingezeichnet finden (Abb. 37). Scheuchzer wies anhand des Oehninger Fossils nach, dass es sich nicht um ein Naturspiel, sondern schlichtweg um nichts anderes als um einen echten Hecht handelt. Auch bei anderen abgebildeten fossilen Fischen bemühte er sich, die Tiere aufgrund von Vergleichen mit lebenden möglichst genau zu bestimmen. Es kann nicht deutlich genug hervorgehoben werden, dass Scheuchzer nicht nur der Sintfluttheorie wie kein anderer Gelehrter im 18. Jahrhundert den Weg ebnete, sondern auch der Auffassung, dass die Fossilien als Relikte von Lebewesen verstanden werden müssen. In den *Piscium querelae et vindiciae* begründete er dies ausführlich und legte mit dieser Schrift

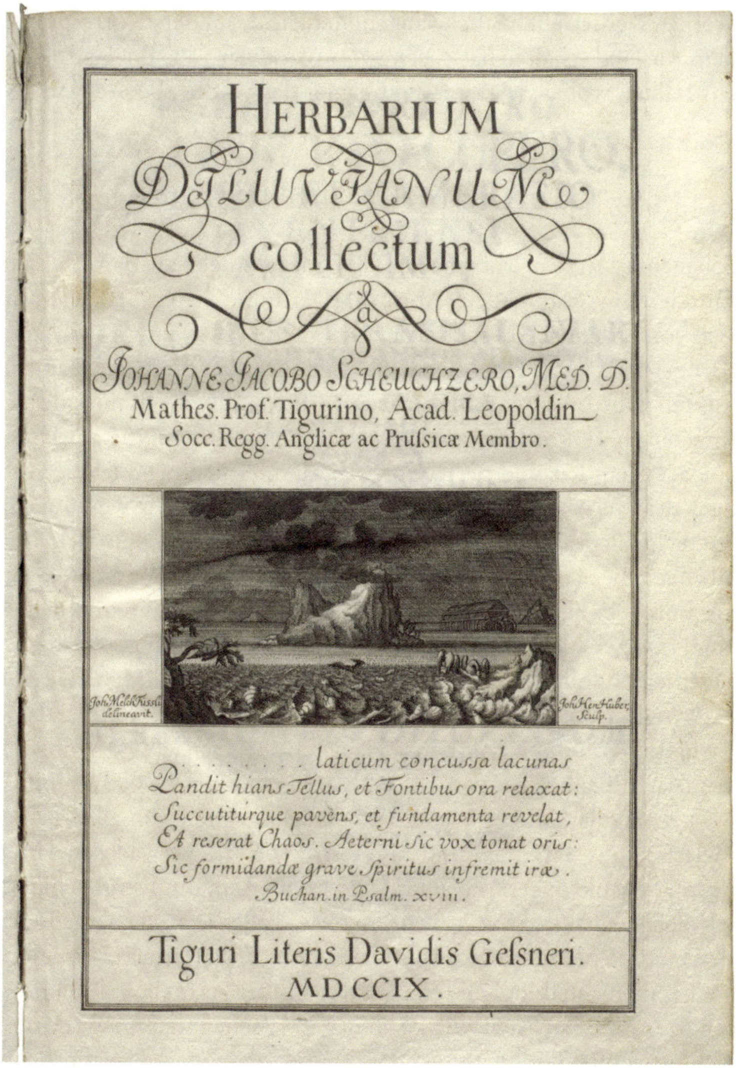

Abb. 38: Titelblatt des *Herbarium Diluvianum* (1709), das die Arche Noah im Sturm der Sintflut zeigt, ZBZ, Abteilung Alte Drucke und Rara, 6.5.

den Grundstein zur Entmythologisierung der Paläontologie. 1709 erschien sein *Herbarium diluvianum*, in dem er das Gleiche für die Pflanzenwelt durchexerzierte und darlegte, dass versteinerte Florenresten als Relikte von Pflanzen betrachtet werden müssen, die einmal gelebt haben (Abb. 38). In beiden

Werken werden auch Stücke abgebildet, die er auf dem Korrespondenzweg aus dem Ausland erhalten hatte, etwa von Woodward aus England[14] oder Vallisneri aus Italien, wobei Letzterer ein Gegner der Sintfluttheorie war.[15]

Das Museum diluvianum

Scheuchzer legte privat verschiedene Sammlungen an, darunter auch eine mit Hunderten von Fossilien (Abb. 39). Der Frankfurter Gelehrte Johann Friedrich von Uffenbach besuchte das Kabinett im November 1714 und berichtete darüber: «Er fragte mich gleich, ob ich mineralia, petrefacta, plantas, medaillen, kupferstiche oder anatomica sehen wollte, und wie ich mir alles ausbathe, so finge er an den in einer untern stube rengirten figuratis an. Dieße hat er in solcher quantität und perfection, daß dergleichen mein lebtag nicht gesehen, auch des He[rrn] Valckennier in Den Haag sein cabinet weit übertraffe, den er hat nicht allein alle analoga, wie er es nante, oder eigne muscheln, sondern auch alle derselben species, in stein, sondern auch eine große anzahl, so noch nicht als muscheln bekant sind. Diejene, so am nahesten an würcklichen muscheln sind, hatte er alle in stein und sehr auserleßen und ganz, welche, wan man sie beschreiben sollte, ein ganze reiß papier einnehmen würden, wie er denn seinen cathalogum, so er davon gemacht, schier von solcher stärcke dastehen hatte. Er hatte 6 schränke voll nebst vielen aparten schachteln völlig ausgefült, so er meistentheils selbst gesucht und in seinen itineribus transalpinis gefunden. Seine crystalla hatte er besonders, und sehr schön von allen farben, und mit vielerley gras, bluhmen und kräutern inwendig verwachsen, die fischsteine, davon er seine querelas piscium geschrieben, sind unvergleichlich, und theils ellenlang in der größe von hecht, ahlen und allerley fischen, theils auch so klein, daß man sie mit microscopiis suchen muß. Er hatte auch verschiedene hölzer, so in seinen antediluvianis edirt und in kupfer gestochen sind mit eingeschnittenen und verwachsenen, ja zu stein gewordenen figuren, so durch und durch sich exprimirt. Ich hielte micht dabey so lang auf, daß nicht mehr zeit hatte, die mineralia vegetabilia und ander naturlia zu sehen.»[16]

14 Vgl. zu Woodwards Fossiliensammlung Wolff Purcell und Gould (1992), S. 81–94.

15 Vai (2003), S. 237.

16 Transkription der *Reise durch die Schweiz* von Johann Friedrich von Uffenbach, Universitätsbibliothek Göttingen, Cod. Ms. Uffenb. 29, Bd. 1, 5, S. 515–517. Uffenbach beschreibt sechs Sammlungsschränke, während Christian Gabriel Fischer bei seinem Besuch 1730 nur von zweien spricht (Fischer [1926], Nr. 56, S. 1), was ein Hinweis dafür sein könnte, dass Scheuchzer zwischenzeitlich einen Teil seiner Sammlung veräussert, verschenkt oder entsorgt hat.

Abb. 39: Stillleben mit Fossilien aus Scheuchzers Sammlung, die im Paläontologischen Museum der Universität Zürich aufbewahrt werden unter Verwendung von Caspar Wolfs «Lauteraargletscher», Kunstmuseum Basel, Sammlung Online. Bild: Dennis Hansen, Zoologisches Museum der Universität Zürich.

Zwei Jahre später veröffentlichte Scheuchzer ein gedrucktes, dem Engländer Hans Sloane gewidmetes Verzeichnis seiner erdwissenschaftlichen Sammlung unter dem Titel *Museum diluvianum* (1716, Abb. 40).[17] Daraus

17 1720 gründete Giuseppe Monti an der Universität Bologna ebenfalls ein *Museum diluvianum*. Vgl. Sarti (1988), S. 16.

geht hervor, dass er zu diesem Zeitpunkt 528 schweizerische und 985 ausländische Versteinerungen sowie 667 einheimische und 1328 fremde Mineralien und Gesteine besass. Ein zweiter, handschriftlicher Katalog mit dem Titel *Supplementum ad J. Jac: Scheuchzeri Musaeum Diluvianum* listet weitere 988 Fossilien aus seiner Sammlung auf. Das Dokument befindet sich heute in der Bibliothek des Botanischen Gartens in Zürich[18] und trägt den Besitzvermerk «J. Scheuchzer. 1760», womit Scheuchzers Neffe, der Mediziner Johann Jakob Scheuchzer (1738–1815), gemeint sein dürfte. Scheuchzer konnte ein paar Jahre später demnach mindestens 2501 Fossilien sein Eigen nennen, was die Verdoppelung des Werts erklärt, wie er ihn in Verkaufsgesprächen veranschlagt hat. Von 1716 bis 1718 befand er sich in Verhandlungen mit Hans Sloane, dem er die Sammlung für 2000 Thaler vergeblich zu verkaufen suchte.[19] 1722 beabsichtigte er, sie an den Pariser Naturalienliebhaber Louis-Léon Pajot d'Onsenbray (1678–1754) für 1000 Louisdor zu veräussern,[20] doch kam auch dieser Handel nicht zustande, obschon seine Kollektion interessante Stücke aus ganz Europa vereinigte: «So finden sich in seiner Sammlung Fossilien aus dem Ordovizium und Silur von Oeland und Gotland in Schweden, von England und Böhmen, aus dem Devon von England und der Eifel im Rheinischen Schiefergebirge, aus dem Karbon von England, Böhmen, Sachsen und Schlesien, aus dem Perm von Thüringen und Sizilien, aus der Trias von verschiedenen Gegenden in Deutschland und von Südtirol, aus dem Jura von England (Yorkshire und Dorset), Deutschland (Schwäbische und Fränkische Alb), Burgund, Normandie und von zahlreichen schweizerischen Fundorten, aus der Kreide der Insel Rügen und von verschiedenen Fundstellen in den Alpen der Schweiz und Österreichs, aus dem Tertiär von Malta, Norditalien, der Umgebung von Paris, von Böhmen und der weiteren Umgebung seiner Vaterstadt sowie aus den eiszeitlichen Ablagerungen des Neckartals bei Stuttgart und des Zürcher Unterlandes.»[21]

Heute befinden sich die Reste von Scheuchzers stattlicher Sammlung im Paläontologischen Institut und Museum der Universität Zürich. Viele Stücke tragen handschriftliche Nummern oder weisen einen beigelegten Zettel mit einer Nummer auf, die sich entweder auf das *Museum diluvianum* von 1716 oder auf das ungedruckte *Supplementum ad J. Jac: Scheuchzeri Musaeum Diluvianum* bezieht. Innerhalb der Sammlung konnten 85 Originale der

18 Die alte Signatur des Dokuments war 6348, die neue ist 3295.

19 2000 Taler entsprachen etwa 4000 Gulden. Vgl. Scheuchzer an Sloane, 19. 8. 1716, ZBZ, Ms H 150c, S. 130.

20 Vgl. Bulinksy (2020), S. 53. Gemäss der Zürcher Münzordnung von 1714 entsprach 1 Louisdor 8 Gulden und 10 Schilling (ZBZ, M & P 2: 307). 1000 Louisdor = 8250 Gulden.

21 Hünermann und Rieber (1988), S. 13.

Abb. 40: Frontispiz des *Museum diluvianum* (1716). Die Arche Noah ruht oben auf dem Berg, während unten nach Fossilien, den Relikten aus Noahs Flut, gegraben wird. ZBZ, Abteilung Alte Drucke und Rara, AWZ 704.

Abbildungen Scheuchzers identifiziert werden.[22] Darunter befindet sich das Typusexemplar des Fisches *Sorbiniperca scheuchzeri*[23] und der Holotyp des lange Zeit verschollenen und darum für ungültig erklärten Trias-Ammonoideen *Ceratites nodosus* (heute: *Ceratites robustus*) (Abb. 41).[24] Als weitere Besonderheiten dürfen triassische Nothosaurusknochen aus Querfurt[25] oder das Zeugopodiumfragment eines sauropodomorphen Dinosauriers (Gliedmassenrest eines pflanzenfressenden Dinosauriers) betrachtet werden. Noch sind nicht alle Zweifel beseitigt, ob das Knochenfragment wirklich aus Scheuchzers Nachlass stammt. Sollte es aber tatsächlich in seinem Besitz gewesen sein, wäre dies der älteste noch vorhandene Fund in der Geschichte der Dinosaurierforschung. Die erste gedruckte Abbildung eines Dinosaurierfragments findet sich zwar bereits in der 1677 erschienenen *Natural History of Oxfordshire* von Robert Plot, doch ist das Originalstück dazu verloren.[26]

Homo diluvii testis

Scheuchzer war der Überzeugung, dass in der weltweiten Flut bis auf die acht Seelen in Noahs Arche die gesamte damalige Menschheit zusammen mit dem grössten Teil der damaligen Fauna und Flora umkam. Es lag für ihn daher nahe, auch nach menschlichen Fossilien Ausschau zu halten. Diese waren aber im Vergleich zu den teilweise sehr zahlreichen versteinerten Pflanzen- und Tierresten viel seltener. Trotzdem gelang es ihm, im Laufe seines Forscherlebens in den Besitz von drei Funden zu kommen, in denen er zweifelsfrei menschliche Überreste erkennen zu können glaubte. Alle drei beschäftigten die Gelehrten etwa ein Jahrhundert lang und prägten zeitweise die paläontologische Diskussion.[27]

Bei den ersten Fossilien, die Scheuchzer als menschliche Relikte publizierte, handelte es sich um zwei schwarze Wirbel von Altdorf (D).[28] Er bildete sie erstmals auf Tafel 3 seiner *Piscium querelae et vindiciae* von 1708 ab (Abb. 42). Einer der ursprünglich acht von Scheuchzer gefundenen Wirbel hat sich im Paläontologischen Institut und Museum der Universität Zürich erhalten. Scheuchzers Wirbel glichen denjenigen stark, die der Medizinprofessor

22 Leu (2012b).
23 Tyler (1998).
24 Rieber und Tozer (1986).
25 Brignon (2021), S. 12–14.
26 Halstead (1993).
27 Jahn (1969), S. 192–213; Niccoli (2019).
28 Gemäss einem Brief von Scheuchzer an Baier vom 26. 3. 1708 hatte er insgesamt acht solche Wirbel gefunden. Vgl. Baier (1760), S. 94.

Abb. 41a und b: *Ceratites robustus* (Paläontologisches Museum der Universität Zürich, Inv.-Nr. 29687) und die entsprechende Kupfertafel mit Ammoniten aus Scheuchzers Sammlung, worauf das Stück oben links abgebildet ist, in: Scheuchzer (1731–1735), Teil 1, Taf. 59, ZBZ, Abteilung Alte Drucke und Rara, NLE 3.

Johann Jakob Baier wenig vorher auch bei Altdorf gefunden und in seiner ebenfalls 1708 gedruckten *Oryktographia norica* als Fischwirbel beschrieben hatte. In der zweiten Hälfte des 18. Jahrhunderts wurden derartige Funde wiederholt als Fischwirbel angesehen.[29] Der französische Altmeister der Paläontologie, Georges Cuvier (1769–1832), plädierte in einem 1809 in den *Annales du Muséum d'histoire naturelle* erschienenen wichtigen Aufsatz mit dem schlichten Titel *Sur quelques quadrupèdes ovipares fossiles* dafür, dass es sich dabei um Krokodilwirbel handeln müsse.[30] Erst die Entdeckung der Ichthyo-

29 Wagner (1852), S. 486 f.; Fraas (1891), S. 3 f.
30 Cuvier (1809).

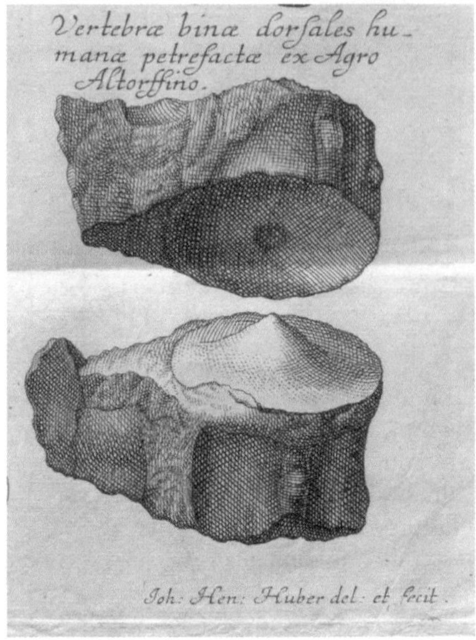

Abb. 42a und b: Ichthyosaurier-Wirbel, den Scheuchzer bei Altdorf fand und für einen menschlichen Wirbel hielt (Paläontologisches Museum der Universität Zürich, A/III 1471), und die dazugehörige Radierung aus Scheuchzer (1708), Taf. 3, ZBZ, Abteilung Alte Drucke und Rara, 6.41.

saurier in England und weitere Studien seitens des Direktors des königlichen Kabinetts in Stuttgart, Georg Friedrich Jaeger (1785–1867), ermöglichten eine korrekte Identifikation von Baiers und Scheuchzers Stücken als Wirbel von Fischsauriern, weshalb Cuvier im 1824 erschienenen fünften Band der Neuauflage seiner *Recherches sur les ossemens fossiles* die besagten Wirbel unter den Ichthyosaurierfossilien behandelte.

Zwei weit spektakulärere Funde «menschlicher Fossilien» gelangten während des Jahres 1725 in Scheuchzers Besitz. Das eine war ein Schädel mit wenigen Rückenwirbeln (Abb. 43), das andere eine Platte mit Schädel und Oberkörper samt einer kleineren Gegenplatte der Schädelpartie (Abb. 44). Beide stammen aus dem etwa elf Stunden Fussmarsch[31] von Zürich entfernten Steinbruch von Oehningen. Bei beiden handelte es sich um versteinerte Riesensalamander (*Cryptobranchus scheuchzeri*), deren rezente Vertreter in Japan und China leben, was sich aber erst Jahrzehnte später herausstellen sollte. Scheuchzer fasste 1731 im ersten Band der *Physica sacra* rückblickend zusammen: «Indessen ist verwunderlich daß vom Menschlichen Geschlechte so wenig übrig geblieben, also daß ich in meinem sonsten weitläufftigen Cabinet mehr nicht unter diesen Titul setzen können, als 2. gantz versteinte,

31 Von Stein am Rhein nach Zürich benötigte man neun Stunden und von Stein am Rhein zum Oehninger Steinbruch zwei. Wagner (1688), S. 210; Andreae (1776), S. 56.

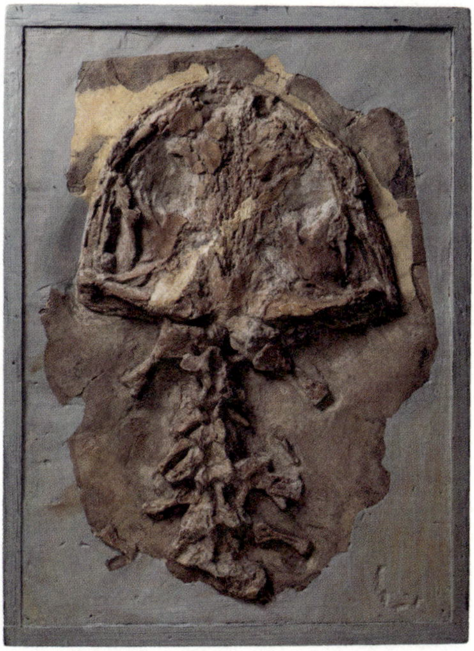

Abb. 43: Der erste Fund eines Riesensalamanders *Cryptobranchus scheuchzeri* aus Öhningen, den Scheuchzer zur Kenntnis nahm und für die versteinerten Überbleibsel eines Menschen hielt, der in der Sintflut umgekommen war (Paläontologisches Museum der Universität Zürich, Inv.-Nr. A/II 3).

kohlschwartze, gläntzende Rückgrad-Wirbel [...]. Zu besonderm Glück aber ist mir A[nno] 1725. aus dem Oeningischen Steinbruch ein Monument zugekommen, welches um so mehr aufmerckungs-würdig, weil es unstritt von der Sünd-Fluth abstammet, gestalten es nicht nur einen Theil, sondern ein halbes Bein-Gerüste vorzeiget, ingleichem nicht nur die obenhin aus- oder eingedruckte Figur ist, woraus die hochfliegende Einbildung einen Menschen bilden könnte, sondern das Wesen der Gebeine, ja des Fleisches und anderer weichen Theilen selbsten darleget, und das in ordentlicher- eines erwachsenen Menschen Bein-Gerüst ähnlichen Art und Ebenmaaß; Kurtz: ein recht seltenes Denckmal jenes verfluchten Menschen-Geschlechts der ersten Welt, dessen drey Ab- oder Eindrücke in verschiedenen Steinen vorhanden; einer allein mit dem Kopf und 6. Halßwirbeln in einem Durchschnitt von dem hintern Theil des Leibes. Zwey andere, welche just aufeinander gelegen, und des Menschen vordern Theil vorstellen, und welchen, als den vollkommnern in verkürtzter Maß auf gegenwärtiger Tafel habe entwerffen lassen [...].»[32]

Der erstgenannte Schädel gelangte spätestens im April 1725 in Scheuchzers Besitz, denn er veröffentlichte eine Beschreibung desselben als versteinerter Kopf eines Kindes samt Abbildung in der Aprilausgabe der *Sammlung*

32 Scheuchzer (1731–1735), Teil 1, S. 66.

Abb. 44: Das zweite, besser erhaltene Fossil von *Cryptobranchus scheuchzeri* aus Öhningen, das Scheuchzer als *Homo diluvii testis* bezeichnete (Teylers Museum, Haarlem).

Von Natur- und Medicin- Wie auch hierzu gehörigen Kunst- und Literatur-Geschichten von 1725, die 1726 gedruckt wurde.[33] Der Fund war im Unterschied zum Rest von Scheuchzers Fossiliensammlung nachher sehr wahrscheinlich Eigentum Johannes Gessners, dann eines gewissen Lavater und nachher der Naturaliensammlung, die in der Zürcher Wasserkirche untergebracht war. Um 1839 wurde er von den Schweizer Naturforschern Amanz Gressly (1814–1865) und Johann Jakob von Tschudi (1818–1889) präpariert.[34] Heute ist dieses schöne Stück eines fossilen Riesensalamanders stolzer Besitz des Paläontologischen Instituts und Museums der Universität Zürich, war es doch mindestens bis 1958 von allen fossilen Funden «der beste Zeuge für die Übereinstimmung der fossilen Schädel mit den rezenten».[35]

Den zweiten Fund mit sechzehn Wirbeln erhielt Scheuchzer spätestens an Weihnachten 1725. Das geht aus einem Brief hervor, den er am 25. Dezember 1725 dem englischen Arzt und Mäzen Hans Sloane sandte.[36] Scheuchzer beschrieb das Fossil als Relikt eines erwachsenen Menschen, der etwa die gleiche Grösse wie er selber gehabt habe. Im gleichen Jahr veröffentlichte er

33 Scheuchzer (1726a).
34 Tschudi (1839), S. 22; Rüppell (1845), S. 215.
35 Westphal (1958), S. 62.
36 Scheuchzer (1728).

Abb. 45: Radierung des *Homo diluvii testis* von David Scheuchzer und David Redinger, ZBZ, Abteilung Alte Drucke und Rara, Ry 216_5.

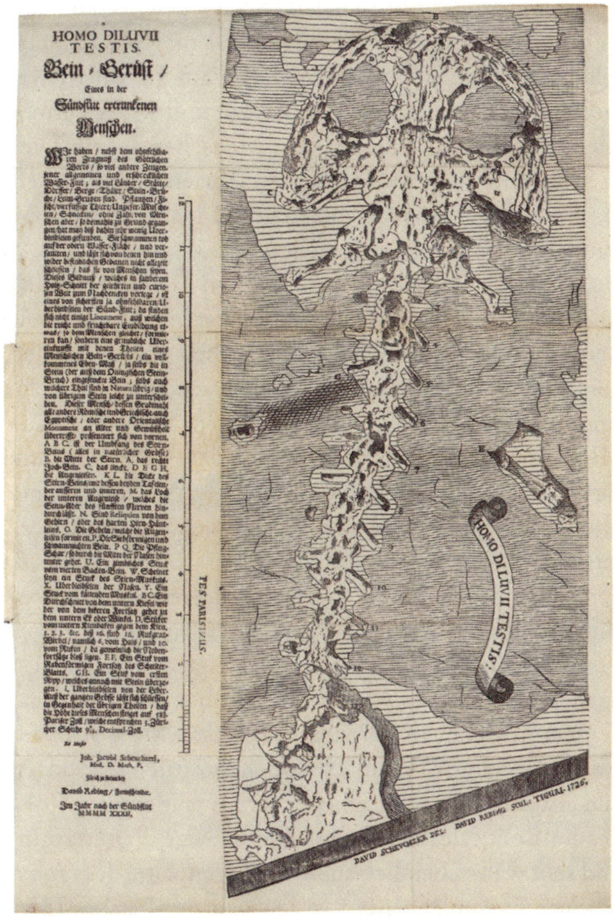

eine ausführliche Beschreibung der Platte unter dem Titel *Homo diluvii testis* (Der Mensch als Zeuge der Sintflut) und fügte ihr einen berühmten seitenverkehrten Holzschnitt des Fossils in Originalgrösse bei, den sein Sohn David Scheuchzer (1704–1739) gezeichnet und David Redinger in Holz geschnitten hatte (Abb. 45). Scheuchzer versah den Einblattdruck mit dem Datum 4032 Jahre nach der Sintflut. Der Text enthält nebst einer Legende zu den einzelnen Teilen des Skeletts eine kurze Einleitung, in der Scheuchzer die Seltenheit menschlicher Fossilien begründet: «Wir haben / nebst dem ohnfehlbaren Zeugnuß des Göttlichen Worts / so viel andere Zeugen jener allgemeinen und erschrecklichen Wasser-Flut; als viel Länder / Stätte / Dörffer / Berge / Thäler / Stein-Brüche / Leim-Gruben sind. Pflantzen / Fische / vierfüssige

Thiere / Unziefer / Muschelen / Schnecken / ohne Zahl; von Menschen aber / so domahls zu Grund gegangen / hat man biß dahin sehr wenig Uberbleibselen gefunden. Sie schwummen tod auf der obern Wasser-Fläche / und verfaulten / und läßt sich von denen hin und wider befindlichen Gebeinen nicht allezeit schliessen / das sie von Menschen seyen. Dieses Bildnuß / welches in sauberem Holtz-Schnitt der gelehrten und curiosen Welt zum Nachdencken vorlege / ist eines von sichersten ja ohnfehlbaren / Uberbleibselen der Sünd-Flut; da finden sich nicht einige Lineament, auß welchen die reiche und fruchtbare Einbildung etwas / so dem Menschen gleichet / formieren kann / sondern eine grundliche Ubereinkunfft mit denen Theilen eines Menschlichen Bein-Gerüsts / ein vollkommenes Eben-Maß / ja selbs die in Stein (der auß dem Oningischen Stein-Bruch) eingesenckte Bein; selbs auch weichere Theil sind in Natura übrig / und von übrigem Stein leicht zu unterscheiden. Dieser Mensch / dessen Grabmahl alle andere Römische und Griechische / auch Egyptische / oder andere Orientalische Monument an Alter und Gewüßheit übertrifft / präsentiert sich von vornen.» Scheuchzers Sintflutmensch fand internationale Beachtung und Akzeptanz. Er darf als das berühmteste Fossil der Schweizer Paläontologiegeschichte bezeichnet werden, dem 1959 zu Recht eine Pro-Patria-Briefmarke gewidmet wurde.[37]

Im frühen 19. Jahrhundert gelangte der Schädel mit sechzehn Wirbeln nach Holland. Vom Mai bis September 1802 unternahm der Direktor von Teylers Museum in Haarlem, Professor Martinus van Marum (1750–1837), eine Schweizreise und machte auch in Zürich Station. Am 24. Juni besuchte er den erwähnten Neffen Scheuchzers, den Mediziner Johann Jakob Scheuchzer, der im Besitz des berühmten Fossils war. Van Marum kaufte ihm die Platte und sehr wahrscheinlich auch die Gegenplatte des *Homo diluvii* sowie ein sehr schönes Exemplar eines fossilen Glarner Fisches (*Homorhynchus colei*) für die stattliche Summe von 14 Louisdor ab.[38] Alle drei Stücke zieren bis heute Teylers Museum. Am 12. Oktober 1802 schrieb Johann Conrad Escher von der Linth (1767–1823) an van Marum, dass er den Verkauf des wundervollen *Homo diluvii* bedaure. Hätte er gewusst, dass er käuflich sei, hätte das Fossil Zürich nicht verlassen.[39]

An der Interpretation des *Homo diluvii* als versteinerten Menschen wagte bis in die zweite Hälfte des 18. Jahrhunderts niemand zu rütteln, zumal Scheuchzer nicht der Einzige war, der behauptete, menschliche Fossilien gefunden zu haben. Noch in der dreizehnte Auflage von Linnés *Systema naturae*

37 Jäckli (1991), S. 17 f.

38 Forbes (1970), S. 330. Diese Summe entsprach etwa dem halben Jahreslohn eines Zürcher Handwerkermeisters.

39 Lefebvre und Bruijn (1976), Bd. 6, S. 98.

von 1770 findet sich der *Homo diluvii* als Anthropolith (wörtlich: steinerner Mensch) verzeichnet. Wahrscheinlich der erste Zürcher, der davon abwich, war der Scheuchzer-Schüler und Gründer der Zürcher Naturforschenden Gesellschaft Johannes Gessner. Selber hat er sich zwar in gedruckter Form nie zu diesem Thema geäussert, doch der Hannoveraner Apotheker Johann Gerhard Reinhard Andreae (1724–1793) schreibt in seinen 1763 verfassten, im *Hannoverischen Magazin* abgedruckten und 1776 in überarbeiteter Fassung in Buchform erschienenen *Briefen aus der Schweiz*, dass Gessner den scheuchzerschen Anthropolithen «für ein versteltes Geripps vom Scheidfische, Siluro, hält».[40] Unter dem Scheidfisch oder lateinisch *Silurus* wurde der europäische Flusswels begriffen, der etwa zweieinhalb Meter lang werden kann. Gessner war ein ausgewiesener Fischkenner, dessen handschriftliche *Ichthyologia helvetica* leider verloren ist.[41] Vermutlich hatte er Kenntnis vom Skelettbau des europäischen Flusswelses (*Silurus glanis*) und erkannte gewisse Ähnlichkeiten zwischen diesem und Scheuchzers *Homo diluvii*. Auffällig ist nicht nur eine gewisse Übereinstimmung der Schädelform, sondern auch der halbkreisförmig angeordneten Zahnreihen.

Bis Ende des 18. Jahrhunderts wurden zwei weitere Deutungsversuche des *Homo diluvii* unternommen.[42] Des Rätsels Lösung gelang schliesslich dem Franzosen Georges Cuvier, der als Begründer der Wirbeltierpaläontologie in die Wissenschaftsgeschichte einging. Er verfasste 1809 die wichtige Abhandlung mit dem Titel *Sur quelques quadrupèdes ovipares fossiles conservés dans des schistes calcaires*, die er im vierten Band der Erstausgabe seiner berühmten *Recherches sur les ossemens fossiles* von 1812 unverändert wiederabdrucken liess. Drei der vier darin besprochenen Fossilfunde betreffen Stücke aus dem Besitz von Zürcher Sammlern, nämlich Scheuchzers *Homo diluvii*, seine oben behandelten «menschlichen» Rückenwirbel von Altdorf und die fossile Kröte von Oehningen aus dem Kabinett des Zürcher Zunftmeisters Lavater. Das zweite Kapitel der Publikation trägt die Überschrift *Sur le prétendu homme fossile des carrières d'Oeningen, décrit par Scheuchzer, que d'autres naturalistes ont regardé comme un silure, et qui n'est qu'une salamandre, ou plutôt un protée, de taille gigantesque et d'espèce inconnue*. Cuvier kam zum Schluss, dass sich hinter dem *Homo diluvii* eine unbekannte Art eines Salamanders oder vielmehr eines *Proteus* (Grottenolm) von riesenhafter Gestalt verbarg.

Im Mai 1811 weilte Cuvier für zwei Tage in Teylers Museum in Haarlem, wo Charles Léopold Laurillard (1783–1853), einer seiner Gehilfen, in Anwesenheit von Cuvier, Martinus van Marum und Professor van den Ende gewisse

40 Andreae (1776), S. 52. Der Brief datiert vom 3. 9. 1763. Vgl. auch ebd., S. 66.
41 Milt (1946a), S. 115.
42 Vgl. Leu (1999), S. 45 f.

Partien des Skeletts aus dem Stein herauspräparierte.[43] Sie legten eine Zeichnung eines Salamanderskeletts vor sich und tasteten sich aufgrund derselben zu den noch im Stein verborgenen Knochen vor.[44] Diejenigen Gesteinsflächen, die dem heutigen Betrachter heller erscheinen, zeugen von der damaligen Bearbeitung. Wann genau Cuvier zur endgültigen Erkenntnis gelangte, dass es sich beim *Homo diluvii* um nichts anderes als einen versteinerten grossen aquatischen Salamander handeln kann, ist schwer zu sagen. Sicher ist, dass er in der zweiten Auflage seiner *Recherches sur les ossemens fossiles* von 1824 das Fossil zweifelsfrei als einen im Wasser lebenden Salamander von enormer Grösse bezeichnete.[45]

Fossilien als Zeitindikatoren

Scheuchzer war der Überzeugung, dass die Sintflut im Frühling ihren Anfang genommen habe, und belegte dies mit gewissen exegetischen Überlegungen und naturwissenschaftlichen Argumenten sowie mit drei speziellen Fossilfunden, die er in der *Kupfer-Bibel* auf Tafel 43 (Abb. 46) abbildete und mit folgenden Worten kommentierte: «Einen nahmhafften Grund von den Uberbleibseln der Sünd-Fluth gibt uns die Natur an Hand, denn unter solchen die wir mit grossem Fleisse heutiges Tages aufsuchen, und bereits in Menge gefunden, hat man nicht wenige, welche klärlich erweisen, daß diese Wasser-Fluth ihren Anfang im Frühling genommen; Und habe ich aus meinem eigenen Cabinet ein noch unreiffes Gersten-Aehr samt einer Beschreibung in meinem Herbario Diluviano vor Augen geleget, so ich Fig. I. der gelehrten Welt abermals mittheile; Fig. II. Haselnüsse mit noch zarten unreiffen Schalen. Aus dem Thier-Reich Fig. III. Schneider-Metzen oder Augenschiesser, in der Gestalt wie diese Ungeziefer im May Monat zu ihrer Vollkommenheit anwachsen; und wie die Verwandlungen der Ungeziefer überhaupt in dieser Sache ein groß Licht geben; also schicken sich dieselbe nebst allen Pflantzen am richtigsten zur Frühlings-Zeit; diese Merckzeichen und Zeit-Zeigere, sind nach dem Zeugnis des hochberühmten Verfassers der Sammlungen der Königlich-Frantzösischen Gesellschafft der Wissenschafften im Jahr 1710. älter, gewichtiger und richtiger, als alle Griechische und Römische Müntzen.»[46]

Scheuchzer benutzte als einer der ersten Naturforscher Fossilien zur Erhellung und Datierung erdgeschichtlicher Vorgänge. Das Fossil wurde in

43 Lefebvre und Bruijn (1976), S. 91; Cuvier (1824), S. 436 f.
44 Cuvier (1824), S. 437.
45 Ebd., S. 431 ff.
46 Scheuchzer (1731–1735), Teil 1, S. 58.

seinen Händen zum historischen Dokument. Ein gedanklicher Ansatz, der dem modernen Paläontologen mehr als vertraut ist. Scheuchzer war einer der erdwissenschaftlichen Pioniere, welche Versteinerungen nicht nur sammelten, sondern sie auch zu lesen versuchten.

Die genannten und auf Tafel 43 der *Physica sacra* als Figuren I, II und III abgebildeten Fossilien stammen aus dem Besitz Scheuchzers und sind im Paläontologischen Institut und Museum der Universität Zürich noch vorhanden. Die zitierte Gerstenähre ist eines der am meisten abgebildeten Fossilien in Scheuchzers Werken und stellt in Wahrheit den Schwanz einer Schnabelmakrele (*Palaeorhynchus glarisianus*) aus dem Oligozän des Landesplattenbergs von Engi dar.[47] Von den beiden Haselnussschalen ist nur noch eine vollständig erhalten. Es handelt sich dabei um eine schwach inkohlte Frucht aus einem Torf- oder Schieferkohlehorizont. Bei den beiden von Scheuchzer als Schneidermetzen oder Augenschiesser bezeichneten Insekten handelt es sich einerseits um ein nicht näher bestimmbares Objekt vom Monte Bolca bei Verona. Die andere Abbildung gibt eine versteinerte Libellenlarve oder Libellenexuvie aus dem Miozän von Oehningen wieder.

Ähnliche Sätze wie bei Scheuchzer finden sich über hundert Jahre später wieder bei Leopold von Buch (1774–1853), einem der Väter der deutschen Paläontologie. Er beginnt sein Buch über Terebrateln (Brachiopoden) mit den Worten: «Nicht ohne Geist hat man die Muscheln, welche in Gesteinsschichten umhüllt liegen, mit alten Münzen verglichen. Diese bestimmen oft mit grösster Sicherheit das Dasein und die Lage von Städten und Landschaften, sie unterrichten über Sitten und Gebräuche, über ungeahnete Verbindung der Länder; sie individualisiren einzelne Punkte im gleichförmig scheinenden Strome der Zeiten durch Vorführung von Helden und Königen, und durch diese wieder erhalten wir nicht selten die, ohne sie wenig gekannte chronologische Folge der Begebenheiten.» Etwas später wiederholt er den Vergleich von Fossilien mit antiken Münzen als historisch-chronologische Quellen: «Ohne ihre [der Terebrateln] Abdrücke in den älteren Gesteinsschichten würden uns die merkwürdigen, für die Entwickelung der Kenntnisse der Brachiopoden so nothwendigen Geschlechter *Leptanea* (*Producta*) und *Delthyris* (*Spirifer*) eben so unbekannt geblieben sein, als die Folge indo-bactrischer Könige ohne die Münzen.»[48]

Obschon bei der Interpretation des *Homo diluvii* der Wunsch wohl Vater des Gedankens war, darf dies nicht darüber hinwegtäuschen, dass Scheuchzer ein ausgezeichneter Beobachter war. Er stellte als Erster fest, dass die fossil-

47 Furrer und Leu (1998), S. 40–43.
48 Buch (1834), S. 22.

Abb. 46a: Der Beginn der Sintflut, in: Scheuchzer (1731–1735), Teil I, Taf. 43, mit drei Fossilien als Figuren I, II und III am Rand.

Abb. 46b, c, d: Die entsprechenden Originalfossilien (Gerstenähre [b], Haselnuss [c] und Libelle [d]) werden im Paläontologischen Museum aufbewahrt. Bei dem von Scheuchzer als Gerstenähre bezeichneten Fossil handelt es sich um einen fossilen Fischschwanz aus dem oligozänen Glarner Schiefer (*Palaeorhynchus glarisianus*, Inv.-Nr. A/I 3133). Die Haselnuss stammt aus dem Jungpleistozän einer nicht eruierbaren Lokalität (*Corylus sp.*, Inv.-Nr. A/VI 27) und die Libelle aus dem Miozän von Öhningen (Larve von *Libellula eurynome*, Inv.-Nr. 29697).

führenden Glarner Schiefer im Sernftal verkehrt lagen, weil die sonst unten liegende härtere Seite des Schiefers oben anzutreffen ist.[49] Seine naturwissenschaftliche Beobachtungsgabe kommt auch darin zum Ausdruck, dass er bereits feststellte, dass fossile Brachiopoden (Armfüsser) in der Regel mit beiden Schalen und nicht wie die Muscheln häufig einschalig gefunden werden. Dies rührt daher, dass bei den artikulaten Brachiopoden die beiden Klappen nach dem Tod zusammen bleiben, weil die hakenförmigen Schlosszähne mit den Zahngruben ein Scharnier bilden.[50] Entsprechend notierte Scheuchzer zu einem Exemplar, das heute der Gattung *Colosia* zugezählt wird: «[…] dann wol zubemerken / daß / obgleich diese Muschelen aus zweyen Schalen / wie andere / bestehen / beyde diese Schalen unten gar selten von einander ginnen [gingen] / auch selten einzeln gefunden werden / sondern fast allezeit wol beschlossen sind […].»[51] Auch seine Mutmassungen über das auf den ersten Blick rätselhafte Stielloch in der einen Schalenhälfte dieser Meeresbewohner sind beachtlich. So notierte er zu dessen Funktion: «[…] woraus muthmasslich geschlossen werden kann / dass diese Muschel-Arten ihr Wasser / oder ihre Speise durch obbeschriebenes Löchlein einholen», was nicht zutrifft, doch schliesst er dann richtig: «[…] oder wenigstens durch dasselbe ihre Anker-Seiler oder Fäden spinnen. Es werden aber die könfftigen Zeiten / in welchen etwann die Original-Muschelen selbs an den Tag kommen / ein mehrers aufheiteren.»[52]

Der letzte zitierte Satz weist darauf hin, dass Scheuchzer, wie die meisten seiner Zeitgenossen, von der Konstanz der Arten ausging. Die in der Sintflut verschütteten Pflanzen und Tiere leben heute noch auf irgendeinem Kontinent oder in irgendeinem Meer, aber der Mensch hat noch nicht alles erforscht und wird die rezenten Pendants zu den Fossilien noch finden.[53] So war es für Scheuchzer und seine Kollegen, die noch nichts von ausgestorbenen Tierarten wussten, alles andere als einfach, die im Jahr 1700 in Cannstatt gemachten Funde von Mammuten und anderen eiszeitlichen Säugetieren richtig zu interpretieren. Handelte es sich um Funde aus römischer Zeit oder um sintflutliche Überreste?[54] Herzog Eberhard Ludwig von Württemberg (1676–1733) schenkte der Stadt Zürich ein paar Stücke aus der Grabung, wofür sich Bürgermeister und Rat am 5. März 1701 mit den Worten bedankten: «Durchlauchtiger Fürst, gnädiger Herr. Nahdem wir von unsern respective geliebten Mitrehten

49 Furrer und Leu (1998), S. 29, 108–113.
50 Sulser (1999), S. 20.
51 Scheuchzer (1718), S. 309.
52 Scheuchzer (1706), S. 100.
53 Vgl. dazu Stamm (2020), S. 251–258.
54 Vgl. Scheuchzer an Valkenier, 7. 12. 1700, ZBZ, Ms H 150, S. 235–238. Noch immer gab es Leute, die bei den Cannstätter Funden nicht ausschlossen, dass diese Fossilien durch gewisse Samen hervorgebracht worden seien. Vgl. Fraas (1861), S. 117.

und getrewen Lieben Burgern, denen Vorstehern Unserer Burger-Bibliothec geziemender masen verständigt worden, wie das Euro Furstl. D[u]rchl[au]cht gnädig beliebet, unserem Publico einiche ansehnliche rariteten von allerhand gattungen unicornuum Fossilium [Einhörnern] durch die Hand des Herrn Professoris und verrühmten Antiquarii Schukhardt[55] zu destinieren, und uns damit kostbahrlich zu schenken, haben Wir keinen umgang nemmen dürfen, E. F. D. [Eurer Fürstlichen Durchlaucht] für solche Liberalität und Freygebigkeit unsern Dienstfleissigsten Dank, wie hiemit beschieht, zu bezeugen, mit aufrichtiger Versicherung, dass wo wir den Anlass werden ergreifen können, E. F. D. angenehme Dienstgefelligkeiten zu erweisen, ein solcher uns erwünscht und erfreulich sein werde. Indess wir Gott bitten, dass Er E. F. D. in allerselbst-desiderirenden Glückseligkeiten noch fürbass väterlich zu erhalten geruhe.»[56] Hinter den erwähnten fossilen Einhörnern verbargen sich in der Regel Mammutstosszähne, die lange als Einhornrelikte interpretiert wurden.[57] Es dauerte ein weiteres Jahrhundert, bis wiederum der geniale Georges Cuvier nachwies, dass gewisse Lebewesen als ausgestorben betrachtet werden müssen und daher kein rezentes Gegenüber besitzen.

55 Vgl. die drei Briefe Scheuchzers an ihn in ZBZ, Ms H 150, S. 268–272.

56 Fraas (1861), S. 123 f. Die Stücke kamen in der Stadtbibliothek in die Obhut Scheuchzers. ZBZ, Arch St 9, S. 153 f.; Rütsche (1997), S. 136.

57 Leider konnten die damals geschenkten Fossilien weder im paläontologischen noch im zoologischen Museum der Universität Zürich gefunden werden. Ich danke meinem Kollegen Dr. Dennis Hansen (Universität Zürich) herzlich für seine Bemühungen.

17
Physikotheologie

Neben der Liebe zu den Fossilien und dem Interesse für die Alpen und die Meteorologie durchziehen Scheuchzers physikotheologische Studien sein Leben wie ein roter Faden. Auch sie reichen in seine Altdorfer Zeit zurück, genauer zu seinem dortigen Lehrer Johann Christoph Sturm, der die Ansicht vertrat, dass die Erforschung der Natur und der Welt zur Erkenntnis des Schöpfers führe, der alle Dinge geschaffen habe. Diese Gotteserkenntnis stellte für Sturm den Endzweck aller Forschung dar: «Er selbst verfehlte keine Gelegenheit, auf das weise Walten des Schöpfers in der Natur hinzuweisen, und aus der Natur Beweise für das Dasein Gottes und die Unsterblichkeit der Seele zu erbringen.»[1] Im Laufe der folgenden Jahre gesellten sich Einflüsse der englischen und niederländischen Physikotheologen wie John Ray, William Derham oder Johannes de Mey hinzu, die Scheuchzers Schaffen und nicht zuletzt sein physikotheologisches Hauptwerk prägten. Die Rede ist von der deutsch und lateinisch erschienenen vierbändigen *Kupfer-Bibel* beziehungsweise *Physica sacra*.[2]

Scheuchzer betrachtete die Natur als zweites Buch der Offenbarung Gottes neben der Bibel, für dessen Lektüre es der Vorbereitung und Unterweisung bedürfe: «Es ist aber dise Naturschrift nit alsobald zu lesen / sondern mit fleissiger Nachdenkung zu erstudieren. Gott hat nicht wollen /daß wir alsobald / als wir an dise Welt geboren werden / ganze Texte nach einander daher lesen / und selbige verkünden / sondern vorerst kennen lehrnen die Buchstaben / hernach lesen die Sylben und Wörter. So vil natürliche Cörper / ja so vil Eigenschaften / Gestalten / Bewegungen derselben seyn / so vil sein Buchstaben / ja Wörter / ja ganz kräftige Beweißthümer der Göttlichen Güte / Weißheit / und Allmacht. Und aber ligen dise kostliche Wahrheits-Perlen nicht an allen Uferen / sondern in dem tieffen Meer / verschlossen innert den Muschelen. Es kann sie nicht ein jeder aufheben / der an dem Gestad spazieren gehet; sie müssen hervor gefischet werden mit grosser Mühe. Dises schreibe ich ins besonder zur widerlegung der Epicureeren[3] / welche die ganze Welt / ins besonder aber die aussere Erden-Rinde ansehen / als einen auß dem finsteren Stäublein gemeng /

1 Steiger (1927), S. 34.
2 Vgl. Jorink (2010), S. 385; Boscani-Leoni (2020).
3 Gemeint sind Baruch de Spinoza und seine Anhänger, die Scheuchzer verschiedenerorts heftig kritisiert, zum Beispiel in Scheuchzer (1722a), S. 6.

ohne zwischenkommenden weisen Raht / ohngefahr entstandenen Klumpen; die Berge als grosse / ohne Ordnung / über einander ligende / gleichsam vom Himmel gefallene / oder von eingefallener ersten Erden-Rinde übrige / ohne weise Leitung in jezige Gestalt gebrachte / zerbrochene Erden-Stücke: die Thäler als von selbs entstandene außhölung der Erden / etc. Da ich hingegen mit offenen Augen die aussere unebene Erde ansihe als ein ordentliches / nach Göttlicher Architectur aufgeführtes / zierliches Kunstgebäu / und auch mit kräftigen Vernunftgründen als ein solches bald darzustellen vermeine.»[4]

Die skizzierte Hinführung zur Lektüre des Buchs der Natur versuchte Scheuchzer in seinen Vorträgen und Vorlesungen zu bieten. Er unternahm es wiederholt, den Theologen und Politikern Sinn, Zweck und Erkenntnisgewinn der Naturwissenschaften zu erklären, doch oft mit wenig Erfolg.[5] Vor allem die Theologenzunft sträubte sich gegen naturwissenschaftliche Studien, weil sie befürchtete, dass diese die Bibel kritisch aushöhlten. Am 8. November 1710 schrieb er seinem Basler Kollegen Bernoulli, dass primär die Theologen ihn angriffen, die keine Ahnung von Mathematik hätten.[6] Sie schrieben ihm vor, dass er in seinen Vorlesungen nichts behandeln dürfe, was der Bibel oder der Theologie widersprechen könnte. Sie seien der Ansicht, dass die Mathematik am Kopernikanismus schuld sei, und fürchteten, dass Scheuchzer und alle Mathematiker zum Kopernikanismus neigten und damit die Bibel kritisierten, die das heliozentrische Welt vertrete.[7] Die Pfarrherren lagen zwar in jeder Beziehung falsch, merkten es aber nicht und liessen keine Kritik zu. Das fiel auch Christian Gabriel Fischer aus Königsberg auf. Er notierte nach seinem Besuch in Zürich und mit Blick auf Scheuchzer die Sätze: «Wenn Philosophi [Wissenschaftler] es ernstlich mit Gott meynen und dessen Ruhm durch Betrachtung und gründliche Nachricht göttlicher Wercke befördern, widerstehe selbigen der Teuffel durch die Verfolgung ungeistlicher Theologorum am meisten, sonder Zweifel, weil ein gründlicher Philosophus seinem [des Teufels] Lügen-Reich mehr Abbruch thun und dagegen die Wahrheit besser finden kann als 10 Bibel-Fincken, welche im Schlaf der Unwissenheit sich verirrt, dass sie mehr dem Schatten als der Wahrheit nachgehen und weder in offenbarter noch in natürlicher Erkenntnis den rechten Grund erreichen.»[8]

4 Scheuchzer (1708), S. 173. Vgl. Michel (2001), S. 181.

5 Siehe oben, S. 72.

6 Unter Mathematik verstand Scheuchzer in diesem Kontext die exakten, auf Messungen beruhenden Naturwissenschaften.

7 https://ub-mediawiki.ub.unibas.ch/bernoulli/index.php/1710-11-08_Scheuchzer_Johann_Jakob-Bernoulli_Johann_I.

8 Fischer (1926), Nr. 62, S. 1 f.

Scheuchzer war mit seiner Auffassung in guter Gesellschaft, wie aus dem Briefwechsel wiederholt hervorgeht. Auch Louis Bourguet betrachtete das geschriebene Buch der Bibel und das geschaffene Buch der Natur als sich ergänzende Offenbarungen Gottes, wenn er Ende 1709 an Scheuchzer schrieb: «Comme il y a quelque tems que je me suis appliqué (comme vous savez) à l'étude des choses naturelles, et qu'il me semble que toutes nos recherches doivent tendre à la gloire de Dieu et à la decouverte de la verité, principalement à celles qui peuvent servir à confirmer la Revelation Divine de nos Ecritures.»[9] Ein paar Jahre später gestand er seinem Zürcher Kollegen, dass er auch grosses Interesse an naturwissenschaftlichen Themen habe, und ergänzte: «Un grand phisicien ne peut qu'être bon Theologien. Et un Theologien ignorent en phisique – est pour moi une éspece de monstre.»[10]

Anfang 1708 wiederum schilderte Scheuchzer dem Bürgermeister von Deventer, Gisbert Cuper, wie Gott seine Spuren in den Naturschönheiten der Schweiz hinterlassen habe, worauf dieser das Thema in einem Brief vom 20. Juli 1709 wieder aufgriff und als Gleichgesinnter schrieb, wie er sich Scheuchzer vor seinem geistigen Auge vorstelle, wie er die Berge durchstreife und die Wunder der Natur erforsche, mit denen Gott, der Schöpfer der Welt, die Alpen wunderbar ausgeschmückt habe.[11]

Jobi physica sacra

Scheuchzer blieb all die Jahre seiner Überzeugung treu, wie er sie exemplarisch 1711 in den kernigen Sätzen formuliert hatte: «Aus der Natur-Wissenschaft lehrnet man mit grossem Nutzen und vergnügen kennen Gott, die Welt, und den Menschen. Gott als den gütigsten Schöpfer / weisen Erhalter / und unerschöpflichen Brunnen alles guten / welcher sich nicht hat wollen unbezeuget lassen. Die Welt, als ein Kunstwerk der Göttlichen Macht / als einen Schauplatz übriger Göttlicher Vollkommenheiten / in welchem die Himmel / alle himmlischen und irdischen Cörper erzehlen die Ehre des Schöpfers. Den Menschen, als ein kleine Welt, als das elendeste / und edelste Geschöpf: kurz / ein rechtes Meisterstuck Göttlicher Weißheit / Gerechtigkeit / und Gnad.»[12]

Naturforschung führt demnach unweigerlich zur Erkenntnis, dass jemand hinter all den gemachten und wunderbar eingerichteten Wesen und Gesetzen

9 Scheuchzer an Bourguet, 6. 11. 1709, ZBZ, Ms H 336, S. 47–49.
10 Bourguet an Scheuchzer, 24. 3. 1714, ZBZ, Ms H 336, S. 147–150.
11 Schelhorn (1738), S. 773–776, 894.
12 Scheuchzer (1711a), S. 1.

der Natur stecken und es einen allmächtigen Schöpfergott geben müsse,[13] wie es schon der Apostel Paulus im Römerbrief 1, 18–20 formuliert hatte: «Denn es offenbart sich der Zorn Gottes vom Himmel her über alle Gottlosigkeit und Ungerechtigkeit der Menschen, die die Wahrheit in Ungerechtigkeit aufhalten, weil das, was man von Gott erkennen kann, unter ihnen offenbar ist; denn Gott hat es ihnen geoffenbart. Sein unsichtbares Wesen, das ist seine ewige Kraft und Gottheit, ist ja seit Erschaffung der Welt, wenn man es in den Werken betrachtet, deutlich zu ersehen, damit sie keine Entschuldigung haben.» Es ist sicher kein Zufall, dass Scheuchzer in seinen Werken wiederholt auf diese Bibelstelle rekurriert.[14] In der Vorrede zur *Kupfer-Bibel* schreibt er sogar, dass ihn diese Passage zur Abfassung des gigantischen Werks motiviert habe: «Schließlich erhielte ich einen nicht nur kräfftigern Trieb, sondern auch gemessenen Befehl, meinen gefaßten Entschluß fortzusetzen aus den Worten Pauli Röm. 1, 20»[15]

Nachdem er 1714 den Ruf nach Russland ausgeschlagen hatte und vom Rat nicht nur eine Gehaltserhöhung, sondern auch den Auftrag für drei öffentliche Vorlesungsstunden pro Woche über Naturwissenschaften erhalten hatte, vertiefte er sich noch mehr in die Materie. Er versuchte seinen Zuhörern darzulegen, dass das Buch der Bibel und das Buch der Natur nicht im Streit miteinander liegen. Naturforschung schadet der Theologie nicht und untergräbt auch den Glauben nicht, sondern die beiden Bücher ergänzen sich. Erst aufgrund solider naturwissenschaftlicher Kenntnisse kann man gewisse Bibelstellen verstehen und richtig auslegen. Scheuchzer nutzte diese drei Vorlesungsstunden für die naturwissenschaftliche Kommentierung der Heiligen Schrift, wie er selber am Ende seiner Vorrede zum 1721 erschienenen Werk über das Buch Hiob schrieb: «Wann die gelehrte und ungelehrte Welt / deren beyder Censur mich gar willig unterwerffe / etwas Nutzens aus dieser meiner Arbeit schöpfet / so wisse sie / daß sie nicht so fast mir / dem Verfasser zudanken hat / als aber meiner Gnädigen Hohen Landes Obrigkeit / welche bey Anlas meiner Beruffung an S[eine]r Czarischen Maj[estät] Hof zum Aufnemmen der Physicalischen und Mathematischen Wissenschafften / mich ihres Gnädigsten Befehls gewürdiget / über meine ordinari Wochen-Stunde noch zwey andere offentliche Lectiones mir anzubefehlen / welche zwey Stunden ich nicht gewußt habe besser anzuwenden / als zu dieser Arbeit: so daß mir zeitlich / unter GOTTES gnädigen Leitung und Hilff / vorgesetzt / einen ganzen Commentarium über die Physicalischen und Mathematischen Text der

13 Vgl. Scheuchzers Vorrede zum Hiob-Kommentar (1721), fol.):($_4$r: «[…] weilen in der ganzen Natur-Wissenschaft dieß die sicherste Wahrheit / daß ein Gott ist.»

14 Vgl. beispielsweise Scheuchzer (1722), S. 2.

15 Scheuchzer (1731–1735), Teil 1, fol. a_2r.

H. Schrifft / der jezt so viel als fertig lieget / nach der schwachen Fähigkeit meines Verstandes zuverfertigen.»[16]

Selbstverständlich blieben auch seine Vorlesungen nicht von der Kritik seitens der Theologen verschont, wie aus einem Brief an seinen Basler Kollegen Bernoulli vom 18. April 1714 hervorgeht: «Cependant je continue mes Lecons extraordinaires sur les passages de l'Ecriture sainte physiques et Mathematiques, et mesmes dans la langue du Pays, ce qui fait quasi enrager ceux, qui veulent passer pour des seuls Protecteurs de la Langue scavante, et pour des Gardiens de la parole de Dieu. J'ay ordinairement un Auditoire de 30, 40, 50 de toutes conditions, scavans, ignorans, jeunes, agés et mediocres, et un beau champ pour recommander et employer la Philosophie moderne Mathematique, et pour montrer le faux brillant des Théologiens anti-Mathematiciens, qui se nomment scavans par excellence. Il est vray, qu'on a taché de rompre le cours des ces lecons sous le beau Titre de μετάβασις εἰς ἄλλο γένος, mais par bonheur ils ne pouvoient venir à bout. J'ay passé deja la Genese, expliquant à cette heure l'Exode. J'espere, que les yeux s'ouvriront de plus en plus. Enfin il faut tenter ce qu'on peut dans un monde si peu eclairé, comme est le notre.»[17]

Besonderen Stellenwert hatte für Scheuchzer das Buch Hiob, weil es viele naturwissenschaftliche Passagen enthält, die einer Erklärung bedürfen.[18] Überhaupt galt ihm Hiob gewissermassen als erster Physikotheologe, in dessen Tradition er sich stellte, und das Buch Hiob als Naturlehrbuch: «Das Buch Hiob kan mit bestem Recht eine Natur-Schule betitelt werden, ja ein kurtzer Begriff der so genandten natürlichen Gottes-Gelahrheit, wie nehmlich dieselbige aus denen Natur-Wercken erlernet wird.»[19]

Scheuchzer hielt während des Jahres 1718 seine Vorlesungen über Hiob[20] und veröffentlichte 1721 einen fast 500 Seiten umfassenden Kommentar

16 Scheuchzer (1721), fol.):():():():($_{1}$ v. Vgl. auch Scheuchzer an Bernoulli, 12. 5. 1714, https://ub-mediawiki.ub.unibas.ch/bernoulli/index.php/1714-05-12_Scheuchzer_Johann_Jakob-Bernoulli_Johann_I.

17 https://ub-mediawiki.ub.unibas.ch/bernoulli/index.php/1716-04-18_Scheuchzer_Johann_Jakob-Bernoulli_Johann_I. Vgl. zum Briefwechsel von Scheuchzer mit Bernoulli, nicht zuletzt unter dem Aspekt der Anfeindung des Kopernikanismus durch die Theologen, Nagel und Gehr (2012).

18 Vgl. dazu Scheuchzers Zusammenstellung der naturwissenschaftlichen Themen, die im Buch Hiob aufgegriffen werden, die er in der Vorrede auf mehreren Seiten bietet. Scheuchzer (1721), fol.):():($_{ii}$ r –):():():():($_{i}$ r.

19 Scheuchzer (1731–1735), Teil 2, S. 314. Vgl. Michel (2012), S. 78–80.

20 «Je prend en meme tems la liberté de vous donner part de l'etat present de mes Lecons physiques et Mathematiques. Je suis à cette heure dans la Philosophie de Job, faisant par tout une application à la Theologie naturelle; Les Lecons se font en Langue Allemande. Vous vous souvenez Monsr que Messrs mes Commandants ne m'ont pas voulu donner des Etudiants. Il a fallu donc choisir une matiere et maniere pour attirer des autres. A l'heure qu'il est j'ay un Auditoire de 80 à 100 personnes, Scavans et ignorans, grands et petits, jeunes et vieux,

dazu, dessen Drucklegung mit zahlreichen Schwierigkeiten verbunden war. Der Zürcher Polyhistor machte bekanntlich kein Hehl daraus, dass er das heliozentrische Weltbild der Theologen nicht teilen konnte, sondern das kopernikanische für richtig hielt.[21] Zudem hatte er es sich mit seiner Parteinahme für die Bürgerbewegung von 1713 mit verschiedenen in der Limmatstadt tonangebenden Familien verscherzt.[22] Diese Gegnerschaft des Establishments verfolgte ihn fast sein ganzes Leben lang und war wohl der Grund dafür, dass er bis kurz vor seinem Tod keine anständige Anstellung und Würdigung in seiner Vaterstadt erhielt. Es braucht daher nicht zu erstaunen, dass auch die Publikation der *Jobi physica sacra Oder Hiobs Natur-Wißenschafft* nicht reibungslos über die Bühne ging.[23]

Die Zürcher Zensurordnung von 1711 schrieb vor, dass in Zürich nichts gedruckt werden dürfe, was nicht vorher den Zensoren zur Begutachtung vorgelegt worden sei.[24] Das entsprechende Kollegium für theologische beziehungsweise wissenschaftliche Schriften setzte sich zusammen aus dem Pfarrer am Grossmünster, zwei Theologen und drei weiteren Personen.[25] Zur fraglichen Zeit, als Scheuchzers Hiob-Kommentar gedruckt werden sollte, waren das alles Vertreter der Orthodoxie oder der alteingesessenen Zürcher Familien, nämlich Antistes Johann Ludwig Nüscheler (1672–1737), Stiftsverwalter Hans Kaspar Hofmeister (1655–1731), Theologieprofessor Johann Jakob Hottinger (1652–1735), Philosophieprofessor David Holzhalb (1677–1731), Zunftmeister Johannes Hofmeister (1669–1740), Ratsherr Heinrich Füssli (1677–1722) und Theologieprofessor Johann Jakob Lavater (1657–1725).[26]

Um die grössten Fettnäpfchen zu vermeiden, schickte Scheuchzer am 17. Juni 1720 zehn Seiten des Manuskripts an Bernoulli zur Stellungnahme.

bourgeois et Gentilshommes, Professeurs et Etudiants, Marchands et proposants, memes des Messieurs du Conseil et des Paisans, ainsi qu'il ne me manque que le sexe [féminin]. On ouvre les yeux, on commence à gouter les fruits de l'Erudition de nos jours, à se desabuser des vieilles fadaises, que je tourne en ridicule. Avec tout cela je suis obligé de penser à une maniere de satisfaire à tous les membres d'un Auditoire si melé comme est le mien, et de marcher prudemment, pour n'irriter pas la jalousie et l'envie contre moy, ce qui se fait en evitant les dogmes. Car vous scavez que je vis dans une Eglise des plus orthodoxes.» Scheuchzer an Bernoulli, 12. 3. 1718, https://ub-mediawiki.ub.unibas.ch/bernoulli/index.php/1718-03-12_Scheuchzer_Johann_Jakob-Bernoulli_Johann_I.

21 Vgl. seine bereits 1710 und 1711 getätigten öffentlichen Äusserungen dazu in Scheuchzer (1711), S. 85; Bulinsky (2020), S. 139; Leu (2021), S. 611. Vgl. auch Nagel und Gehr (2012), S. 188.

22 Vgl. Bulinsky (2020), S. 150–153; Fischer (1972), S. 100.

23 Vgl. Fueter (1941), S. 38–42.

24 Ordnung der Dieneren (1711), S. 46.

25 Ebd.

26 Vgl. Scheuchzer an Bernoulli, 5. 1. 1721, https://ub-mediawiki.ub.unibas.ch/bernoulli/index.php/1721-01-05_Scheuchzer_Johann_Jakob-Bernoulli_Johann_I#cite_note-2.

Am 14. August machte ihn der Basler Mathematiker auf einige Schwachstellen aufmerksam, die die orthodoxen Zürcher vermutlich kritisieren würden.[27] Ein Passus betraf Beobachtungen von Antoni van Leeuwenhoek (1632–1723) von Stockfischeiern, die er unter dem Mikroskop beobachtet hatte. Bernoulli warnte ihn mit den Worten: «Ils reputeront aussi comme une heresie de physique ce que Vous rapportez pag. 59 et 60 de l'extreme petitesse des canalicules et des globules de sang des petits animaux que Leuwenhoek a observés dans la semence des poissons.» Man glaubt es kaum, aber Bernoulli sollte recht behalten. Die Notizen der Zensoren zu den ersten zwölf Kapiteln von Scheuchzers Hiob-Kommentar sind erhalten geblieben, und zu diesem Abschnitt hält das Zensurprotokoll ohne weitere Begründung fest: «Der Discurs von dem Stockfisch und seinem Samen soll als unerbaulich ausgelaßen werden.»[28] Vermutlich steckte ein orthodoxer Abwehrreflex gegen moderne Naturforschung und ihre Instrumente dahinter. Scheuchzer befolgte die Anweisung der Zensoren, strich den Abschnitt aus seinem Werk und begnügte sich mit einem Literaturverweis auf Leeuwenhoek.[29] Das hinderte ihn aber nicht daran, zwölf Jahre später den Passus trotzdem in der Kupfer-Bibel zu publizieren.[30]

Scheuchzer übernahm zwar die meisten Korrekturwünsche der Zensoren, die auch alle Elemente des Kopernikanismus gestrichen sehen wollten,[31] aber längst nicht alle. Auf Bernoullis Feststellung, dass Scheuchzer die Vorgaben der Behörde nicht überall eingehalten habe, antwortete ihm dieser am 29. Dezember 1720: «En parcourant les Censures vous verrez la raison, pourquoy on n'a pas suivi par tout les Censures; Vous trouverez par cy par là des pointes passionnées, et non pas des Censures, si vous otez l'equivoque du mot de Censure. Vous observerez aussi des changements des mots, et non d'opinion. Vous trouverez des passages rayés tout à fait; quelquefois aussi une Liberté de changer, ou non. Enfin vous verrez un modéle parfait, proposé pour exemple aussi bien aux Censeurs, qu'aux Autheurs.»[32] Auch die Zürcher Zensoren hatten bereits am 31. Mai 1720 festgestellt, dass Scheuchzer nicht alle Beanstandungen ernst genommen habe, was dazu führte, dass der Drucker ihnen fortan jeden bedruckten Papierbogen einzeln vorlegen musste.[33] Trotzdem verstand

27 https://ub-mediawiki.ub.unibas.ch/bernoulli/index.php/1720-08-14_Bernoulli_Johann_I-Scheuchzer_Johann_Jakob.

28 ZBZ, Ms F 197, fol. 369 v.

29 Scheuchzer (1721), S. 97.

30 Scheuchzer (1731–1735), Teil 2, S. 370.

31 Scheuchzer an Bernoulli, 5. 10. 1720, https://ub-mediawiki.ub.unibas.ch/bernoulli/index.php/1720-10-05_Scheuchzer_Johann_Jakob-Bernoulli_Johann_I.

32 https://ub-mediawiki.ub.unibas.ch/bernoulli/index.php/1720-12-29_Scheuchzer_Johann_Jakob-Bernoulli_Johann_I.

33 ZBZ, Ms F 197, fol. 371 r.

es Scheuchzer, da und dort die Zensur zu umgehen oder ihre Anregungen in seinem Sinn umzusetzen. Kein Wunder, suchte der mittlerweile fünfzigjährige renommierte Forscher diesen ignoranten Demütigungen zu entgehen und war daran interessiert, sein grösstes und berühmtestes Werk im Ausland erscheinen zu lassen,[34] zumal er den Neusatz des Hiob-Kommentars nach dem Durchgang der Zensoren aus der eigenen Tasche berappen musste.[35]

Kupfer-Bibel oder *Physica sacra*

Scheuchzer erklärt in einem Brief an den Lausanner Ratsherrn Gabriel Seigneux de Correvon (1695–1775) vom 6. Mai 1725, dass er derzeit mit verschiedenen Dingen beschäftigt sei, unter anderem damit, den Härten der Zensur zu entgehen, die ihn bereits gezwungen habe, die Neuauflagen der *Itinera alpina* (1723) und des *Herbarium diluvianum* (1723) in Leiden herauszugeben.[36] Gemeint war offenbar die Drucklegung der vierbändigen *Kupfer-Bibel*, deren lateinische Ausgabe gleichzeitig unter dem Titel *Physica sacra* erschien. Scheuchzer nahm zu diesem Zweck 1724 Kontakt mit dem wohlhabenden kaiserlichen Hofkupferstecher Johann Andreas Pfeffel (1674–1750) in Augsburg auf, der die anspruchsvolle Aufgabe samt dem finanziellen Risiko übernahm.[37] Dieses Unterfangen war umso brisanter, als der vierte Paragraf der Zürcher Zensurordnung vorschrieb: «Wann einer / sey wer Er immer wolle / Burger und Schirms-Verwandter / allhie oder anderstwo / etwas / es sey was es wolle / ohne der gedachten Unserer Censorum vorwüssen und gutheissen / trucken liesse / darunter dann auch mit Nammen die Kupferstuck / so etwann in die Bücher ald in ander weg gemacht werden / verstanden seyn: Derselbig und der Trucker sollen nicht allein mit ernstlicher Straff angesehen / sondern auch die getruckten Bögen und Exemplaria confisciert werden.»[38]

Schliesslich erfuhren die Zensoren, deren Blicke so scharf waren, dass ihnen nichts entging, wie Scheuchzer am 19. Februar 1727 an Sloane nach London

34 In Basel schüttelte man den Kopf über die Zürcher Pedanterie, wie aus Bernoulli an Scheuchzer, 21. 10. 1724, https://ub-mediawiki.ub.unibas.ch/bernoulli/index.php/1724-10-21_Bernoulli_Johann_I-Scheuchzer_Johann_Jakob, hervorgeht.

35 Fueter (1941), S. 42.

36 ZBZ, Ms H 150c, S. 382.

37 Vgl. Müsch (2000), S. 37–88, 182 f. Ab 1726 weilte Scheuchzers Sohn David als Lehrling bei Pfeffel, brachte dem Vater aber grosse Schande und landete schliesslich wegen Diebstahls im Gefängnis. Vgl. Bulinsky (2020), S. 66–71. Vgl. zur Augsburger Buchillustration im 18. Jahrhundert: Augustyn (1997).

38 Ordnung der Dieneren (1711), S. 48.

schrieb, von Scheuchzers Augsburger Geschäften.[39] Im September 1726 wurde er zur Rede gestellt.[40] Der Zürcher Gelehrte verteidigte sich mit dem Hinweis darauf, dass es sich um rein wissenschaftliche Kommentare zur Erklärung des Bibeltexts handle und keinerlei dogmatische Aspekte thematisiert würden. Weder Lutheraner noch Reformierte oder Katholiken würden irgendwo Anstoss nehmen, das Werk könne von allen gelesen werden. Er habe den Text an der Zürcher Zensur vorbeigeschleust, weil er befürchtet habe, dass angesichts seines Umfangs das Prozedere der Behörden zu viel Zeit beanspruchen würde. Der vierte Artikel der Zensurordnung sei ihm zwar nicht unbekannt gewesen, aber er habe gedacht, dass er sich auf theologische Streitschriften beziehe. Ausserdem habe der Verleger bereits Auslagen getätigt, weshalb diesem finanzieller Schaden entstehen könne, wenn sich Verzögerungen oder grössere Schwierigkeiten einstellten. Scheuchzer ergänzt, dass wenn er nun das Manuskript den Zensoren übergeben würde, diese dann hineinschreiben würden und alles nochmals neu abgeschrieben werden müsste. Abschliessend gibt er zu bedenken, dass ohnehin 80 bis 90 Bogen bereits nach Augsburg geschickt worden seien, sodass es für ein Zensurverfahren eigentlich zu spät sei. Unter diesen Bogen befanden sich glücklicherweise auch Scheuchzers Bemerkungen über die verschiedenen Weltsysteme, die auf Tafel 1 abgebildet sind, wobei er dem kopernikanischen den Vorzug gab (Abb. 47). Hätten die Zensoren diese Ausführungen gesehen, wäre die Diskussion mit Sicherheit zäher verlaufen.

Erstaunlicherweise ging die Zensurbehörde auf Scheuchzers Argumentation ein, wobei kurz darauf ein weiteres Gespräch in Anwesenheit von Vertretern der Obrigkeit stattgefunden haben muss, anlässlich dessen Scheuchzer Klartext redete, was die jahrelangen Schikanen gegen seine Person betrafen. Seinem Basler Kollegen Bernoulli berichtete er am 26. Oktober 1726: «Messrs les Censeurs se plaignent, de ce que je leur ay reproché en face en presence des Seig.^{rs} de l'Etat les transgressions de leurs Loix, et les injures, qu'ils m'ont faites depuis plus de 20 ans, sans pourtant qu'ils ayent nié le fait, ou l'excusé en ma presence. Toute ma satisfaction consiste en cela, que j'avois l'occasion de faire un portrait de leurs passions contre moy, et contre ma Philosophie, et de me declarer, que je n'aye ni le corps ni la volonté de souffrir d'avantage leurs impertinences. J'espere meme, qu'ils me traitteront pour l'avenir plus doucement, d'autant plus, que je me puis flatter de la protection de l'Etat. Cependant la sentence n'est pas encore donnée; je continue pourtant à expedier mes papiers. Toute la Genese sera bientot à Augspourg, et aura environ 115 planches. La Grace que j'ay demandé de nos

39 ZBZ, Ms H 150c, S. 408 f.
40 Vgl. das Dossier der Zensur vom 21. 9. 1726 in StAZH, E I 23.1, Nr. 157.

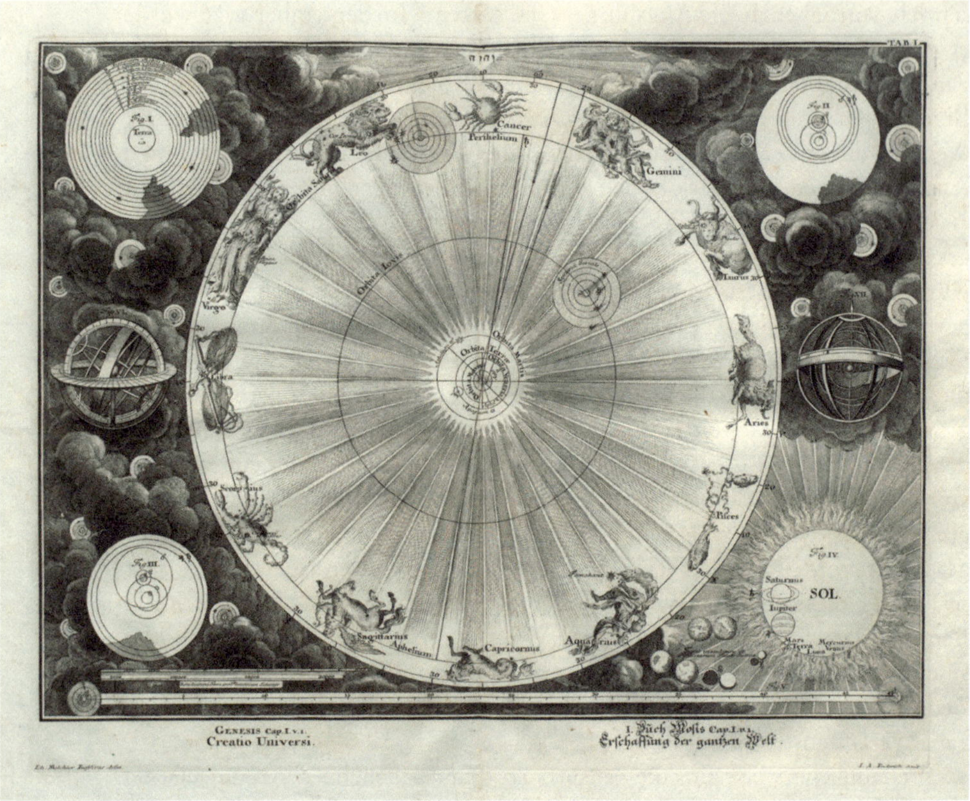

Abb. 47: Modelle von Planetenbahnen. Im Zentrum ist das kopernikanische System zu sehen, in: Scheuchzer (1731–1735), Teil 1, Taf. 1, ZBZ, Abteilung Alte Drucke und Rara, NLE 3.

Seigneurs est, qu'ils laissent finir l'ouvrage, et qu'ils donnent aprés un ordre à leurs scavans de le faire passer par leur baguette, et que je m'oblige d'imprimer leurs Censures à la fin du Livre sous leurs noms, pour les soumettre à la Censure de l'univers. Est ce qu'un honnete homme peut offrir d'avantage?»[41]

Offenbar liess man Scheuchzer nun gewähren, denn auch in der Limmatstadt dürfte sich der eine oder andere bewusst geworden sein, dass man sich hier mittlerweile fast als Schlusslicht der europäischen Geistes- und Wissenschaftsgeschichte zu betrachten hatte. Auch auf die von Scheuchzer angebotene Möglichkeit, dass die Zensur ihre Bemerkungen am Schluss der

41 https://ub-mediawiki.ub.unibas.ch/bernoulli/index.php/1726-10-26_Scheuchzer_Johann_Jakob-Bernoulli_Johann_I.

Kupfer-Bibel publizieren könne, ging man nicht ein, jedenfalls finden sich nirgends derartige Ergänzungen. Es war klug von den Verantwortlichen, sich zurückzuhalten und sich nicht abermals der Lächerlichkeit preiszugeben, war doch das aufgeklärte Zeitalter mit Johann Jakob Bodmer (1698–1783) und Johann Jakob Breitinger (1701–1776) mit ihrer moralischen Wochenschrift *Die Discourse der Mahlern* (1721–1723) auch in Zürich angebrochen.[42] Ausserdem entstand in Europa mit der Bändigung der friedensunfähigen Konfessionen eine verinnerlichte Religiosität, und die Philosophie begann den Theologen den Platz streitig zu machen.[43]

Das gigantische, 750 Kupfertafeln und 1533 Seiten in der lateinischen und 2098 Seiten in der deutschen Fassung zählende Werk erschien von 1731 bis 1735 in vier Foliobänden und kann geradezu als Enzyklopädie betrachtet werden, in der das zeitgenössische Wissen entlang des Bibeltexts geordnet dargeboten wird.[44] Scheuchzer legt in der Vorrede dar, dass in den greifbaren Bibelkommentaren die naturwissenschaftlichen Aspekte oft zu kurz kämen oder gar falsch erklärt würden. Er greift subtil das Thema der 1711 erschienenen Abhandlung mit dem Titel *Liber naturae ex psalmo XIX propositus* seines Lehrers Salomon Hottinger auf, der die Unterordnung der Vernunft und der Naturwissenschaften unter die Theologie forderte, wie sich Hagar im Alten Testament ihrer Herrin Sarah, der Frau des Patriarchen Abraham, habe fügen müssen. Scheuchzer hält dem entgegen, es «schliesset die Offenbahrung die Vernunfft nicht gäntzlich aus; die Schrift verbietet dieser ihrer Magd nicht, die Wahrheit aufzusuchen».[45]

Schliesslich kommt er auf die Abbildungen zu sprechen, die sich prinzipiell an tatsächlichen Gegenständen aus der Natur orientierten, etwa an Objekten aus seinem Naturalienkabinett sowie anderen Sammlungen.[46] Die Schlangenabbildungen stammten beispielsweise alle vom Leipziger Apotheker Johann Heinrich Linck (1674–1734). Scheuchzer publizierte 67 Darstellungen von Amphibien und Schlangen aus dieser Kollektion, die zu einer der ältesten herpetologischen Präparatesammlungen der Welt zählt.[47] Der Zürcher Polyhistor führt weiter aus, dass die Vorzeichnungen zu den Kupferstichen unter seiner Aufsicht vom Zürcher Künstler Johann Melchior Füssli (1677–1736) gezeichnet worden seien. Füssli orientierte sich aber nicht nur an Naturalien, sondern kopierte und kompilierte verschiedene Tafeln zu Pflanzen, Vögeln

42 Vgl. Lütteken und Mahlmann (2009).
43 Kittsteiner (2010), S. 25.
44 Michel (2008), S. 115; Sheehan (2003), S. 50–60.
45 Scheuchzer (1731–1735), Teil 1, fol. a_2r; vgl. Michel (2008), S. 112.
46 Vgl. auch Felfe (2003), S. 150–158.
47 Bauer und Wahlgren (2013).

oder biblischen Stoffen aus anderen Büchern und Vorlagen.[48] Der Nürnberger Künstler Johann Daniel Preissler (1666–1737) besorgte die prächtig gestalteten Umrahmungen der Bilder. Tobias Laub (1685–1761) in Augsburg zeichnete das Porträt des Autors (Abb. 48), und 18 namentlich aufgelistete Kupferstecher kümmerten sich um die Herstellung der Kupferplatten.[49]

Scheuchzer führt in der Vorrede aus, dass der lateinische Text von ihm stamme, der deutsche grundsätzlich auch, doch sei er von Johann Martin Miller aus Ulm dem Hochdeutschen angepasst worden. Als Bibeltext würden in der deutschen Ausgabe die Übersetzungen von Luther und Zwingli parallel geboten, in der lateinischen stünden sich die lateinische Zürcher Übersetzung und die Vulgata gegenüber, sodass Lutheraner, Reformierte und Katholiken ihren vertrauten Bibeltext vorfänden. Diese geradezu ökumenische Ausrichtung der *Physica sacra* war vielleicht der Grund dafür, dass viele Abbildungstafeln in der lateinischen, katholischen Konstanzer Foliobibel von 1770 wiederverwendet wurden.[50]

Pfeffel druckte von der deutschen und der lateinischen Ausgabe je 500 Exemplare, die zunächst für den Preis von 75 Gulden angepriesen wurden, nach Fertigstellung je nach Papierqualität jedoch für 100 beziehungsweise 125 Gulden zu haben waren. Scheuchzer erhielt für seine Arbeit das stattliche Honorar von 3000 Gulden.[51] Dies war mit Abstand die teuerste Publikation, die Scheuchzer je herausgegeben hatte, kosteten doch die drei Teile der *Beschreibung der Natur-Geschichten des Schweizerlands* (1706–1708) zusammen 4,5 Gulden, die *Bildnissen verschiedener Fischen, welche in der Sündfluth zu Grund gegangen* (1708) 0,5 Gulden, das *Herbarium diluvianum* (1709) 1 Gulden oder der erste Teil der *Natur-Histori des Schweitzerlands* (1716) knapp einen Gulden (54 Kreuzer).[52] Leute, die nicht zur Oberschicht gehörten, konnten sich die *Kupfer-Bibel* unmöglich leisten, verdiente doch ein Zürcher Handwerkermeister um 1730 nur etwa 2,5 Gulden pro Woche.[53]

Noch heute stellen die Kupfertafeln der *Physica sacra*, die von 1732 bis 1737 in Amsterdam auch in französischer Sprache erschien, ästhetisch ansprechende kleine Kunstwerke dar, die nicht nur unter künstlerischen, sondern auch unter wissenschaftsgeschichtlichen Aspekten faszinieren. Auf vielen Tafeln werden die im Bibeltext erwähnten naturwissenschaftlichen Elemente

48 Hesse (2012).

49 Scheuchzer (1731–1735), Teil 1, fol. l_2r.

50 Es handelt sich hierbei um die *Editio tertia*. Möglicherweise wurden Scheuchzers Kupfertafeln bereits in der ersten und zweiten Ausgabe verwendet.

51 Müsch (2000), S. 74–80, 187 f.

52 60 Kreuzer = 1 Gulden. Vgl. die Liste von Werken Scheuchzers mit Preisen am Schluss von Scheuchzer (1716a).

53 Hauser (1973), Tafel im Anhang.

Abb. 48: Porträt von Scheuchzer als Frontispiz von Scheuchzer (1731–1735), Teil 1, ZBZ, Abteilung Alte Drucke und Rara, NLE 3.

veranschaulicht. So findet sich eingangs vor Genesis 1 eine Doppeltafel mit den gängigen Weltsystemen, wobei im Zentrum das von Scheuchzer favorisierte kopernikanische abgebildet wird (vgl. Abb. 47). Dementsprechend erklärt er Josua 10, 12–14 mit dem berühmten Diktum «Sonne stehe still»[54] mit dem Hinweis darauf, dass die Bibel diese Ausdrucksweise gebrauche, weil sie von den meisten Lesern verstanden worden sei. Wenn im kopernikanischen Sinn dort zu lesen wäre, «Erde stehe still», hätte das kaum jemand begriffen. Den Betrachtern in den Tagen Josuas bot sich das Bild, als ob die Sonne stillstünde, im astronomischen Sinn war es die Erde.[55] Scheuchzer war sehr kritisch, was Legenden und Mythen anging, und trug in mancherlei Hinsicht zur Entmythologisierung der Natur bei,[56] doch traute er Gott durchaus zu, dass er die Naturgesetze aufzuheben und Wunder zu tun vermöge und daher auch die Erde habe «stehen lassen» können.[57]

Zu den Ereignissen rund um Noah und die Sintflut präsentiert Scheuchzer naheliegenderweise auf vielen Tafeln Fossilien, nicht zuletzt aus seiner Sammlung,[58] die er als Relikte der weltumspannenden Katastrophe betrachtete. In ähnlicher Weise diente ihm der Bibeltext immer wieder als Aufhänger, um naturwissenschaftliche Kommentare und Abbildungen einfliessen zu lassen. In Psalm 33, 15 heisst es «Er, der aller Herzen gebildet», was Scheuchzer Anlass gab, sich über das Herz als göttliche Maschine zu äussern (Abb. 49), oder in Psalm 94, 4 ist zu lesen «Der das Ohr gepflanzt hat, sollte der nicht hören?», was ihn bewog, die Anatomie des Ohres und des Auges zu erklären. Nicht selten finden sich auch archäologische, historische, philologische und andere Sachkommentare, die den Bibeltext erläutern und das Miteinander von göttlicher Offenbarung und vernunftgelenkter Wissenschaft unterstreichen sollten.

54 Dieser Passus aus dem Buch Josua, wo Gott die Sonne stillstehen liess, damit Israel genug Zeit hatte, um die Amoriter in einer Schlacht erfolgreich zu besiegen, wurde von den orthodoxen Theologen immer wieder in Anspruch genommen, um ihr geozentrisches Weltbild zu verteidigen.

55 Scheuchzer (1731–1735), Teil 2, S. 22–29.

56 Scheuchzer widersprach beispielsweise der verbreiteten Auffassung, dass Kristalle aus hartem Eis entstehen: «Das wesen der Gletscheren ist Eis / und bleibt Eis / bis es widerum zu Wasser wird. Welches wahrzunehmen wider diejenige / welche vorgeben / oder sich einbilden / das dises Berg-Eis endtlich so erhartet werde / daß es seine Eis-Art ablege / und zu Stein werde / worauß dann kommen der irrige Wahn von denen Crystallen / daß deren Materi anders nichts seye / als ein verhartetes Eis / worvon zu anderen Zeiten ein mehrers.» Scheuchzer (1708), S. 109. Vgl. zur Entmythologisierung der Natur durch Scheuchzer Michel (1996), S. 137 f.; Mauelshagen (2011), S. 241–271.

57 Vgl. Michel (1996), S. 139.

58 Leu (2012b).

Abb. 49: Das Herz als göttliche Maschine, in: Scheuchzer (1731–1735), Teil 2, Taf. 544, ZBZ, Abteilung Alte Drucke und Rara, NLE 5.

18
Ausblick

Der Universalgelehrte Scheuchzer interessierte sich auch für historische Fragestellungen und sammelte sein Leben lang Material zur Geschichte der Schweiz. Dazu schrieb er rund 6000 Dokumente seit der Zeit der Römer ab (Inschriften, Mandate, Ratsabschiede, Urkunden usw.). Darüber hinaus ging er der Geschichte des Grossmünsterstifts, der Zürcher Klöster, des Klosters St. Gallen, der Toggenburger Kriege oder der Zürcher Bürgerbewegung von 1713 nach.[1] Er scheute keine Kosten, sich Abschriften aus anderen Städten zu besorgen, wie etwa der Brief von Bernoulli an ihn vom 17. Dezember 1721 beweist: «Je Vous envoye ici les copies que Vous avez desirée des Diplomes manuscripts de notre Bibliotheque: J'ai payé 1 lb 12 s. argent de Bale pour les faire copier, suivant le comte que je joints aussi. Quelques pieces n'ont pas été copiées Vous en verrez la raison dans les notes, que M. Iselin a écrites sur votre billet.»[2] Etwas mehr als ein Jahr später, am 6. Februar 1723, teilte er Bernoulli mit, dass er bereits Kopien von mehreren Tausend Originalquellen besitze.[3] Im März gewährte er seinem Basler Korrespondenzpartner einen interessanten Einblick in seine laufenden historischen Arbeiten: «Pour satisfaire aussi bien à vos desirs, qu'à mes promesses, je me fais l'honneur de vous faire un detail des ouvrages, aux quels j'ay travaillé depuis plusieurs années, entrainé par occasion de mon Histoire naturelle de la Suisse, et de mes voyages, qui m'ont fourni des Memoires, qui ne tombent pas entre les mains de tous les hommes.

1. L'Histoire de la Suisse. Dont l'ordre est chronologique; à la tete de chaque periode du tems est la vie des Empereurs tirée de Patarol series Augustorum, que j'ay transferé pour cela en Allemand. Sous chaque Empereur vient ce qui s'est passé en Suisse, où j'observe l'ordre Geographique des Cantons et Provinces, premettant ce qui regarde la Suisse en general, ou plusieurs Cantons. Je cite par tout les Subsides, ou imprimés, ou manuscrits. Je viens inserer aussi dans son lieu la vie abbregée des Historiens de la Suisse, et la relation de leurs ecrits. Je ne fais pas mention des Phenomenes de la Nature, les releguant à mon Histoire naturelle. Les Inscriptions Romaines, qui ont leurs Epoques, seront

1 Vgl. die Auflistungen bei Steiger (1933), S. 25–27, und Fischer (1972), S. 98–100.

2 https://ub-mediawiki.ub.unibas.ch/bernoulli/index.php/1721-12-17_Bernoulli_Johann_I-Scheuchzer_Johann_Jakob.

3 Scheuchzer an Bernoulli, 6. 2. 1723, https://ub-mediawiki.ub.unibas.ch/bernoulli/index.php/1723-02-06_Scheuchzer_Johann_Jakob-Bernoulli_Johann_I.

rangées dans leurs lieux, accompagnées d'une explication courte. J'ay avancé l'ouvrage jusques à l'année 1719 sans conter la revision necessaire. Cet ouvrage sera fini par un Indice ou Registre fort exact, pour que l'on puisse trouver les moindres choses et au lieu des pages je mettray les années, ce qui servira pour un Indice chronologique.

2. Des Lecons que j'avois à donner aux jeunes Gens de bonne maison et de la Nation politique m'ont fourni occasion à dresser des Questions sur les Gouvernements de la Suisse, specialement celui de Zuric, les changements qui se sont faits de tems en tems, eclaircies du Droit de la Nature et des Gens, avec un parallelisme des Republiques anciennes Romaines et Grecques. Le plan de ces Questions est entre les mains de M.r Jean Rodolf Iselin, et est dressé plutost pour donner occasion à d'autres plus scavants dans ces matieres d'y travailler. Pourtant si Mons.r votre fils, auquel j'offre tout, desire d'en voir quelques Essays, je seray bien aise de les luy communiquer.

3. Une Histoire Diplomatique de la Suisse, à laquelle je travaille à cette heure, ayant occasion de copier les originaux des Archives: Je suis intentionné de les ranger non seulement dans l'ordre susdit de l'Histoire, mais aussi de faire un Dictionnaire sur les mots et personnes mentionnés dans les Diplomes, Bulles, Donations, Conventions etc. Je fais aussi copier les armes et Sigles, dressant aussi les Alphabeths, qui se trouvent dans les Instrumens antiques, qui montent chez nous jusqu'au IX. siecle.

4. Dictionnaire Geographique des Lieux, Villages, Bourgs, Montagnes, Fleuves, Lacs etc. de la Suisse, avec les Blasons des Familles nobles, où je me sers des Memoires bien rares, et authentiques, qui n'ont jamais eté publiés, outre que je rencontre dans les Diplomes par cy par là des Familles, des Armes, des lieux, qui donnent grand eclaircissement à l'Histoire.

5. Dictionnaire des Scavans Suisses, qui ont ecrit, ou publié quelque chose, avec leur vie. Collection de plus de 20 ans.»[4]

Fünf Jahre später, am 26. September 1728, schrieb er wieder an Bernoulli, dass er sechs Wochen in Baden verbracht und aus einem Dutzend Foliobänden Exzerpte zur Geschichte des Klosters St. Gallen angefertigt habe.[5] Leider sind von Scheuchzers umfangreichen historischen Studien nur zwei Arbeiten im Bereich der historischen Hilfswissenschaften im Druck erschienen: seine Monografie über paläografische Denkmäler aus Zürcher Beständen (Abb. 50)[6] und sein Aufsatz über eine antike Münze aus der Zeit nach Kaiser Domitian.

4 https://ub-mediawiki.ub.unibas.ch/bernoulli/index.php/1723-03-07_Scheuchzer_Johann_Jakob-Bernoulli_Johann_I.

5 https://ub-mediawiki.ub.unibas.ch/bernoulli/index.php/1728-09-26_Scheuchzer_Johann_Jakob-Bernoulli_Johann_I.

6 Scheuchzer (1730a). Scheuchzer beschäftigte sich darin auch mit dem bekannten Purpurpsal-

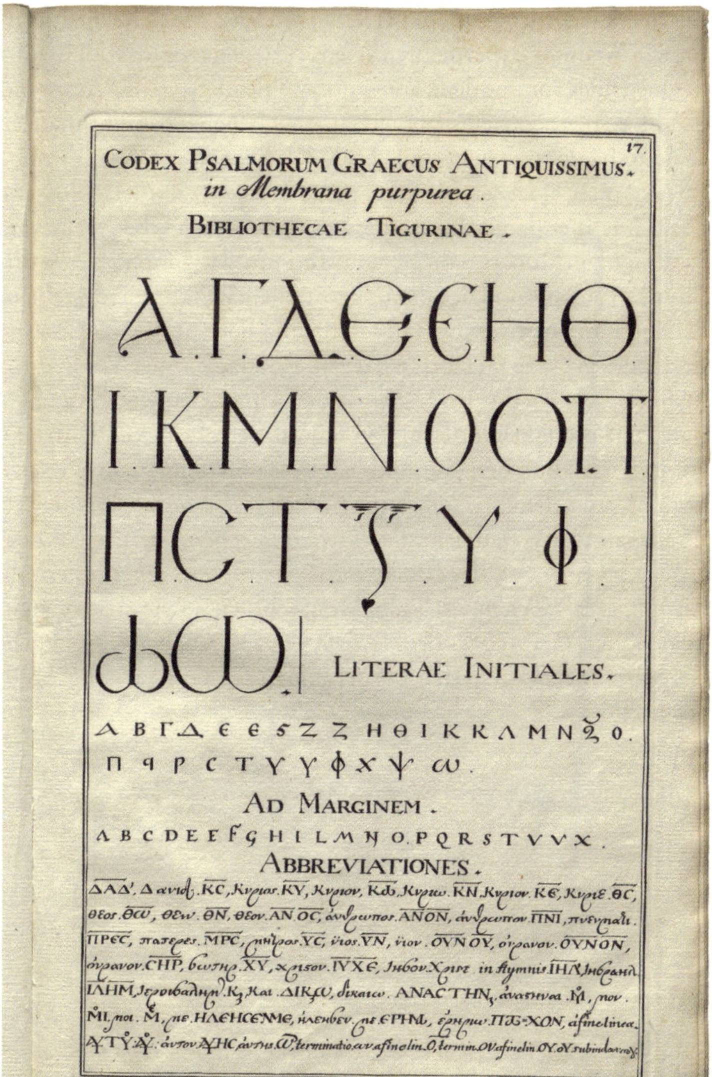

Abb. 50: Buchstaben und Abkürzungen des griechischen Purpurpsalters aus dem 7. Jahrhundert, der auf unbekannten Wegen vor 1700 in den Besitz der Stadtbibliothek Zürich gelangte, in: Scheuchzer (1730a), Taf. 17, ZBZ, Abteilung Alte Drucke und Rara, 6.16.

Letzteren eröffnet er mit dem treffenden Satz, dass Geschichte und Numismatik wie Freunde zu betrachten seien: «On peut regarder l'Histoire & la science des medailles comme deux amies dont l'une a besoin de l'Assistance de l'autre.»[7]

Es wäre noch vieles zu sagen über Scheuchzers numismatische Interessen, seine archäologischen Studien,[8] seine Verdienste um den Torfabbau im Kanton Zürich[9] oder etwa seine reiche, noch weitgehend unerschlossene Korrespondenz, was aber den Rahmen dieses biografischen Überblicks sprengen würde. Erst wenige Monate vor seinem Tod am 23. Juni 1733[10] wurde er mit der Physikprofessur und der damit verbundenen Chorherrenstelle mit gutem und gesichertem Salär an der Hohen Schule betraut. Trotz dieses bedauerlichen Endes des grossen Gelehrten hat sein Ruf dank seiner Verdienste insbesondere in den Bereichen der Erforschung der Alpen, der Meteorologie und der Paläontologie die Jahrhunderte überdauert. Verschiedene Pflanzen und Fossilien wurden nach ihm benannt und halten seinen Namen im Wissenschaftsbetrieb präsent, etwa die Glockenblume *Campanula scheuchzeri*, die Nelke *Dianthus scheuchzeri*, die Teufelskralle *Phyteuma scheuchzeri*, das Dickblattgewächs *Sedum scheuchzeri*, der fossile Farn *Neuropteris scheuchzeri*, der Petersfisch *Sorbiniperca scheuchzeri* vom Monte Bolca sowie der versteinerte Riesensalamander *Cryptobranchus scheuchzeri*.[11] Auch das Scheuchzerhorn und das Scheuchzerjoch in den Berner Alpen erinnern an den Zürcher Universalgelehrten.

ter (7. Jahrhundert) aus der Stadtbibliothek, der heute in der ZBZ unter der Signatur RP 1 aufbewahrt wird. Vgl. Crisci et al. (2007).

7 Scheuchzer (1720), S. 221.

8 Vgl. seine Studien zu römischen Spielwürfeln in: Leu (2013), S. 592–596.

9 Johannes und Johann Jakob Scheuchzer spielten bei der Nutzbarmachung von Torf und Steinkohle eine wichtige Rolle. Vgl. Scheuchzer an Bernoulli, 18. 5. 1710, und die Kommentierung dazu, https://ub-mediawiki.ub.unibas.ch/bernoulli/index.php/1710-05-18_Scheuchzer_Johann_Jakob-Bernoulli_Johann_I. Vgl. auch Boscani Leoni (2017).

10 Der Zürcher Arzt und Naturforscher Johannes Gessner schrieb am 24. Juni 1733 über den Tod seines Lehrers Scheuchzer an Albrecht von Haller in Bern: «Am letzten Montag ist zwischen 3 und 4 Uhr nachts zur grössten Betrübnis der Seinen, der Mitbürger und Freunde, unser berühmter Scheuchzer gestorben, nachdem er 14 Tage an einem nachlassenden kontinuierlichen Fieber krank lag.» Vgl. Boschung (1996), S. 62.

11 Die zahlreichen «scheuchzeri»-Gräser nehmen auf den Bruder Johannes Scheuchzer (1684–1738) Bezug: Avena, Bromus, Carex, Eriophorum, Festuca, Heuffelia, Juncus, Koeleria etc. Ich danke PD Dr. Reto Nyffeler (Universität Zürich) für diesen Hinweis.

Anhang: Tabellen

Tab. 1: *Curriculum der Lateinschule von 1680*

Stundentafel Klasse I	Montag	Dienstag	Mittwoch	Donnerstag	Freitag	Samstag
Vormittag	Latein	Repetition von Psalmen, Katechismus und Gebeten	Latein	Repetition von Katechismus und Psalmen	Latein	Repetition von Katechismus und Psalmen
Nachmittag	Latein	Latein	Latein	NT-Lektüre	Repetition des Wochenstoffs	

Stundentafel Klasse II	Montag	Dienstag	Mittwoch	Donnerstag	Freitag	Samstag
Vormittag	Corderius, *Colloquia*	Repetition der Dialogismi catechetici und Psalmen	Repetition Lateingrammatik	Deutsch	Repetition des Wochenstoffs	Katechismus, Psalmen, Gebete usw.
Nachmittag	Deutsch	Deutsch	Deutsch	Gesang im Chor des Grossmünsters	Corderius, *Colloquia*	

Stundentafel Klasse III	Montag	Dienstag	Mittwoch	Donnerstag	Freitag	Samstag
Vormittag	Griechische Grammatik und Passagen aus dem NT	Cato; Hausaufgaben vom Samstag korrigieren	Latein; Hausaufgaben korrigieren	Corderius, *Colloquia*, Lateingrammatik; deutsche Syntax	Griechische Grammatik und Passagen aus dem NT	Katechismus, Vaterunser griechisch, Zehn Gebote (lateinisch)
Nachmittag	Corderius, *Colloquia*, Hausaufgaben vom Samstag, gegen Abend: Arithmetik	Corderius, *Colloquia*, Lateingrammatik	Corderius, *Colloquia*, Lateingrammatik; deutsche Syntax		Repetition des lateinischen Wochenpensums, gegen Abend: Gesang	

Stundentafel Klasse IV	Montag	Dienstag	Mittwoch	Donnerstag	Freitag	Samstag
Vormittag	Griechische Grammatik und Markus-Evangelium (griechisch)	Cato, *Prosodia*, oder Lateinsyntax	Corderius, *Colloquia*, oder Cicero	Cato, *Prosodia*, und Florilegium	Griechische Grammatik und Markus-Evangelium (griechisch)	Repetition der Dialogismi catechetici, Auswendiglernen der Zehn Gebote, des Symbolum apostolicum und des Vaterunser (alles griechisch)
Nachmittag	Korrektur der Hausaufgaben vom Samstag; Lateingrammatik und Corderius, *Colloquia*	Cicero, *Sententiae*; Lateingrammatik; letzte Stunde: Arithmetik	Cicero, *Sententiae*	Gesang im Chor des Grossmünsters	Corderius, *Colloquia*, gegen Abend: Musik	

Stundentafel Klasse V	Montag	Dienstag	Mittwoch	Donnerstag	Freitag	Samstag
Vormittag	Evangelia graeca	Corderius, *Colloquia*, Lateingrammatik	Disticha Catonis und Viridarius	Cicero, *Sententiae*, Lateingrammatik	Evangelia graeca	Repetition der Testimonia aus den vorhergehenden Klassen; Repetition der Zehn Gebote und des Symbolum apostolicum (griechisch) usw.
Nachmittag	Korrektur der Hausaufgaben vom Samstag; Cicero, *Epistolae*	Poesie (auswendig lernen, selber Verse machen usw.)	Corderius, *Colloquia*, Cicero, *Epistolae*, lateinische Syntax, gegen Abend: Musik		Cäsar, lateinische Rhetorik, gegen Abend: Arithmetik	

Quelle: StAZH, E II 467, fol. 93 v–100 r.

Tab. 2: *Einträge in Scheuchzers* Liber amicorum *(nach Datum)*

Name	Datum (J/M/T)	Ort	Liber amicorum (fol.)	Korrespondenz vorhanden
Keller, Johann Jakob	?	Zürich	73 r	
Voiz, D.	?	?	125 r	
Lochner von Hummelstein, Michael Friedrich	?	Nürnberg	152 v	X
Scheuchzer, Johannes	?	Zürich	155 r	X
Scheuchzer, Johann Rudolf	?	?	162 r	X
Sonne-Rosen-Dienerin	?	?	162 v	
Roos, Johann Melchior	?	?	165 v/166 r	
Fuchs, G. C.	?	?	174 v	
Schulte, J. B.	?	?	177 v	
Müller, Johann Christoph	?	?	187 v	X
Reutlinger, Johann Jakob	1690/04/09	Zürich	157 r	
Ulrich, Johann Jakob	1691/07/28	Zürich	97 r	X
Gessner, Johann Jakob	1691/08/12	Zürich	103 r	X
Roos, A.	1692/?/?	?	171 v	
Langhand, Gerhard Daniel	1692/?/?	Altdorf	179 r	
Escher, Heinrich	1692/02/24	Zürich	56 r	X
Escher, Johann Kaspar	1692/02/25	Zürich	58 r	X
Muralt, Kaspar von	1692/03/02	Zürich	66 r	X
Witsius, Hermann	1692/03/05	Utrecht	94 r	
Hess, David	1692/03/07	Zürich	61 r	
Holzhalb, Beat	1692/03/07	Zürich	104 r	X
Valkenier, Pieter	1692/03/17	Zürich	15 r	X
Muralt, Johannes von	1692/04/02	Zürich	109 r	
Klingler, Anton	1692/04/05	Zürich	59 r	
Wolf, Johann Caspar	1692/04/05	Zürich	93 r	X
Rhonicus, Johann Heinrich	1692/04/05	Zürich	102 r	

Name	Datum (J/M/T)	Ort	Liber amicorum (fol.)	Korrespondenz vorhanden
Schweizer, Johann Heinrich	1692/04/05	Zürich	105 r	
Scheuchzer, Johann Heinrich	1692/04/05	Zürich	106 r	X
Wagner, Johann Jakob	1692/04/07	Zürich	118 r	X
Hottinger, Salomon	1692/04/07	Zürich	141 r	X
Lavater, Johann Heinrich	1692/04/07	Zürich	145 r	X
Lavater, Johann Rudolf	1692/04/07	Zürich	152 r	X
Bataillard, Isaak	1692/04/07	Zürich	153 r	X
Herrliberger, Johannes	1692/04/07	Zürich	154 r	
Hottinger, Johann Konrad	1692/04/07	Zürich	161 r	
Scheuchzer, Johann Konrad	1692/04/08	Zürich	155 v	X
Fäsi, Johannes	1692/04/08	Zürich	163 r	X
Reutlinger, Johann Konrad	1692/04/08	Zürich	180 r	
Cramer, Johann Jakob	1692/04/10	Zürich	158 r	X
Hanhard, Jakob	1692/04/10	Elgg	176 r	X
Volckamer, Johann Georg	1692/04/19	Nürnberg	96 r	X
Zwilling, Johann Konrad	1692/04/19	Nürnberg	173 r	X
Reichardt, P. J.	1692/05/12	Altdorf	175 v	
Reublinger, Johann Jakob	1692/06/15	Altdorf	177 r	
Steigerthal, Heinrich Wilhelm	1692/07/16	Altdorf	174 r	
Petri, Heinrich	1692/07/16	Altdorf	175 r	
Schiele, Johann Jakob	1692/09/15	Altdorf	176 v	
Roos, Franciscus	1692/10/22	Nürnberg	168 v/169 r	
Rösler, Hermann Burckhard	1692/10/27	Altdorf	164 r	X
Schramm, Jean Christofle	1693/01/12	Altdorf	172 r	
Sturm, Leonhard Christoph	1693/04/08	Altdorf	159 v	
Untzelman, Ad.	1693/05/28	Altdorf	171 r	
Schröder, Christoph Paul	1693/06/29	Altdorf	119 r	
Hoffmann, Johann Moritz	1693/07/?	Altdorf	115 r	X

Name	Datum (J/M/T)	Ort	Liber amicorum (fol.)	Korrespondenz vorhanden
Wegleiter, Christoph	1693/07/?	Altdorf	131 r	
Moller, Daniel Wilhelm	1693/07/?	Altdorf	136 v	X
Sonntag, Christoph	1693/07/03	Altdorf	60 r	X
Wagenseil, Johann Christoph	1693/07/04	Altdorf	78 r	X
Hoffmann, Moritz	1693/07/05	Altdorf	111 r	X
König, Georg Mathias	1693/07/12	Altdorf	132 r	
Bruno, Jacobus Pancratius	1693/07/13	Altdorf	113 r	
Rötenbeccius, Georgius Paulus	1693/07/13	Altdorf	142 r	
Hammer, Georg Reichard	1693/07/15	Altdorf	72 r	
Linck, Heinrich	1693/07/17	Altdorf	51 r	X
Sturm, Johann Christoph	1693/07/17	Altdorf	82 r	X
Fabricius, Johannes	1693/07/18	Altdorf	62 r	
Desler, Johann	1693/07/18	Altdorf	167 r	X
Forer, Johann Andreas	1693/07/18	Altdorf	180 v	X
Reutter, Georg Andreas	1693/07/?	Altdorf	156 r	
Anonym	1693/08/11	Nürnberg	49 r	
Wurffbain, Johann Paul	1693/08/13	Altdorf	117 r	X
Lochner, Karl Friedrich	1693/08/13	Bremen	133 r	
Eimmart, Georg Christoph	1693/08/13	Nürnberg	165 r	X
Lochner, Daniel d. Ä.	1693/08/13	Fürth	168 r	
Schulenburg, Johann Christian	1693/08/13	Altdorf	178 v	
Muyden, Johannes van	1694/?/?	Utrecht	110 r	
Rüysch, Ferdinand	1694/02/12	Amsterdam	83 r	
Hermann, German	1694/02/26	Leiden	86 r	X
Vries, Gerardus de	1694/03/?	Utrecht	107 r	
Eck, Cornelis van	1694/03/01	Utrecht	98 r	
Poll, L. van de	1694/03/01	Utrecht	99 r	

Name	Datum (J/M/T)	Ort	Liber amicorum (fol.)	Korrespondenz vorhanden
Boucoiran	1694/03/01	Utrecht	166 v	
Leusden, Johannes	1694/03/02	Utrecht	101 r	X
Bidler, G.	1694/03/02	Den Haag	149 r	
Luyts, Johannes	1694/03/06	Utrecht	95 r	
Munniks, Joh.	1694/03/06	Utrecht	122 r	X
Leusden, Rudolf	1694/03/06	Utrecht	123 r	X
Almelorem, Theodor Johannes ab	1694/03/06	Gauda	124 r	
Perinus, Georgius	1694/03/06	Utrecht	160 r	
Buzinkai, Michael	1694/03/06	Utrecht	181 r	
Cöller, Johann Heinrich	1694/03/06	Utrecht	181 v	
Vallan, Jacob	1694/03/07	Utrecht	120 r	
Meyer, Andreas jun.	1694/03/14	Amsterdam	182 r	X
Roëll, Hermann Alexander	1694/03/16	Frankfurt	92 r	
Lochner, Jacobus Hieronymus	1694/03/20	Bremen	132 v	
Ingebrandt, Johann Balthhasar	1694/03/22	Groningen	184 r	
Voldes, B. de	1694/03/30	Leiden	121 r	
Graevius, Johann Georg	1694/03/31	Utrecht	100 r	
Nanasi, Andreas P.	1694/04/01	in oppido Delphini	185 r	
Ujvarosinus, Martinus	1694/04/01	in oppido Delphini	186 r	
Reiske, Johann	1694/04/05	Wolfenbüttel	159 r	X
Schmolck, Benjamin	1694/04/14	Leipzig	173 v	
Behn, Johannes	1694/04/18	Leipzig	84 r	
Rivinus, Augustus Quirinus	1694/04/21	Leipzig	146 r	X
Specht, Johann Andreas	1694/04/21	Leipzig	183 r	
Braun, Johannes	1694/04/23	Groningen	42 r	

Name	Datum (J/M/T)	Ort	Liber amicorum (fol.)	Korrespondenz vorhanden
Huszthi, Stephan	1694/04/29	Leipzig	185 v	
Kessler, Johann Conrad	1694/04/30	Groningen	183 v	
Philipp Wilhelm, Baron von Racknitz	1694/06/03	Altdorf	39 v	
Johannes Friedrich, Baron von Racknitz	1694/06/03	Altdorf	40 r	
Wagenseil, Gabriel	1694/06/05	Altdorf	170 v	X
Göckelius, Christoph Erasmus	1694/06/05	Altdorf	187 r	
Holtzbrinck, J. H.	1694/06/06	Altdorf	188 r	X
Veiel, Elias	1694/06/15	Ulm	151 r	
Reiser, Georg	1694/06/19	Ulm	172 v	
Wepfer, Johann Jakob	1694/06/20	Schaffhausen	108 r	
Gyger, Johann Heinrich	1694/06/20	Schaffhausen	182 v	
Colin, Oswald	1694/07/25	Zug	148 r	X
Weissenbach, Carolus	1694/07/25	Zug	148 v	
Augustinus, Johannes	1694/07/27	Luzern	43 r	
Waldmann, Franciscus	1694/07/27	Luzern	188 v	
Zwicky, Theodor	1694/07/28	Mollis	153 v	X
Kramer, Joh. Jak. oder Joh. Rud.	1695/04/15	Zürich	178 r	X
Escher, Johann Konrad	1695/04/16	Zürich	75 r	X
Hirzel, Salomon	1695/04/16	Zürich	76 r	X
Ott, Hans Rudolf	1695/04/16	?	79 r	
Hofmeister, Johannes	1695/04/16	Zürich	80 r	
Steiner, J. R.	1695/04/16	Zürich	81 r	
Muralt, Johann Conrad von	1695/04/16	Zürich	179 v	
Huber, Erhard	1695/07/09	Altdorf	143 r	
Harm, Mauritius Eucharius	1695/07/15	Altdorf	186 v	
Schmid, Johannes	1695/07/20	Altdorf	167 v	

Name	Datum (J/M/T)	Ort	Liber amicorum (fol.)	Korrespondenz vorhanden
Schoder, ?	1695/08/13	Nürnberg	139r	
Alberti, Paul Martin	1695/08/16	Nürnberg	164v	
Eimmart, Maria Clara	1695/08/16	Nürnberg	164av	X
Huser, Johann Jakob	1695/09/02	Zürich	184v	
Harder, Johann Jakob	1696/04/22	Basel	70r	X
Tonjola, Nicolaus	1696/04/22	Basel	163v	
Hegner, Johann Heinrich	1696/04/27	Winterthur	150r	X
Meier, Jakob	1696/04/27	Winterthur	154v	
Heidegger, Johann Heinrich	1696/07/22	Zürich	91r	X
Waser, Anna	1697/07/12	Zürich	137r	
Städel, Johann Baptist	1697/07/21	Zürich	156v	
Erndl, Christian Heinrich	1699/08/07	Zürich	138r	X
Leopold, Johann Friedrich	1699/08/07	Zürich	147r	X
Postel, Christian Heinrich	1700/03/03	Zürich	128r	
Brandt. Ch.	1700/03/03	Zürich	129r	

Etwa ein halbes Dutzend Einträge waren für mich unlesbar.

Quelle: Liber amicorum, ZBZ, Ms Z II 649.

Tab. 3: *Ausgaben von Johann Jakob Leu während der Alpenreise mit Scheuchzer 1705*

Täfelchen aus Zitronensaft	3 G 36 K
Schnupftabak	1 G 30 K
Seil, Harztuch etc.	43 K
Kerzen	39 K
Wein, Brot, Stroh im Schiff	1 G 3 K
Altendorf (Trinkgeld)	7 K 1 H
Schifferlohn	2 G 15 K
Übernachtung in Lachen	2 G 8 K
Säcke	21 K 3 H
Pferd von dannen bis Glarus	7 G 16 K
Trinkgeld für Pferde	15 K
Niederurner Bad	9 K 3 H
Übernachtung in Glarus	7 G 18 K 3 H
Gepäckträger nach Schwanden	12 K
Bergführer	27 K
[.?.] in Schwanden	1 G 52 K
Trinkgeld beim Diakon daselbst	54 K
Übernachtung daselbst	4 G 53 K
Sänger im Linthtal	54 K
Übernachtung daselbst	11 G 2 K
Übernachtung im Bärenboden	2 G 7 K 4 H
Gepäckträger	7 K 4 H
Jäger und Gepäckträger für 3 Tage	1 G 48 K
Knabe von Richter Tschudi	57 K
Übernachtung in Gemsscheuer	37 K 4 H
Übernachtung in Unterschachen	4 G 47 K 2 H
Trinkgeld daselbst	22 K 4 H
Gepäckträger	1 G 15 K
Übernachtung in Altdorf	9 G 15 K
Pferd von Altdorf zum Gotthard	21 G 19 K
Spanischer Wachs	14 K 2 H
Übernachtung in Stäg	8 G 45 K
Kristall	1 G 48 K

Zoll	43 K 2 H
Übernachtung in Hospental	4 G 50 K
Übernachtung auf dem S. Gotthard	2 G 54 K 2 H
Gepäckträger	22 K 1 H
Übernachtung in Airolo	2 G 4 K
Gepäckträger, Führer	5 G 5 K 4 H
Übernachtung in S. Maria	2 G 9 K
Übernachtung in Maldonazo	51 K
Gepäckträger	18 K
Übernachtung S. Anna (Tavetsch)	3 G 35 K 3 H
Übernachtung in Urseren	3 G 15 K
Übernachtung in Hospental	3 G 19 K 4 H
Gepäckträger Airolo–Hospental	3 G 59 K
Gepäckträger über Furkapass	8 K 4 H
Übernachtung in Obwalden	25 K 4 H
Gepäckträger über Furkapass	1 G 37 K 4 H
Pferd von Geschelen nach Brig	9 G 24 K
Übernachtung in Geschelen	2 G 15 K
Übernachtung in Vinsch	2 G 18 K 4 H
Übernachtung in Brig	3 G 19 K 4 H
Übernachtung in Visp	2 G 15 K
Wagen von Visp bis Turtmann	1 G 15 K
Übernachtung in Turtmann	2 G 30 K
Pferd in Leukerbad	6 G 2 K
Gepäckträger über Gemmipass	1 G 42 K
Übernachtung in Kandersteg	1 G
Gepäckträger	30 K
Übernachtung in Faulensee	3 G 11 K
Schifferlohn bis Thun	33 K
Übernachtung etc. daselbst	6 G 30 K
Schifferlohn nach Bern	1 G 10 K
Trinkgeld daselbst	58 K
Trinkgeld bei Herrn Hofmeister	2 G 36 K
Übernachtung für den Diener	2 G 54 K
Übernachtung in Bühren	4 G 29 K
Übernachtung in Aarburg	1 G 24 K

Schifferlohn von Bern nach Brugg	5 G 54 K
Zwei Übernachtungen in Brugg	5 G 6 K 2 H
Übernachtung in Königsfelden und [...?]	56 K
Übernachtung in Baden	4 G 3 K
Unserem Knecht	10 G 48 K
Trinkgeld bei Herrn Hofmeister	57
Pferde von Brugg nach Zürich	3 G 6 K
Summe	227 G 16 K 1 H

Leu erwähnt gegen Schluss noch einen Posten von 37 G 11 K 3 H, ohne den Verwendungszweck zu nennen.

G = Gulden, K = Kreuzer, H = Haller.

Quelle: ZBZ, Ms L 445, S. 308–311.

Quellen und Literatur

Handschriften

Universitätsbibliothek Basel (UB Basel)

Briefwechsel von Johann I Bernoulli mit Johann Jakob Scheuchzer, https://ub-mediawiki.ub.unibas.ch/bernoulli/index.php/Kategorie:Scheuchzer_Johann_Jakob-Bernoulli_Johann_I

Scheuchzers barometrische Messungen 1720–1733, in: Ia 733, S. 227–286.

Staats- und Universitätsbibliothek Göttingen

Johann Friedrich von Uffenbach: Ausführliches Tagebuch über seine Reise im Elsass, in der Schweiz, Italien, Frankreich und den Niederlanden, vom 21. Oktober 1712 bis 30. Mai 1716, 8° Uffenb. 29, 3 Bände.

Archiv der Deutschen Akademie der Naturforscher Leopoldina, Halle

Lebenslauf Scheuchzers (nicht von seiner Hand), Matrikelband M2 TOM I 229.

Stadtbibliothek Nürnberg

Johann Christoph Sturm: Geographia quadripartita, Will.V.507.

Staatsarchiv des Kantons Zürich (StAZH)

Ratsmanual: B II 635

Zensurakten: E I 23.1

Schulprotokolle: E II 467, 468 und 474

Deutsche und lateinische Schulen: E II 484

Zentralbibliothek Zürich (ZBZ)

Briefe und Manuskripte Scheuchzers gemäss den Angaben in den Anmerkungen und im gedruckten Verzeichnis von Rudolf Steiger (1927) sowie in Steigers umfangreicherem handschriftlichem Inventar zur Korrespondenz (Ms H 348a), www.e-manuscripta.ch/zuz/content/titleinfo/1384298. Auf www.e-manuscripta.ch liegt auch die Korrespondenz digitalisiert vor, die sich im Besitz der ZBZ befindet. Das Archiv der ehemaligen Stadtbibliothek Zürich (Arch St) befindet sich ebenfalls in der ZBZ.

Publikationen

Aldersey-Williams, Hugh (2021): Die Wellen des Lichts. Christiaan Huygens und die Erfindung der modernen Naturwissenschaft, München.

Andreae, Johann Gerhard Reinhard (1776): Briefe aus der Schweiz nach Hannover geschrieben, in dem Jahre 1763, Zürich und Winterthur.

Arbenz, Emil und Wartmann, Hermann (1906): Die Vadianische Briefsammlung der Stadtbibliothek St. Gallen, Bd. 6, St. Gallen.

Armao, Ermanno (1961): Prospekt über Globen des Kosmographen Vincenzo Coronelli, in: Der Globusfreund, 10. Dezember, S. 17–21.

Augustyn, Wolfgang (1997): Augsburger Buchillustration im 18. Jahrhundert, in: Helmut Gier und Johannes Janota (Hg.): Augsburger Buchdruck und Verlagswesen. Von den Anfängen bis zur Gegenwart, Wiesbaden, S. 791–861.

Baier, Johann Jakob (1708): Oryktographia norica sive rerum fossilium … descriptio, Nürnberg.

Baier, Johann Jakob (1714): Warhaffte und Gruendliche Beschreibung Der Nuernbergischen Universitaet-Stadt Altdorff …, Altdorf.

Baier, Johann Jakob (1728): Biographiae professorum medicinae qui in Academia Altorfina unquam vixerunt, Nürnberg und Altdorf.

Baier, Johann Jakob (1760): Epistolae ad viros eruditos eorumque responsiones, Frankfurt und Leipzig.

Balmer, Heinz (1978): Rudolf Steiger – 18. Mai 1896 bis 20. März 1978, in: Gesnerus 35, S. 144–148.

Barton, William und Miglietti, Sara (2015): An Eighteenth-Century Thought Experiment on Climate Change: Johann Jakob Scheuchzer's *De ignis seu caloris certa portione Helvetiae adsignata* (1708), in: Lias 42/2, S. 135–166.

Bauer, Aaron M. und Wahlgren, Richard (2013): On the Linck collection and specimens of snakes figured by Johann Jakob Scheuchzer (1735) – the oldest fluid-preserved herpetological collection of the world?, in: Bonn Zoological Bulletin 62, S. 220–252.

Beer, Gavin R. de (1949): The correspondence between Linnaeus and Johannes Gessner, in: Proceedings of the Linnean Society of London 161/2, S. 225–241.

Blaufuss, Dietrich (2012): Das Carolinum als Stätte des innerprotestantischen Konsenses? Johann Heinrich Heidegger und sein Vorschlag, in: Hanspeter Marti und Karin Marti-Weissenbach (Hg.): Reformierte Orthodoxie und Aufklärung. Die Zürcher Hohe Schule im 17. und 18. Jahrhundert, Wien etc., S. 47–69.

Boldini, Mario (1966): Einige Höhenwerte bei Scheuchzer, bei Tralles und im Meyerschen Atlas, in: Die Alpen 42, S. 206–211.

Boscani Leoni, Simona (2012): Vernetzte Welten. Das Korrespondenznetz von Johann Jakob Scheuchzer, in: Urs B. Leu (Hg.): Natura sacra. Der Frühaufklärer Johann Jakob Scheuchzer (1672–1733), Zug, S. 131–162.

Boscani Leoni, Simona (2013): Queries and Questionnaires. Collecting Local and Popular Knowledge in 17th and 18th Century Europe, in: Kaspar von Greyerz et al. (Hg.): Wissenschaftsgeschichte und Geschichte des Wissens im Dialog, Göttingen, S. 187–207.

Boscani-Leoni, Simona (2017): Die Debatte um den Torfabbau im 18. Jahrhundert. Die Gebrüder Scheuchzer zwischen Johannes von Muralt und Johann I.

Bernoulli, in: Simona Boscani Leoni und Martin Stuber (Hsg.): Wer das Gras wachsen hört. Wissenschaftsgeschichte(n) der pflanzlichen Ressourcen vom Mittelalter bis ins 20. Jahrhundert (Jahrbuch für Geschichte des ländlichen Raumes 2017), Innsbruck, S. 81–95.

Boscani Leoni, Simona (2019): Conrad Gessner and the Newly Discovered Enthusiasm for Mountains in the Renaissance, in: Urs B. Leu und Peter Opitz (Hg.): Conrad Gessner (1516–1565). Die Renaissance der Wissenschaften, Oldenburg.

Boscani Leoni, Simona (Hg., 2019a): «Unglaubliche Bergwunder». Johann Jakob Scheuchzer und Graubünden. Ausgewählte Briefe 1699–1707, Chur.

Boscani Leoni, Simona (2020): A Hybrid Physico-theology: The Case of the Swiss Confederation, in: Ann Blair und Kaspar von Greyerz (Hg.): Physico-theology. Religion and Science in Europe, 1650–1750, Baltimore, S. 222–234.

Boschung, Urs (1996): Johannes Gessner, der Gründer der Naturforschenden Gesellschaft in Zürich (Neujahrsblatt herausgegeben von der Naturforschenden Gesellschaft in Zürich 198 auf das Jahr 1997), Zürich.

Brändli, Sebastian (1990): «Die Retter der leidenden Menschheit. Sozialgeschichte der Chirurgen und Ärzte auf der Zürcher Landschaft (1700–1850), Zürich.

Brennecke, Hanns Christof et al. (Hg., 2011): Akademie und Universität Altdorf. Studien zur Hochschulgeschichte Nürnbergs (Beihefte zum Archiv für Kulturgeschichte 69), Köln etc.

Brignon, Arnaud (2021): The Collecting of Triassic Vertebrate Remains during the Eighteenth Century, Bourg-la-Reine.

Brockhaus, Wolfgang (1962): Was Vincenzo Coronelli über Globen seiner Zeit berichtet, in: Der Globusfreund, Juni, S. 121–128.

Brugnara, Yuri, Brönnimann, Stefan und Pfister, Lucas (2021): The First Swiss Meteorological Records: Scheuchzer's Series from Zurich 1708–1733, in: Stefan Brönnimann (Hg.): Swiss Early Instrumental Meteorological Series (Geographica Bernensia G 96), S. 157–167.

Buch, Leopold von (1834): Über Terebrateln, mit einem Versuch, sie zu classificieren und zu beschreiben, Berlin.

Büchi, Jakob (1982): The rediscovered «Pharmacia contracta» of Johann Jakob Scheuchzer (1672–1733), in: Gesnerus 39, S. 145–169.

Buffon, Georges-Louis Leclerc de (1750): Allgemeine Historie der Natur nach allen ihren besondern Theilen abgehandelt, 1. Theil, 1. Band, Hamburg und Leipzig.

Bulinsky, Dunja (2012): Johann Jakob Scheuchzer und seine Korrespondenz mit dem Luzerner Stadtarzt Karl Nikolaus Lang (1670–1741), in: Urs B. Leu (Hg.): Natura sacra. Der Frühaufklärer Johann Jakob Scheuchzer (1672–1733), Zug, S. 163–180.

Bulinsky, Dunja (2020): Nahbeziehungen eines europäischen Gelehrten. Johann Jakob Scheuchzer (1672–1733) und sein soziales Umfeld, Zürich.

Burke, Peter (2020): The Polymath. A Cultural History from Leonardo da Vinci to Susan Sontag, New Haven, London.

Burtin, François Xavier (1790): Réponse à la question physique …, sur les revolutions générales, qu'a subies la surface de la terre, Haarlem.

Büttner, Manfred (1964): Theologie und Klimatologie im 18. Jahrhundert, in: Neue Zeitschrift für systematische Theologie und Religionsphilosophie 6, S. 154–191.

Camuffo, Dario (2018): Evidence from the Archives of Societies: Early Instrumental Observations, in: Sam White et al. (2018): The Palgrave Handbook of Climate History, Columbus, S. 83–92.
Camuffo, Dario und Bertolin, Chiara: The earliest temperature observations in the world: the Medici Network (1654–1670), in: Climatic Change 111 (2012), S. 335–363.
Cavelti Hammer, Madlena (1990): An Kunstwerken lernen, zum Beispiel: Die Schweizerkarte von Johann Jakob Scheuchzer um 1720, in: Cartographica Helvetica 1990/1, S. 29–31.
Corrodi, Paul (1937): Der Kragenwächter. Geschichte des Poltergeistes im Antistitium zu Zürich 1701/05, in: Zürcher Taschenbuch auf das Jahr 1938, Neue Folge, 85. Jahrgang, Zürich, S. 148–185.
Crespo, Maria (2001): Verwalten und Erziehen. Die Entwicklung des Zürcher Waisenhauses 1637–1837 (Mitteilungen der Antiquarischen Gesellschaft im Zürich 68, 165. Neujahrsblatt), Zürich.
Crisci, Edoardo et al. (2007): Il Salterio purpureo Zentralbibliothek Zürich, RP 1, in: Segno e testo 5, S. 31–98.
Cuvier, Georges (1809): Sur quelques quadrupèdes ovipares fossiles conservés dans des schistes calcaires, in: Annales du Muséum d'histoire naturelle 13, S. 401–437.
Cuvier, Georges (1817): Le règne animal distribué d'après son organisation, Bd. 2, Paris.
Cuvier, Georges (1824): Recherches sur les ossemens fossiles, Bd. 5/2, Paris.
De Beer, Gavin Rylands (1950): Johann Heinrich Hottinger's Description of the Ice-Mountains of Switzerland, 1703, in: Annals of Science 6, S. 327–360.
Dejung, Emanuel und Wuhrmann, Willy (1953): Zürcher Pfarrerbuch 1519–1952, Zürich.
Delbourgo, James (2017): Collecting the Worlds. Hans Sloane and the Origins of the British Museum, Harvard.
Derham, William und Scheuchzer, Johann Jakob (1710): Tables of the Barometrical Altitudes at Zurich in Switzerland in the Year 1708 observed by Dr. Joh. Ja. Scheuchzer, F. R. S. and at Upminster in England, observed at the same time by Mr. W. Derham, F. R. S. as also the Rain at Pisa in Italy in 1707 and 1708 observed there by Dr. Michael Angelo Tilli, F. R. S. and at Zurich in 1708 and at Upminster in all the time: With Remarks on the same Tables, as also on the Winds, Heat and Cold, and divers other Matters occurring in those three different Parts of Europe, in: Philosophical Transactions of the Royal Society 26, Nr. 321, S. 342–366.
Dick, Steven J. (1982): Plurality of Worlds. The Origin of the Extraterrestrial Life Debate from Democritus to Kant, Cambridge.
Dürst, Arthur (1971): J. J. Scheuchzer Nova Helvetiae Tabula Geographica, Zürich.
Dürst, Arthur (1978): Johann Jakob Scheuchzer und die Natur-Histori des Schweitzerlands, Begleittext zur Faksimileausgabe in drei Bänden, Zürich.
Estes, Richard (1981): Gymnophonia, Caudata. Handbuch der Paläoherpetologie, Teil 2, Stuttgart und New York.
Felfe, Robert (2003): Naturgeschichte als kunstvolle Synthese. Physikotheologie und Bildpraxis bei Johann Jakob Scheuchzer, Berlin.

Fischer, Christian Gabriel (1926): Reisebeschreibung seiner Reisen durch fast alle Länder Europas 1727–1734, auszugsweise publiziert von Albert Predeek, in: Neue Zürcher Zeitung, Nr. 56, 13. Januar 1926, S. 1 f., und Nr. 62, 14. Januar 1926, S. 1 f.
Fischer, Hans (1973): Johann Jakob Scheuchzer (2. August 1672 – 23. Juni 1733). Naturforscher und Arzt, Neujahrsblatt auf das Jahr 1973 als 175. Stück von der Naturforschenden Gesellschaft in Zürich, Zürich.
Flasch, Kurt (2020): Christentum und Aufklärung. Voltaire gegen Pascal, Frankfurt am Main.
Flury, Theres und Tremp, Ernst (Hg., 2006): Von der Limmat zurück an die Steinach. St. Galler Kulturgüter aus Zürich. Katalog zur Sonderausstellung in der Stiftsbibliothek St. Gallen, St. Gallen.
Forbes, R. J. (1970): Martinus van Marum. Life and Work, Bd. 2, Haarlem.
Fraas, Eberhard (1891): Die Ichthyosaurier der süddeutschen Trias- und Jura-Ablagerungen, Tübingen.
Fraas, Oskar (1861): Die Mammuths-Ausgrabungen zu Cannstatt im Jahr 1700, in: Jahreshefte des Vereins für vaterländische Naturkunde in Württemberg 17, S. 112–124.
Fueter, Eduard (1941): Geschichte der exakten Wissenschaften in der schweizerischen Aufklärung (1680–1780), Aarau.
Gaab, Hans (2004): Zur Biographie von Johann Christoph Sturm (1635–1703), in: Hans Gaab et al. (Hg.): Johann Christoph Sturm (1635–1703) (Acta historica astronomiae 22), Frankfurt am Main, S. 12–85.
Gaab, Hans (2004a): Bibliographie zu Johann Christoph Sturm, in: Hans Gaab et al. (Hg.): Johann Christoph Sturm (1635–1703) (Acta historica astronomiae 22), Frankfurt am Main, S. 250–328.
Gaudant, Jean (2008): Johann Jakob Scheuchzer. Les fossiles témoins du déluge, Paris.
Geiger, Georg (1908): Geographische Studien an der Universität Altdorf, Borna-Leipzig.
Gessner, Conrad (1551): Historia animalium, Bd. 1, Zürich.
Gessner, Conrad (1587): Historia animalium, Bd. 5, Zürich.
Glaser, Rüdiger (2008): Klimageschichte Mitteleuropas. 1200 Jahre Wetter, Klima, Katastrophen, Darmstadt.
Gruner, Gottlieb Sigmund (1773): Die Naturgeschichte Helvetiens Jn der alten Welt, Bern.
Halstead, L. Beverly (1993): Scrotum Humanum Brookes – The earliest name for a Dinosaur?, in: Modern Geology 18, Special Issue, Halstead Memorial Volume Part II, S. 221–224.
Hauser, Albert (1973): Vom Essen und Trinken im alten Zürich, Zürich.
Helmers, Helmer J. und Janssen, Geert H. (Hg., 2018): The Cambridge Companion to the Dutch Golden Age, Cambridge.
Herbst, Klaus-Dieter (2021): Meteorologische Observationen und das astrologische «Judicium Astro-Meteorologicum» mit einem Blick auf Leibniz, in: Klaus-Dieter Herbst (Hg.): Wissenskulturen in der Leibniz-Zeit, Oldenbourg, S. 45–73.

Hesse, Jochen (2012): «Zur Erlaeuterung und Zierde des Wercks». Die Illustrationen der Kupferbibel «Physica sacra», in: Urs B. Leu (Hg.): Natura sacra. Der Frühaufklärer Johann Jakob Scheuchzer (1672–1733), Zug, S. 105–128.
Hildermeier, Manfred (2016): Geschichte Russlands. Vom Mittelalter bis zur Oktoberrevolution, München.
Horner, Jakob (1844): Sechszehn ungedruckte Briefe von G. W. Leibnitz, in: Programm der Zürcherischen Kantonsschule zur Eröffnung des neuen, mit dem 17. April 1844 beginnenden Schuljahres, Zürich, S. 3–24.
Hottinger, Salomon (1698): ΚΡΥΣΤΑΛΛΟΛΟΓΙΑ sive Dissertatio de Crystallis, harum naturam ..., Zürich.
Hottinger, Salomon (1703): Positiones philosophicae miscellaneae ...; Quas sapientia coelesti adspirante, sub moderamine, Zürich.
Hottinger, Salomon (1704): Specimen physiologiae sacrae, Zürich.
Hottinger, Salomon (1706): Physica generalis et specialis iuxta historiam creationis ex Genes. Cap. I., Zürich.
Hottinger, Salomon (1711): Liber naturae Ex Psalmo XIX. V. 1–7 propositus, Zürich.
Hünermann, Karl A. und Rieber, Hans (1988): Johann Jakob Scheuchzer (1672–1733). Ein bedeutender Sohn Zürichs, Ausstellung des Paläontologischen Institutes und Museums der Universität Zürich in der SBG Zürich-Römerhof, Zürich.
Jäckli, Heinrich (1991): Die Versteinerungen auf den Pro Patria-Marken 1958–1961, in: Schweizer Briefmarken Zeitung, 1, S. 17 f.
Jäggi, Jakob (1885): Das botanische Museum des schweizerischen Polytechnikums in Zürich, in: Botanisches Centralblatt 24, S. 379–384.
Jahn, Melvin E. (1969): Some Notes on Dr. Scheuchzer and on Homo diluvii testis, in: C. J. Schneer: Toward a History of Geology. Proceedings of the New Hampshire Inter-Disciplinary Conference on the History of Geology, September 7–12, 1967, Cambridge etc., S. 192–213.
Jorink, Eric (2010): Reading the Book of Nature in the Dutch Golden Age 1575–1715 (Brill's Studies in Intellectual History 191), Leiden.
Kanold, Johann (1719): Von Witterungs-Geschichten, in: Sammlung von Natur- und Medicin- wie auch hierzu gehörigen Kunst- und Literatur-Geschichten, Sommer-Quartal 1718, Breslau, S. 1305–1326.
Karg, Joseph Maximilian (1805): Über den Steinbruch zu Oeningen bey Stein am Rheine und dessen Petrefacte, in: Denkschriften der vaterländischen Gesellschaft der Ärzte und Naturforscher Schwabens 1, S. 1–74.
Kempe, Michael (1997): «Schon befand ich mich in Gedanken in Russland ...». Johann Jakob Scheuchzer im Briefwechsel mit Gottfried Wilhelm Leibniz, in: Helmut Holzhey und Simone Zurbuchen (Hg.): Alte Löcher – neue Blicke. Zürich im 18. Jahrhundert, Zürich, S. 283–297.
Kempe, Michael (2000): Die Anglo-Swiss Connection. Zur Kommunikationskultur der Gelehrtenrepublik in der Frühaufklärung, in: Cardanus 1, S. 71–91.
Kempe, Michael (2003): Wissenschaft, Theologie, Aufklärung. Johann Jakob Scheuchzer (1672–1733) und die Sintfluttheorie (Frühneuzeit-Forschungen 10), Epfendorf.

Kempe, Michael (2004): Postalische Kommunikationen. Medizin in der Korrespondenz von Johann Jakob Scheuchzer (1672–1733), in: Gesnerus 61, S. 177–197.
Kempe, Michael (2010): Bernischer officieren dapferkeit, in: Simona Boscani Leoni (Hg.): Wissenschaft – Berge – Ideologien, Basel, S. 145–160.
Kempe, Michael (2022): Die beste aller möglichen Welten. Gottfried Wilhelm Leibniz in seiner Zeit, Frankfurt am Main.
Kempe, Michael und Maissen, Thomas (2002): Die Collegia der Insulaner, Vertraulichen und Wohlgesinnten in Zürich 1679–1709, Zürich.
Kittsteiner, Heinz Dieter (2010): Die Stabilisierungsmoderne. Deutschland und Europa 1618–1715, München.
Klemm, Fritz (1974): Die Entwicklung der meteorologischen Beobachtungen in der Schweiz bis zum Jahre 1700, in: Vierteljahrsschrift der Naturforschenden Gesellschaft in Zürich, S. 405–454.
Koch, Margrit (1952): Johannes Scheuchzer als Erforscher der Geologie der Alpen, in: Vierteljahrsschrift der Naturforschenden Gesellschaft in Zürich 97, S. 195–202.
La Hire, Philippe de und Scheuchzer, Johann Jakob (1712): Comparaison De mes Observations avec celles de M. Scheuchzer sur la Pluie & sur la Constitution de l'air pendant l'année 1709 à Zurich en Suisse, in: Histoire de l'Académie royale des sciences Année 1710, Paris, S. 155–158.
Lefebvre, E. und Bruijn, J. G. (1976): Martinus van Marum. Life and Work, Bd. 6, Leiden.
Letsch, Walter (2017): Demographic Aspects of the Early Modern Times. The Example of the Zurich Countryside in a European Perspective (Population, Family and Society 26), Bern etc.
Leu, Urs B. (1999): Geschichte der Paläontologie in Zürich, in: Paläontologie in Zürich. Fossilien und ihre Erforschung in Geschichte und Gegenwart, Bozen, S. 11–76.
Leu, Urs B. (2007): Letzte Verfolgungswelle und niederländische Interventionen, in: Urs B. Leu und Christian Scheidegger (Hg.): Die Zürcher Täufer 1525–1700, Zürich 2017, S. 203–245.
Leu, Urs B. (2012): Häresie und Staatsgewalt. Die theologischen Zürcher Dissertationen des 17. Jahrhunderts zwischen Orthodoxie und Aufklärung, in: Hanspeter Marti und Karin Marti-Weissenbach (Hg.): Reformierte Orthodoxie und Aufklärung. Die Zürcher Hohe Schule im 17. und 18. Jahrhundert, Wien etc., S. 105–146.
Leu, Urs B. (2012a): Johann Jakob Scheuchzers Privatbibliothek, in: Urs B. Leu (Hg.): Natura sacra. Der Frühaufklärer Johann Jakob Scheuchzer, Zug, S. 211–240.
Leu Urs B. (2012b): Das «Museum Diluvianum», in: Urs B. Leu (Hg.): Natura sacra. Der Frühaufklärer Johann Jakob Scheuchzer, Zug, S. 241–313.
Leu, Urs B. (2013): Research Practices in the Early Eighteenth Century: The Example of Johann Jakob Scheuchzer, in: André Holenstein et al. (Hg.): Scholars in Action. The Practice of Knowledge and the Figure of the Savant in the 18th Century, Bd. 2 (History of Science and Medicine Library 34), Leiden and Boston, S. 591–608.

Leu, Urs B. (2015): Swiss Mountains and English Scholars: Johann Jakob Scheuchzer's Relations to the Royal Society, in: Huntington Library Quarterly 78/2, S. 329–348.

Leu, Urs B. (2016): Conrad Gessner (1516–1565). Universalgelehrter und Naturforscher der Renaissance, Zürich.

Leu, Urs B. (2021): Form, Function and Publication of the Zurich Dissertations before the Founding of the University (1833), in: Meelis Friedenthal et al. (Hg.): Early Modern Disputations and Dissertations in an Interdisciplinary and European Context (Intersections 71), Leiden, S. 600–622.

Levine, Joseph M. (1977): Dr. Woodward's Shield. History, Science, and Satire in Augustan England, Berkeley etc.

Limberger, Michael (2008): «Goldenes Zeitalter» oder «eisernes Jahrhundert»?, in: Bernd Hausberger (Hg.): Die Welt im 17. Jahrhundert. Globalgeschichte – Die Welt 1000–2000, Wien.

Lütteken, Anett und Mahlmann-Bauer Barbara (Hg., 2009): Johann Jakob Bodmer und Johann Jakob Breitinger im Netzwerk der europäischen Aufklärung, Göttingen.

Mägdefrau, Karl (1992): Geschichte der Botanik. Leben und Leistung grosser Forscher, Stuttgart 1992.

Maissen, Thomas (2008): Die Geburt der Republic. Staatsverständnis und Repräsentationen in der frühneuzeitlichen Eidgenossenschaft, 2., veränderte Auflage, Göttingen.

Maraldi, Giacomo Filippo und Scheuchzer, Johann Jakob (1711): Comparaison Des Observations du Barometre faites à Paris & à Zuric pendant les six premiers mois de l'année 1708, in: Histoire de l'Académie royale des sciences Année 1709, Paris, S. 20–26.

Marti, Hanspeter (2011): Dissertationen, in: Ulrich Rasche (Hg.): Quellen zur frühneuzeitlichen Universitätsgeschichte. Typen, Bestände, Forschungsperspektiven, Wiesbaden, S. 55–81.

Marti, Hanspeter (2012): Naturphilosophische Eklektik: Das Beispiel der ersten Auflage von Johann Jakob Scheuchzers «Physica» (Zürich 1701), in: Urs B. Leu (Hg.): Natura sacra. Der Frühaufklärer Johann Jakob Scheuchzer (1672–1733), Zug, S. 33–56.

Marti, Hanspeter und Erne, Emil (1998): Index der deutsch- und lateinsprachigen Schweizer Zeitschriften von den Anfängen bis 1750, Basel.

Marti, Hanspeter und Marti-Weissenbach, Karin (Hg., 2014): Nürnbergs Hochschule in Altdorf. Beiträge zur frühneuzeitlichen Wissenschafts- und Bildungsgeschichte, Köln etc.

Massarella, Derek (1992): Philip Henry Zollmann, the Royal Society's First Assistant Secretary for Foreign Correspondence, in: Notes and Records of the Royal Society of London 46, S. 219–234.

Mauelshagen, Franz (2007): Neuerfindung einer medizinisch-politischen Kontroverse. Johann Jacob Scheuchzer und die Debatte der Kontagionisten und Antikontagionisten während der Pestepidemie von 1720–1722, in: Cardanus 7, S. 151–187.

Mauelshagen, Franz (2011): Wunderkammer auf Papier. Die «Wickiana» zwischen Reformation und Volksglaube (Frühneuzeit-Forschungen 15), Epfendorf.

Meili, David (1980): Hexen in Wasterkingen. Magie und Lebensform in einem Dorf des frühen 18. Jahrhunderts (Schriften SGV 65), Basel.
Michel, Paul (1996): Batrachotheologia. Über Frösche und Wunder bei Johann Jakob Scheuchzer, in: Librarium 39, S. 129–145.
Michel, Paul (2001): Das Buch der Natur bei Johann Jacob Scheuchzer, in: Wolfgang Haubrichs et al. (Hg.): Vox Sermo Res. Festschrift Uwe Ruberg, Stuttgart, Leipzig, S. 169–193.
Michel, Paul (2008): Physikotheologie. Ursprünge, Leistung und Niedergang einer Denkform (Neujahrsblatt auf das Jahr 2008, hg. von der Gelehrten Gesellschaft in Zürich), Zürich.
Michel, Paul (2009): Was zu Beglaubigung dieser Historie dienen mag. Drachen bei Johann Jacob Scheuchzer, in: Fanfan Chen und Thomas Honegger (Hg.): Good Dragons are Rare. An Inquiry into Literary Dragons East and West, Frankfurt am Main, S. 119–170.
Michel, Paul (2012): Hiobs Naturwissenschaft, in: Urs B. Leu (Hg.): Natura sacra. Der Frühaufklärer Johann Jakob Scheuchzer (1672–1733), Zug, S. 77–104.
Michel, Paul (2013): Johann Jacob Scheuchzer über den Regenbogen. Empirie – Physik – Frömmigkeit, in: Monika Schulz (Hg.): «vindærinne wunderbærer mære». Gedenkschrift Ute Schwab (Studia Medievalia Septentrionalia 24), Wien, S. 311–348.
Michel, Wolfgang (2010): Johann Caspar Scheuchzer (1702–1729) und die Herausgabe der «History of Japan», in: Asiatische Studien. Zeitschrift der schweizerischen Asiengesellschaft 64/1, S. 101–137.
Middleton, William Edgar Knowles (1969): Invention of the Meteorological Instruments, Baltimore.
Milt, Bernhard (1946): Johann Jakob Scheuchzer und seine Reise ins Land Utopia, in: Vierteljahrsschrift der Naturforschenden Gesellschaft in Zürich 91, S. 143–146.
Milt, Bernhard (1946a): Johannes Gessner (1709–1790), in: Gesnerus 3, S. 103–124.
Mulsow, Martin (2018): Radikale Frühaufklärung in Deutschland 1680–1720, 2 Bände, Göttingen.
Mumenthaler, Rudolf (1996): Im Paradies der Gelehrten. Schweizer Wissenschaftler im Zarenreich (1725–1917), Zürich.
Muralt, Johannes von (1694): Scientiae naturalis seu physica compendium pro scholae carolinae ..., Zürich.
Müsch, Irmgard (2000): Geheiligte Naturwissenschaft. Die Kupfer-Bibel des Johann Jakob Scheuchzer (Rekonstruktionen der Künste 4), Göttingen.
Nabholz, Hans (1938): Hans Nabholz: Zürichs Höhere Schulen von der Reformation bis zur Gründung der Universität 1525–1833, in: Ernst Gagliardi, Hans Nabholz und Jean Strohl (Hg.): Die Universität Zürich 1833–1933 und ihre Vorläufer. Festschrift zur Jahrhundertfeier, Zürich, S. 3–164.
Nagel, Fritz und Gehr, Sulamith (2012): Zürich und Basel im Dialog. Johann Jakob Scheuchzers Korrespondenz mit Johann I. Bernoulli, in: Urs B. Leu (Hg.): Natura sacra. Der Frühaufklärer Johann Jakob Scheuchzer (1672–1733), Zug, S. 181–207.
Newton, Isaac (1704): Opticks, London.
Niccoli, Carlo (2019): L'uomo venuto dal diluvio, Ancona.

North, Michael (2021): Das Goldene Zeitalter global. Die Niederlande im 17. und 18. Jahrhundert, Wien etc.
Ordnung der Dieneren (1711): Ordnung der Dieneren der Kirchen / in der Statt und auf der Landschaft Zürich / samt beygefügter Stillstands-Censur-und Trucker-Ordnung erneueret / vermehret / und in Truck verfertiget, Zürich.
Parker, Geoffrey (2013): Global Crisis. War, Climate and Catastrophe in the Seventeenth Century, New Haven 2013.
Peyer, Bernhard (1946): Die biologischen Arbeiten des Arztes Johannes von Muralt 1645–1733, Zürich.
Pfeiffer, Jeanne und Vittu, Jean-Pierre (2008): Les journaux savants, formes de la communication et agents de la construction des savoirs (17e–18e siècles), in: Dix-huitième Siècle 40, S. 281–300.
Pfister, Christian (1977): Zum Klima des Raumes Zürich im späten 17. und frühen 18. Jahrhundert, in: Vierteljahrsschrift der Natuforschenden Gesellschaft in Zürich, S. 447–471.
Pfister, Christian (1978): Die älteste Niederschlagsreihe Mitteleuropas: Zürich 1708–1754, in: Meteorologische Rundschau 31 (1978), S. 56–62.
Pfister, Christian (1999): Wetternachhersage. 500 Jahre Klimavariationen und Naturkatastrophen, Bern.
Pfister, Christian und White, Sam (2018): Evidence from the Archives of Societies: Personal Documentary Sources, in: Sam White et al. (Hg.): The Palgrave Handbook of Climate History, London etc., S. 49–64.
Pfister, Christian et al. (2018): Early Modern Europe, in: Sam White et al. (Hg.): The Palgrave Handbook of Climate History, London etc., S. 265–295.
Pfister, Christian und Wanner, Heinz (2021): Klima und Gesellschaft in Europa. Die letzten tausend Jahre, Bern.
Pfister, Lucas et al. (2019): Early instrumental meteorological measurements in Switzerland, in: Climate of the Past 15, S. 1345–1361.
Pignotti, Lia et al. (2015): Grass (Gramineae) and rush (Juncaceae) specimens from Johannes Scheuchzer's collection at the Herbarium of Natural History Museum Vienna, in: Annalen des Naturhistorischen Museums Wien, Reihe B, 117, S. 121–141.
Porter, Roy (1977): The Making of Geology. Earth Science in Britain 1660–1815, Cambridge.
Porter, Roy (1979): John Woodward: «A Droll Sort of Philosopher», in: Geological Magazine 116, S. 335–343.
Portmann, Marie-Louise (1964): Die Korrespondenz von Th. Zwinger III mit J. J. Scheuchzer 1700–1724 (Basler Veröffentlichungen zur Geschichte der Medizin und der Biologie 19), Basel und Stuttgart.
Ray, John (1673): Observations topographical, moral, & physiological; made in a journey through part of the Low-Countries, Germany, Italy, and France …, London.
Recknagel, Hans (1998): Die Nürnbergische Universität Altdorf und ihre grossen Gelehrten, Feucht.
Recktenwald, Horst Claus (1966): Gelehrte der Universität Altdorf, Nürnberg.

Rieber, Hans und Tozer, Edward T. (1986): Discovery of the original specimen of *Ammonites nodosa* Brugière 1789, type species of *Ceratites* de Haan 1825, in: Eclogae geologicae Helvetiae 79, S. 827–834.
Roeck, Bernd (2017): Der Morgen der Welt. Geschichte der Renaissance, München.
Roos, Anna Marie (2019): Martin Lister and his Remarkable Daughters, Oxford.
Rudwick, Martin J. S. (1985): The Meaning of Fossils. Episodes in the History of Palaeontology, Chicago und London.
Rüppell, Eduard (1845): Beschreibung des in dem Senckenbergischen naturhistorischen Museum befindlichen Exemplars von Andrias Scheuchzeri, in: Museum Senckenbergianum, Bd. 3, Frankfurt am Main, S. 215–217.
Rütsche, Claudia (1997): Die Kunstkammer in der Zürcher Wasserkirche. Öffentliche Sammeltätigkeit einer gelehrten Bürgerschaft im 17. und 18. Jahrhundert aus museumsgeschichtlicher Sicht, Bern etc.
Sarti, Carlo (1988): I fossili e il diluvio universale, Bologna.
Scheidegger, Christian (2012): Religiöse Strömungen in Zürich zur Zeit Scheuchzers. Von den Nonkonformisten des 17. Jahrhunderts zur pietistischen Bewegung, in: Urs B. Leu (Hg.): Natura sacra. Der Frühaufklärer Johann Jakob Scheuchzer (1672–1733), Zug, S. 3–30.
Schelhorn, Johann Georg (1738): Sylloge Epistolarum mutuarum D. Jo. Jacobi Scheuchzeri & Gisberti Cuperi, in: Johann Georg Schelhorn (Hg.): Amoenitates historiae ecclesiasticae et literariae, Tomus secundus, Frankfurt und Leipzig, S. 754–1051.
Scheuchzer, Johann Jakob (1693): Disputatio chemica circularis XX. De extractis …, Altdorf.
Scheuchzer, Johann Jakob (1694): Disquisitio physico-mathematica de presbytis et myopibus, Altdorf.
Scheuchzer, Johann Jakob (1694a): De surdo audiente, Utrecht.
Scheuchzer, Johann Jakob (1697): De generatione conchitarum, in: Miscellanea curiosa IV, Frankfurt, S. 151–166.
Scheuchzer, Johann Jakob (1699): Einladungsbrief zur Erforschung natürlicher Wunderen, so sich im Schweitzerland befinden, Zürich.
Scheuchzer, Johann Jakob (1700): De dendritis aliisque lapidibus, qui in superficie sua plantarum … figuras exprimunt, in: Miscellanea curiosa V/VI, Frankfurt, S. 57–80.
Scheuchzer, Johann Jakob (1702): ΟΥΡΕΣΙΦΟΙΤΗΣ Helveticus, sive itineris alpini descriptio, Zürich.
Scheuchzer, Johann Jakob (1706): Beschreibung Der Natur-Geschichten Des Schweitzerlands, 1. Theil, Zürich.
Scheuchzer, Johann Jakob (1707): Beschreibung Der Natur-Geschichten Des Schweitzerlands, 2. Theil, Zürich.
Scheuchzer, Johann Jakob (1708): Beschreibung Der Natur-Geschichten Des Schweitzerlands, 3. Theil, Zürich.
Scheuchzer, Johann Jakob (1708a): Bildnissen verschiedener Fischen … welche in der Sündfluth zu Grund gegangen, Zürich.
Scheuchzer, Johann Jakob (1708b): ΟΥΡΕΣΙΦΟΙΤΗΣ Helveticus, sive itinera alpina tria, London.

Scheuchzer, Johann Jakob und Scheuchzer, Johannes (1708): Eclipsis lunaris Tiguri observata, in: Philosophical Transactions of the Royal Society 25, S. 2394–2396.
Scheuchzer, Johann Jakob (1709): Herbarium diluvianum, Zürich.
Scheuchzer, Johann Jakob (1711): De matheseos usu in theologia, Zürich.
Scheuchzer, Johann Jakob (1711a): Kern der Natur-Wissenschaft, Zürich.
Scheuchzer, Johann Jakob (1711b): Physica oder Natur-Wissenschaft, Zürich.
Scheuchzer, Johann Jakob (1714): Enchiridion mathematicum, Zürich.
Scheuchzer, Johann Jakob (1716): Helvetiae, stoicheiographia, orographia et oreographia (Natur-Histori des Schweitzerlands, Bd. 1), Zürich.
Scheuchzer, Johann Jakob (1716a): Museum diluvianum quod possidet J. J. Sch., Zürich.
Scheuchzer, Johann Jakob (1717): Hydrographia Helvetica ... (Natur-Histori des Schweizerlands, Bd. 2), Zürich.
Scheuchzer, Johann Jakob (1718): Meteorologia et oryctographia helvetica ... (Natur-Histori des Schweitzerlands, Bd. 3), Zürich.
Scheuchzer, Johann Jakob (1720): Explication d'une médaille d'un Prince anonyme, fils de Domitien, in: Miscellanea Lipsiensia 9, S. 221–232.
Scheuchzer, Johann Jakob (1721): Jobi physica sacra, oder, Hiobs Natur-Wissenschafft vergliechen mit der heutigen, Zürich.
Scheuchzer, Johann Jakob (1722): Von der Figur des Schnees, in: Sammlung Von Natur- und Medicin- Wie auch hierzu gehörigen Kunst- und Literatur-Geschichten, Winter-Quartal 1721, Leipzig und Bautzen, S. 176 (und Tafel im Anhang).
Scheuchzer, Johann Jakob (1722a): Deus ex materia demonstratus, Zürich.
Scheuchzer, Johann Jakob (1723): ΟΥΡΕΣΙΦΟΙΤΗΣ Helveticus, sive itinera per Helvetiae regiones facta annis MDCCII, MDCCIII, MDCCIV, MDCCV, MDCCVI, MDCCVII, MDCCIX, MDCCX, MDCCXI, Leiden.
Scheuchzer, Johann Jakob (1726): Homo diluvii testis, Zürich.
Scheuchzer, Johann Jakob (1728): Sceleton duorum Humanorum petrefactorum pars. Ex Epistola Joh. Jac. Scheuczer, M. D. R. S. S. ad Dom. Hans Sloane, Baronettum, S. R. V. Pr., in: Philosophical Transactions 34, S. 38 f.
Scheuchzer, Johann Jakob (1728a): Muris alpini anatome, in: Philosophical Transactions 34, S. 237–243.
Scheuchzer, Johann Jakob (1730): S. Gothardi montis altitudo (Kapitel in: Otia aestivalia circa thermas Badenses), in: Appendix zu Acta physico-medica Academiae Caesareae Leopoldino-Carolinae naturae curiosorum, S. 52–55.
Scheuchzer, Johann Jakob (1730a): Alphabeti ex diplomatibus et codicibus Thuricensibus specimen, Zürich.
Scheuchzer, Johann Jakob (1731): Epistola Cel. D. D. Joh. Jac. Scheuchzeri ad D. D. Chr. Jac. Trew, in: Commercium litterarium ad rei medicae et scientiae naturalis incrementum institutum, Specimen XXXVIII, Nürnberg, S. 297 f.
Scheuchzer, Johann Jakob (1731a): Nova ex summis alpibus vulgata et tabulis aeneis collustrata, Zürich.
Scheuchzer, Johann Jakob (1731–1735): Kupfer-Bibel, 2 Teile, Augsburg.
Scheuchzer, Johann Jakob (1732): Beschreibung Des Wetter-Jahrs MDCCXXXI, Besonders aber Des Traurigen Himmels, Der ob unseren Haeubteren

geschwebet, Den I. Heumonat. Auf die Erfahrung und Vernunft gegruendet, Zürich.
Scheuchzer, Johann Jakob und Scheuchzer, Johann Kaspar (1707): Eclipsis lunaris Tiguri observata, in: Transactions of the Royal Society 25, S. 2394–2396.
Schillig, Anne (2020): Hausgeschichten. Materielle Kultur und Familie in der Schweiz (1700–1900), Zürich.
Schmid, Jost (2012): Johann Jakob Scheuchzers Karten an der Schwelle zur Aufklärung, in: Urs B. Leu (Hg.): Natura sacra. Der Frühaufklärer Johann Jakob Scheuchzer (1672–1733), Zug, S. 57–75.
Schmid, Jost (2019): Der St. Galler Globus. Ein kosmographisches Modell des Tilemann Stella, Basel.
Schnegg, Bärbel (2013): Der Briefwechsel zwischen Laurenz Zellweger und Johann Jakob Scheuchzer. Zur Dynamik des Alpendiskurses im Inneren, in: Heidi Eisenhut et al. (Hg.): Europa in der Schweiz. Grenzüberschreitender Kulturaustausch im 18. Jahrhundert, Göttingen, S. 187–203.
Schudel-Benz, Rosa (1924): Reise des Laurenz Zellweger mit Dr. J. J. Scheuchzer 1709, in: Appenzellische Jahrbücher 51, S. 1–75.
Schwarzenberger, Adolf (1952): Der Zürcher Arzt und Naturforscher Johann Jacob Wagner, in: Vierteljahrsschrift der Naturforschenden Gesellschaft in Zürich 97, S. 205–238.
Sheehan, Jonathan (2003): From Philology to Fossils. The Biblical Encyclopedia in Early Modern Europe, in: Journal of the History of Ideas 64, S. 41–60.
Sigg, Otto (1996): Das 17. Jahrhundert, in: Thomas Weibel et al. (Hg.): Geschichte des Kantons Zürich, Bd. 2, Zürich, S. 246–363.
Sigg, Otto (2012): Hexenprozesse mit Todesurteil. Justizmorde der Zunftstadt Zürich, Frick.
Sparn, Walter (2011): Aristotelismus in Altdorf. Ein vorläufiges Profil, in: Brennecke, Hanns Christof et al. (Hg.): Akademie und Universität Altdorf. Studien zur Hochschulgeschichte Nürnbergs (Beihefte zum Archiv für Kulturgeschichte 69), Köln, S. 121–150.
Stamm, Silvia (2020): Wunderbare Wesen. Die Ordnung der Tierwelt und das Schreiben der Naturgeschichte um 1700, Diss. phil. Universität Basel, Typoskript, Basel.
Steiger, Rudolf (1927): Johann Jakob Scheuchzer (1672–1733). I. Werdezeit (bis 1699), Zürich.
Steiger, Rudolf (1933): Verzeichnis des wissenschaftlichen Nachlasses von Johann Jakob Scheuchzer (1672–1733), in: Vierteljahrsschrift der Naturforschenden Gesellschaft in Zürich 78, Beiblatt Nr. 21, S. 1–75.
Stonyan, Ronald (2010): Die Nürnberger Mondkarten, in: Gudrun Wolfschmidt (Hg.): Astronomie in Nürnberg (Nuncius Hamburgensis. Beiträge zur Geschichte der Naturwissenschaften 3), Hamburg, S. 261–273.
Stuber, Martin (2004): Journal and letter: the interaction between two communications media in the correspondence of Albrecht von Haller, in: Hans-Jürgen Lüsebrink and Jeremy D. Popkin (Hg.): Enlightenment, Revolution and the periodical press, Oxford, S. 114–141.
Stumpf, Johannes (1548): Gemeiner loblicher Eydgnoschafft … Chronick, 2 Bände, Zürich.

Sturm, Johann Christoph (1682): Epistola invitatoria ad observationes magneticae variationis communi studio junctisque laboribus instituendas, Altdorf.
Sturm, Johann Christoph (1685/86): Collegii experimentalis sive curiosi ... [partes] ..., 2 Bände, Nürnberg.
Sulser, Heinz (1999): Die fossilen Brachiopoden der Schweiz und der angrenzenden Gebiete, Juragebirge und Alpen, Zürich.
Tschudi, Johann Jakob (1839): Classification der Batrachier ...», in: Mémoires de la société des sciences naturelles de Neuchâtel, 2, S. 545–547.
Tyler, James C. (1998): A new family for a long known but undescribed acanthopterygian fish from the Eocene of Monte Bolca, Italy: Sorbiniperca scheuchzeri gen. & sp. nov., in: Eclogae geologicae Helvetiae 91, S. 521–540.
Ulrich, Conrad (1996): Das 18. Jahrhundert, in: Thomas Weibel et al. (Hg.): Geschichte des Kantons Zürich, Bd. 2, Zürich, S. 365–505.
Ulrich, Heinrich (1629): Bibliotheca nova Tigurinorum publico-privata, Neudruck der Werbeschrift von 1629 für die neugegründete Zürcher Bürgerbibliothek, hg. von Konrad Kahl und Conrad Ulrich, Zürich 1979.
Vai, Gian Battista (2003): A liberal Diluvianism, in: Gian Battista Vai, William Cavazza (Hg.): Four Centuries of the Word Geology. Ulisse Aldrovandi 1603 in Bologna, Bologna, S. 221–249.
Vallisneri, Antonio (1991): Epistolario, vol. I: 1679–1710, ed. Dario Generali, Mailand.
Vallisneri, Antonio (1998): Epistolario, vol. II: 1711–1713, ed. Dario Generali, Mailand.
Vallisneri, Antonio (2006): Epistolario, vol. III, ed. Dario Generali, Mailand (CD-ROM).
Vasset, Sophie (2013): Medical Laughter and Medical Polemics: The Woodward-Mead Quarrel and Medical Satire, in: Revue de la Société d'études anglo-americaines des XVIIe et XVIIIe siècles 70, S. 109–133.
Wagner, Andreas (1852): Beiträge zur Unterscheidung der im süddeutschen Lias vorkommenden Arten von Ichthyosaurus, in: Abhandlungen der mathemat.-physikal. Classe der königlich-bayerischen Akademie der Wissenschaften, 6, S. 483–538.
Wagner, Johann Jakob (1688): Mercurius Helveticus, Zürich.
Walter, Tilmann (2021): Strategische Wissenschaftskommunikation. Johann Jakob Scheuchzer (1672–1733) und seine frühen Kontakte zur Leopoldina, in: Zürcher Taschenbuch 2022, Neue Folge, 142. Jahrgang, Zürich 2021, S. 45–72.
Webb, James L. A. (2018): Climate, Ecology, and Infectuous Human Disease, in: Sam White et al. (2018): The Palgrave Handbook of Climate History, Columbus, S. 355–365.
Weber, Bruno (1984): Das Porträt auf Papier, Zürich.
Westphal, Frank 1958): Die tertiären und rezenten eurasiatischen Riesensalamander, in: Palaeontographica, Abt. A, 110, S. 20–92.
White, Jerry (2012): London in the Eighteenth Century. A Great and Monstruous Thing, London.
Wieser, Beat U. (1989): Engelbert Kaempfer: History of Japan 1727, in: Alfred Cattani und Bruno Weber (Hg.): Zentralbibliothek Zürich. Schatzkammer der Überlieferung, Zürich, S. 88–91 und 179–181.

Winkler, Peter (2020): Geschichte der Meteorologie in Bayern bis zum Jahr 1900 (Geschichte der Meteorologie in Deutschland 12), Offenbach am Main.
Wolf, Rudolf (1858): Johann Jakob Scheuchzer von Zürich, in: Biographien zur Kulturgeschichte der Schweiz, Bd. 1, Zürich, S. 181–228.
Wolff Purcell, Rosamund und Gould, Stephen Jay (1992): Finders, Keepers. Eight Collectors, London.
Wolfschmidt, Gudrun (2010): Astronomie in Nürnberg (Nuncius Hamburgensis. Beiträge zur Geschichte der Naturwissenschaften 3), Hamburg.
Wyder, Margrit (1998): Goethes Naturmodell. Die Scala Naturae und ihre Transformationen, Köln etc.
Ziegler, Peter (1978): Zürcher Sittenmandate, Zürich.

Personenregister

In diesem Register finden sich Verweise auf alle Namen ausser dem von Johann Jakob Scheuchzer selber sowie den auf S. 195–206 aufgelisteten.